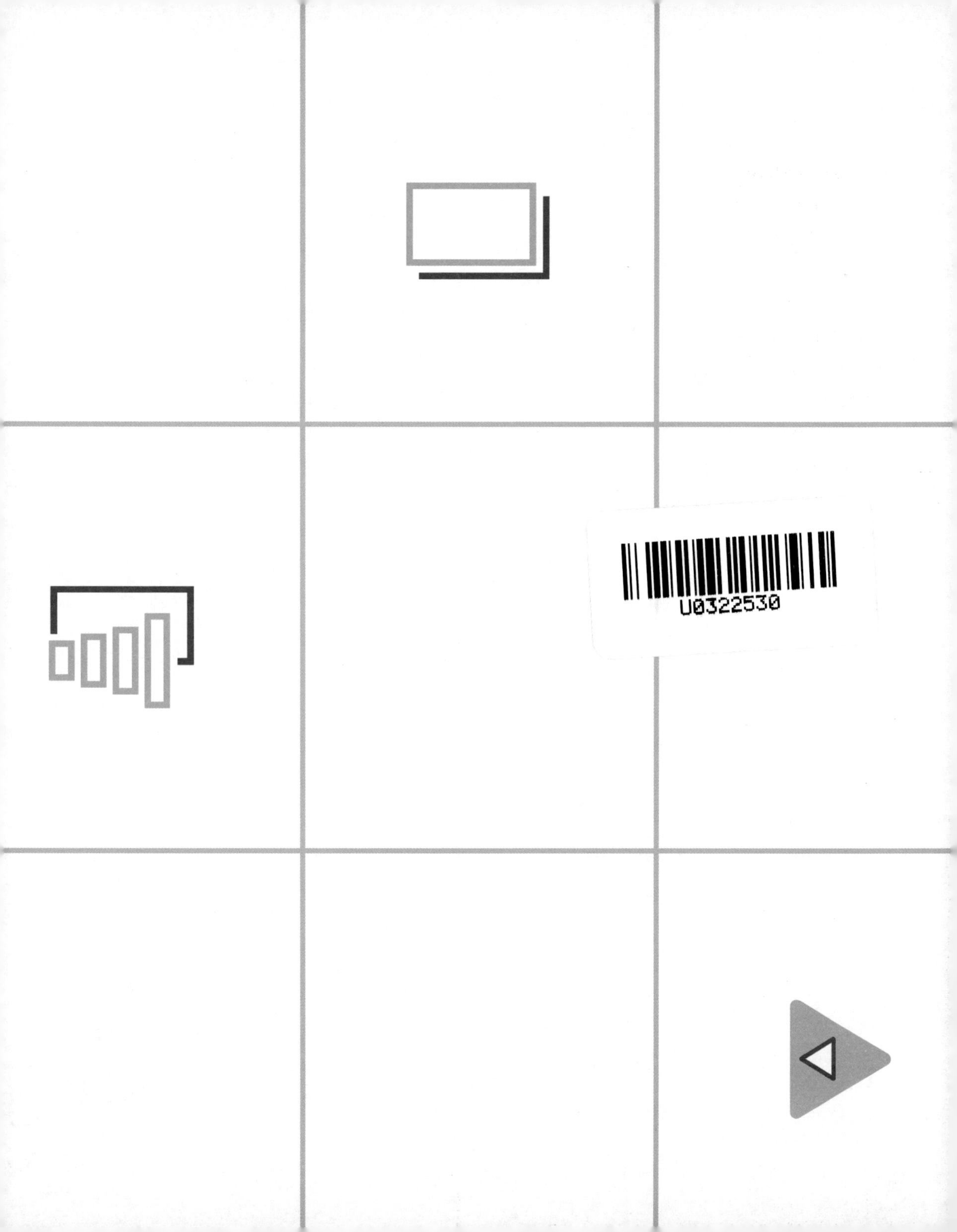

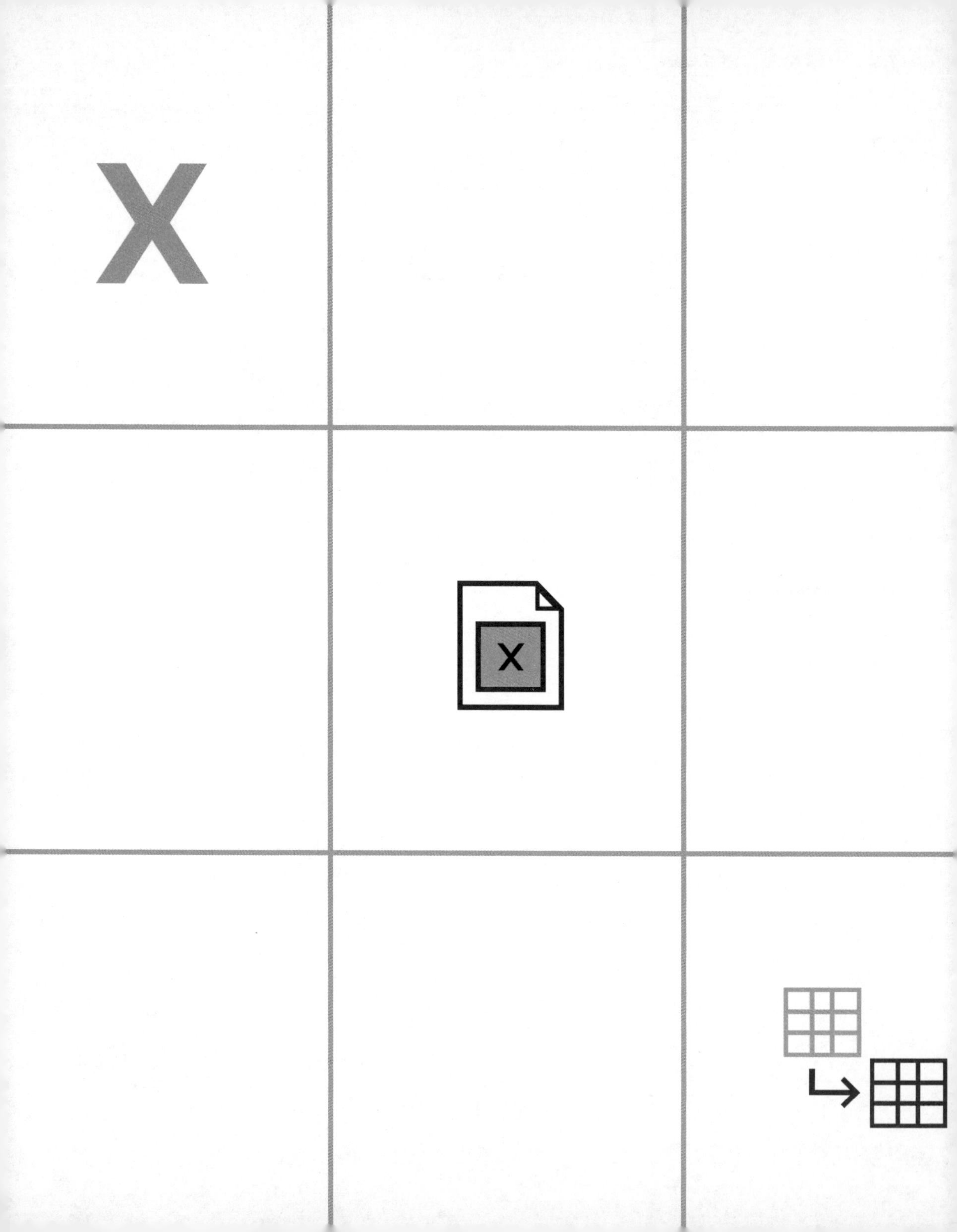

你早该这么玩Excel

Wi-Fi版

伍昊▲著

图书在版编目（CIP）数据

你早该这么玩Excel：Wi-Fi版 / 伍昊著. —北京：北京联合出版公司，2014.9（2022.8重印）

ISBN 978-7-5502-3484-0

Ⅰ. ①你… Ⅱ. ①伍… Ⅲ. ①表处理软件—基本知识 Ⅳ. ①TP391.13

中国版本图书馆CIP数据核字（2014）第197803号

你早该这么玩Excel：Wi-Fi版
作　　者：伍　昊
出 品 人：赵红仕
选题策划：北京时代光华图书有限公司
责任编辑：王　巍
特约编辑：李淼淼
封面设计：柏拉图
版式设计：郝薇薇
插画设计：夏　辉

北京联合出版公司出版
（北京市西城区德外大街 83 号楼 9 层　100088）
文畅阁印刷有限公司印刷　　新华书店经销
字数 274 千字　　889 毫米 × 1194 毫米　　1 / 24　　11.25 印张
2014 年 10 月第 1 版　　2022 年 8 月第 9 次印刷
ISBN 978-7-5502-3484-0
定价：65.00元

再版序

从2011年《你早该这么玩Excel》出版开始，我的生活中就多了一件重要的事情，那就是，读着大家来信或微博留言中洋溢着希望的文字，为大家逃出"火海"感到由衷的高兴。Excel是一个躲不掉的职场技能，但同时它又深不见底、枯燥乏味。说真的，Excel不好学，因为不知道从哪里开始，又到哪里才是尽头。不过很幸运，抛开表格样式的束缚以及对函数的严重依赖，"懒人"们有"天下第一表"和"三表概念"撑腰，可以用"以不变应万变"的态度，迎战纷繁复杂的表格任务。最终，大家发现，Excel的问题不全是技巧的问题，而是"源头"的问题。也发现，当"源头"不再出问题的时候，Excel竟然如此好玩。

于是，3年来，和我沟通的读者几乎很少问到某个技巧的操作步骤，而更专注于重新审视自己那张"源数据表"，并开始重视Excel作为管理工具的意义。我很开心能和不同的人探讨做表的思路、工作的流程以及管理的目标。同时，我还有幸见证了很多人的改变，甚至有可爱的读者定期为我更新“剧情”。以下这两位的故事就让我印象深刻。

他在一家石油公司的工程部工作，一年中有不少时间在外地施工，无法与家人相聚。他告诉我，他已经有点厌倦这种奔波的工作，觉得这些年挺亏欠家里的。当他看到Excel的神奇，并觉得似乎自己也可以把握时，他毅然决定转为内勤，这样就有充足的时间陪在老婆和小孩身边。现在的他，正努力学着会计知识，立志做一名优秀的会计。

她在一家外企，原本默默无闻，后来却因为Excel小有名气。一天，她兴奋地告诉我，另一个更好的部门向她投来橄榄枝。可之后，由于自己部门不放人，她感到好难受。过了很长一段时间，她写了长长的邮件给我。原来，就在她心灰意冷的时候，一位已经离职的同事推荐她去了一家更好的公司，并且，她升职当上了数据分析部门的小组长。

他们都觉得是这本书为他们带来了改变。刚开始，我也这么认为，但后来，我想明白了，真正改变他们的，是他们自己。假如没有自己的努力，不愿意思考，不动手做，再好的东西也没有价值。

时隔 3 年，《你早该这么玩Excel》（Wi-Fi版）以新的面貌呈现在你面前。还是那套理论，还是简单、宁静，只不过，它变得更加立体了。

之前，你苦于没有联系资料，无法同步操作；现在你可以扫描下方二维码，在我的公众号里找到用于本书联系的表格资料。

我总喜欢做点不一样的事。你的不一样呢？从这本书开始吧，这将是一个全新的Excel世界。

玩得开心～

推荐序

我真的不懂 Excel

与伍昊这家伙结缘，是因为我的上一本书——《别告诉我你懂PPT》，他是给我写信的众多读者之一。唯一的区别在于，他在成都搞Excel培训，而又恰逢我千年不遇地去天府之国出差，于是打着“缘分”的旗号，我决定宰他一顿饭吃。

就这样，我们在成都一家坐落在胡同里的老火锅店见面了。临街弄了张桌子，用餐巾纸擦擦布满油渍的桌面，就兴高采烈地点起菜来。伍昊说，这是带好朋友才来的地方。这点我同意。大家都是爽快的性情中人，虽是第一次见面，但很快就成为无话不谈的朋友。

伍昊说他之所以辞职出来做Excel培训，是因为一次改变命运的经历。一天，他看见另一位经理手下的一名小朋友在公司加班到很晚，于是他走过去，却发现小朋友在偷菜。他劝说小朋友不要在公司里玩这个，让别人看见不好。

没想到这个小朋友一脸委屈地说："这点破数据，我都忙了两天了，再不让我偷会儿菜，我就要崩溃了。"伍昊凑过去问了一下是什么活儿，才发现原来这个让小朋友忙了两天的工作，用Excel两分钟就能搞定。为了把更多的人从"水深火热"中"拯救"出来，他暗下决心，要用自己的Excel特长来"行侠仗义"，帮助更多的人。

关于Excel，伍昊还说了一句很牛的话，他说Excel能不能用好，关系到公司的生死存亡。我总觉得这话比我那句"PPT能改变人的命运"还邪乎，但他说了几个实际的例子后，最终把我折服了。

比如，他说一个工厂有几千种原料要采购，把数据都放在一个Excel表格中，后来更新了一版，要怎么样才能快速地知道哪些数据改变了，哪些没有？对于一张数据很多的表格，怎么样才能准确地选中所有数据，而没有空格？一张工资单，怎么能快速地变成可打印的工资条？怎么能让Excel中的表格和图保留格式地插入到其他Office软件中？

一连串的问题，让我瞪大了眼睛。嘴里虽还在嚼着烫嘴的火锅，却已全然不觉得它辣了。我突然意识到，平时我竟然只用了Excel功能的1/1000000！吃完火锅，伍昊去家里取了电脑，把Excel种种神奇的功能一个一个地演示给我看。我觉得真的就像变魔术一样。

我问他："你们培训完了，别人记得住吗？"他说："如果一个东西，你以前要花一个月去做，而今天知道一个方法后能快速做了，你会记不住吗？"我恍然大悟，于是在他买的我的书上欣然签下："我真的不懂Excel，向5号学习！"

回北京后，我找到《别告诉我你懂PPT》的策划编辑，向他强烈推荐让伍昊写本关于Excel的书。后来我们仨头一次在北京“接头”，不但“臭味相投”，还破天荒地中了一张100块钱的发票。哈哈，这都是Excel给我们带来的好运。

一晃半年过去了，我终于看到这本书的“庐山真面目”。我欣喜地发现，伍昊在书中提倡的“懒”字，恰好和我的新书——《不懂项目管理，还敢拼职场》中提到的“懒蚂蚁”现象不谋而合。

“懒蚂蚁”现象，是指一些人平时看上去好像无所事事，但他们花很多时间去思考和提炼，所以往往平时不显山不露水，可一旦到了关键时刻，就能挑起大梁。Excel恰恰就是帮人“偷懒”的一个工具。当你只有20个数据时，会不会Excel并不重要；而当你要处理2000个甚至上百万个数据时，Excel就成了最好的“武器”。因此，“懒”在这里不是态度，而是时间，是效率。

这是一本我期待了很久的书，期待通过它，我能够实现那些曾经被我视作神话的效果。作为一本PPT书的作者，不会Excel，不会Photoshop，总是个遗憾。不能拿无知当个性，我相信我会是这本书最用功的一个学生，我要和“表”哥、“表”姐们一起做职场的“懒蚂蚁”。

祝大家在职场越拼越快乐！

李治

前　言

7年前第一次接触Excel的时候，面对满屏整齐划一的单元格，打开琳琅满目的功能菜单，除了一阵茫然，我不知道这个工具还能带给我什么。

7年后，我享受着冬日的阳光，盘坐在草地上写这本书，希望帮助更多职场人士摆脱Excel的苦，感受Excel的乐，让我们玩Excel，而不是被Excel玩。

现代社会有一群人被称为“表”哥、“表”姐，他们似乎永远都有做不完的表格、统计不完的数据，每天忙忙碌碌却往往事倍功半。他们之中不乏技法大牛、函数超人、鼠标快手，却依然纠结于各类报表制作。

事实上，被表格困扰的并非只有“表”哥、“表”姐，80%有电脑的职场人士，或多或少，都曾经或者正在与Excel较劲。然而，最苦的当数我们亲爱的老板们，为一份分析报告等待数日，错失良机。更有甚者，用错误的数据做错误的经营决策，一转眼，几十万上百万烟消云散。

可是，Excel要怎么学？又该学些什么？学习Excel并不轻松，一本动辄三五百页能砸死人的字典般奇厚无比的技能书让我们望而却步，眼花缭乱的组合公式、高深莫测的VBA编程把我们拒之门外。

每每鼓起勇气想把“字典”研究一番，在草草翻阅数页后无奈作罢，最终将其束之高阁再不过问。究其原因，并非书籍作者不用心，实在是我们太忙，没有时间和精力如此学习。“快餐”时代要的是简单实用、清晰易懂。

7年，我从一个“小白”变成“表”哥，并成长为“我是表格的哥”。在Excel高手界，我仅仅排行10^n，却能轻松驾驭各行各业的N种报表。我用表格做部门管理，用表格标准化作业流程，也用表格控制生产经营过程，预知风险。我设计过许多经典模板，直到今天，它们仍服役于我曾经服务过的公司和客户。我可以一分钟完成别人要花费一周的工作，也可以一分钟“变”出N张报表。

这些，你也能做到，但前提是你要有一颗“懒惰”的心。只有“懒”，才不愿意做重复的事情；只有“懒”，才想方设法不加班；只有“懒”，才努力把对的事情一次做对。对“懒人”来说，用最简单的方法解决最复杂的问题才是王道，享受四两拨千斤的乐趣，让别人嫉妒去吧。“懒人”们，只做一张表是我们美好的憧憬，不用再做表是我们伟大的心愿，能实现吗？能！

本书分享的不是Excel技法，而是心法。何谓心法？心法在内，技法在外，学武功招式之前须练好内功，以打通经络，调整气息，否则招式学得再好也难免会“走火入魔”。于Excel，心法即思维方法、设计理念，表格设计错了，堆砌再多技法也难以弥补。

过去，我们关注技法太多，忽略了心法，各大Excel交流论坛问得最多的问题是：“我遇到了一个难题，用什么技巧能解决？”却很少有人问：“我遇到了一个难题，是不是我的表格设计或者数据记录方式出了错？”要知道，做对表格胜过玩弄100个技巧。况且，天下有且只有一张表，只要做对这一张表足矣。

书中只告诉你两件事，学会它们，就能成为幸福的“懒人”：

“懒人”秘技No.1：设计一张正确的表，天下第一表！

“懒人”秘技No.2：一分钟“变”出N张表，向“做”表的日子说拜拜！

随我来！

这些名词要记牢！

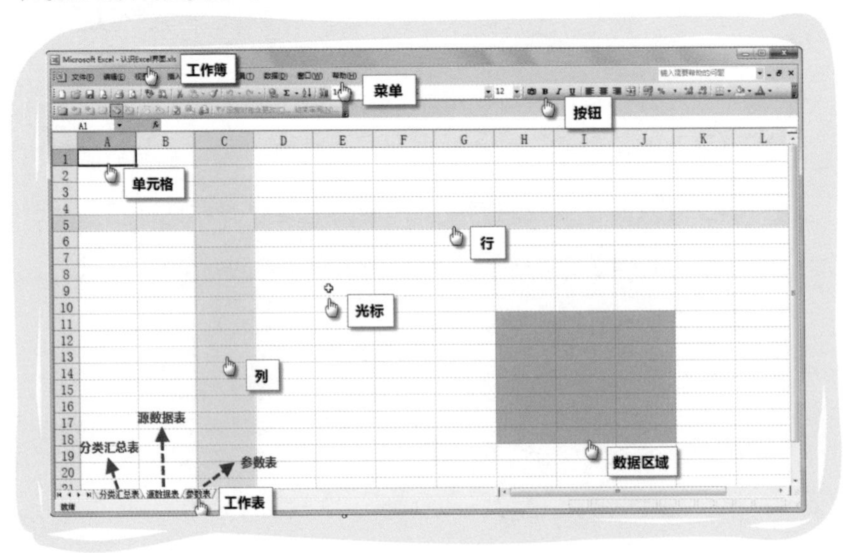

- **工作簿** 通常所说的Excel文件，一个工作簿可包含多个工作表。
- **工作表** Sheet1、Sheet2、Sheet3 等显示在工作簿窗口中的表格。
- **菜单** 装有功能命令的清单。
- **按钮** 图形化的功能命令。
- **单元格** 用于存放数据的“抽屉”，单元格坐标表示为A1、B2、C3……
- **数据区域** 多个单元格组成的区域。
- **行** 同“纬度”的单元格组成行，行坐标表示为1、2、3、4、5……
- **列** 同“经度”的单元格组成列，列坐标表示为A、B、C、D、E……
- **光标** 由鼠标控制的，指哪儿打哪儿的图标。
- **参数表** 存放参数的工作表。
- **源数据表** 存放原始数据的工作表，也是唯一需要手工填写数据的工作表。
- **分类汇总表** 存放统计数据的工作表，统计数据由Excel自动生成。

目录

第2章 “十宗罪”进行时

第3章 Excel超越你的想象

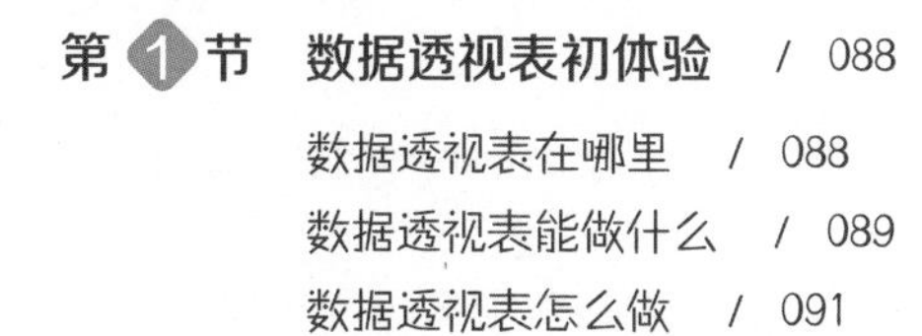
第4章 玩转透视表，工作的滋味甜过初恋

第6章 图表，怎么简单怎么做

第7章 埋头做表别忘了抬头看路

第1章 换个角度玩Excel

不记忆大量的菜单命令，不学习多样的函数运用，不研究高深的VBA编程，还能玩会Excel吗？要我说，不仅能玩，还能玩得好！因为，咱玩的是心法，练的是内功，成就的是由内而外的强大。那，什么是心法？这其实是一种设计表格的思路，一种对Excel的正确认识。能当饭吃吗？当鲍鱼吃都没问题。无论你是新手、老鸟、“表”哥还是“表”姐，只要修炼这种心法，你就会发现，驾驭Excel原来如此简单！

第1节 两招让你脱胎换骨

两招更胜100招，不学技能学什么？学做表！有人说："我会用很多技能，但还是工作得很辛苦。"那你就要检查一下，自己是否做对了表。

我们做的表通常分为两种，一种是数据明细表，称之为"源数据表"；另一种是统计表，称之为"分类汇总表"。前者不仅需要做，还必须用正确的方法做；后者却不用做，因为它们可以被"变"出来。在这本书中，我们就研究两件事：

第一件，设计一个标准、正确的源数据表；

第二件，"变"出N个分类汇总表。

你可别小看，只要玩转这两招，以前遇到的种种难题，80%都会荡然无存，一去不返。

搞定源数据，不背菜单也能玩

按照传统观念，Excel高手似乎就是把菜单命令背得滚瓜烂熟，组合函数玩得出神入化，还能自己编点小程序的人。于是，想要成为高手，头悬梁锥刺股地"啃"技能书就变成一件再正常不过的事。但是，"啃"过的朋友一定知道其中的艰辛，那种味同嚼蜡般的干涩和枯燥常常导致大脑消化不良。并且，想从中找到自己工作所需的技能也实非易事。究竟Excel有多少招？为什么那么难记？看看下面两张图就略知一二。

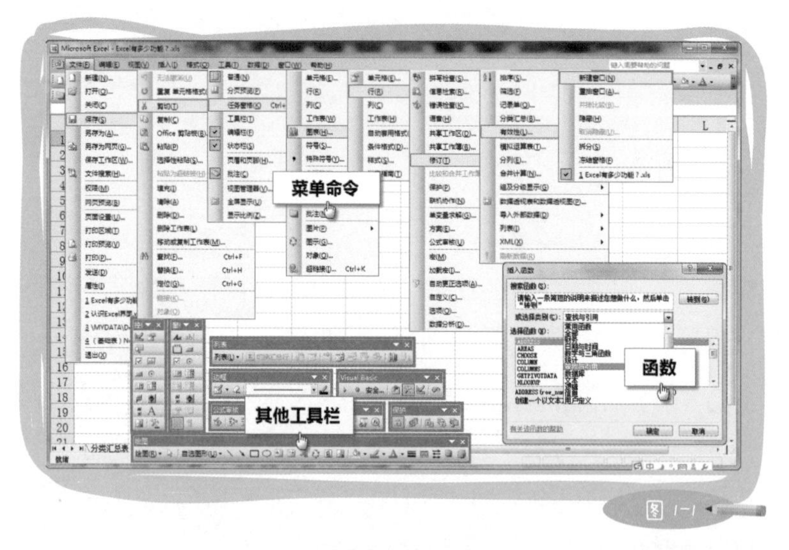

图 1-1

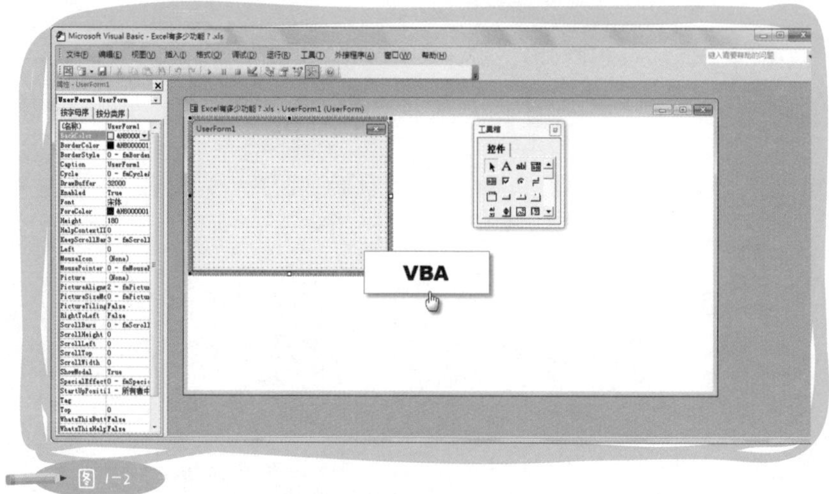

图 1-2

很多吧？头晕了！正因为如此，大部分人都不敢奢望成为高手，也认为自己无法解决更多的Excel难题。可是，不知道大家有没有想过这样一个问题：Excel难题真的要靠玩弄技巧才能解决吗？还是我们从一开始就做错了什么？要知道，在平房的地基上建高楼，有再大的本事也不行。于

Excel，建立源数据表如同打地基，如果没有正确的源数据，搞什么数据分析都是扯淡；如果一开始就做对了源数据，不用学100招也能把工作做得很漂亮。所以，好的源数据表是一切表格工作的基础。

聚焦汇总表，不用做来只用“变”

知道了源数据表的重要性还不够，我们还必须搞清楚表格工作的目的。只有明确了工作目的，才能有的放矢地学习。使用Excel的过程中会遇到的难题，与我们的工作目的有很大关系。在这个用数据说话的时代，严谨的公司买个办公用品也要做数据分析。我们忙忙碌碌地操作着各种表格，又是写公式，又是筛选、排序，或者把数据加过来减过去，归根结底，都是为了得到一张分类汇总表。

数据这东西，只有被分门别类地放在一起时才有意义，单个儿看，看不出啥名堂来。超市买东西不能只看小票吧，你一定要问：“一共多少钱？”家装公司列出的装修费用详单，就算已经具体到每一颗螺丝的价钱，你也得问：“地板总共多少钱？吊顶、墙面分别又是多少钱？”所以，分类汇总无处不在，而企业对这方面的要求更高。实际上，我们做的表格工作都在为此服务。

为了印证这个观点，我特意请教了一位资深的财务经理。我问他：“为什么人们都说财务部的Excel水平最高？财务一定是企业最先拥有系统的部门，还需要用Excel做什么？”他这样回答我：“财务系统能解决科目的分类，即前端数据录入的问题，也能出具标准的财务报表。但是，企业的管理需求灵活多变，所以我们需要从系统中提取数据，进行深加工，才能满足管理层对于个性化财务报表的需求。要做这件事，就必须与Excel较劲。”有系统的部门尚且如此，其他部门又何尝不是呢？

来看看下面几张表以及它们所代表的意义。这几张分类汇总表有的庞大，有的精细，属于最常见的二维汇总表。

记录办公用品领用情况明细，能得到领用统计表。它可以作为制订下个季度办公用品预算的参考；另外，根据各部门的工作内容，也能抽查部门办公用品领用是否合理。

	A	B	C	D	E	F	G	H
1	办公用品领用统计表							
2	3月	综合处	信管处	交通处	财务处	投资处	核算处	合计
3	A4纸						*2*	**2**
4	圆珠笔						*9*	**9**
5	笔记本				*4*	*10*		**14**
6	订书机		*2*	*6*				**8**
7	回形针	*20*						**20**
8	铅笔			*2*				**2**
9	合计	**20**	**2**	**8**	**4**	**10**	**11**	

图 1-3

记录销售情况明细，能得到销量统计表，由此发掘公司的明星销售员，考评销售人员绩效，核算业务提成金额。

	A	B	C	D	E	F	G	H	I
1-2	销售人员销售情况								单位：万元
3	地区 名字	成都市区	达州	德阳	都江堰	贵阳	雅安	重庆	*总计*
4	蔡缨	1613				508	455		2576
5	曹媛	2404					400	552	3356
6	林静	1488.5							1488.5
7	刘莉	1284		480	982				2746
8	王勇	639			600	1169.5			2408.5
9	吴政	2114.5		524			600	480	3718.5
10	杨芳	1867.5	800		480				3147.5
11	张建斌	1894.5							1894.5
12	郑颖	1669.5	668	396					2733.5
13	*总计*	14974.5	1468	1400	2062	1677.5	1455	1032	24069

图 1-4

记录各地各类企业的年末从业人数，能得到关于年末从业人数的统计表。政府部门可以根据城市规模及发展规划，评估企业从业人数是否合理，制订下一年人员引入退出计划。

年末从业人数统计表

单位：个

		机关	民办非企业单位	企业	社会团体	事业单位	总计
贵州省	贵阳市	430,700	388,362	387,138	382,708	347,137	1,936,045
	六盘水市	120,970	145,585	136,263	175,445	123,790	702,053
	遵义市	236,653	233,331	235,342	195,746	314,598	1,215,670
四川省	成都市	763,960	745,038	698,523	735,949	630,787	3,574,257
	德阳市	239,894	200,785	286,439	267,815	262,032	1,256,965
	广元市	144,970	130,318	136,215	145,747	149,177	706,427
	乐山市	180,749	180,740	130,659	141,680	176,587	810,415
	泸州市	231,282	176,210	201,776	282,496	247,756	1,139,520
	绵阳市	242,940	246,092	367,451	213,074	338,870	1,408,427
	南充市	113,465	155,228	125,678	174,534	156,357	725,262
	内江市	152,868	136,655	154,008	145,533	121,802	710,866
	攀枝花市	183,910	218,860	183,145	184,800	202,756	973,471
	遂宁市	141,218	109,244	137,465	127,435	84,930	600,292
	宜宾市	131,807	154,900	164,087	187,343	156,619	794,756
	自贡市	262,052	232,696	233,372	205,296	236,391	1,169,807
云南省	昆明市	363,869	287,978	298,502	293,100	258,394	1,501,843
	曲靖市	319,566	340,131	286,354	319,843	274,934	1,540,828
	玉溪市	212,059	294,864	252,749	212,124	262,722	1,234,518
总计		4,472,932	4,377,017	4,415,166	4,390,668	4,345,639	22,001,422

图 1-5

于是我得出了一个重要结论：我们使用Excel的最终目的，是为了得到各式各样用于决策的分类汇总表。这些表无须靠手工做，Excel能让我们像魔术师一样把它们给“变”出来。

第2节 天下只有一张表

源数据表很重要，但它的设计理念却很简单。设计Excel源数据表不同于设计PPT模板，不要千变万化，只要始终如一。之所以新手、老鸟、“表”哥、“表”姐都能轻松掌握它，是因为天下只有一张源数据表。它是一张中规中矩、填满数据的一维明细表，我把它称为“天下第一表”。天下第一表有三大优势：通用、简洁、规范。

优势一：通用

按照常理，Excel模板无穷无尽，这也正是为什么Excel书籍可以不断推陈出新的原因。今天讲人力资源的50个经典模板，明天说生产管理离不开的30个表格，后天又有财务管理中的20个范本，可是，你记住了多少？又有多少与你的工作相关？

之前一直让我很困惑的事情是，大量的教材，大量的范例，我们又天天与Excel较劲，可事实上，Excel整体应用水平却普遍偏低，工作效率也不高。

有一天我突然想明白了，很多人连源数据表和分类汇总表的关系都没有搞清楚，却花大量精力去手工打造汇总表；他们不知道天下只有一张表的概念，结果源数据表被做得五花八门。我们以前所学的各种模板，没有固定的标准，各行各业差异也很大，即使死记硬背了300种报表样式，还是无法解决根本问题，新的Excel难题依然会不断涌现。如此学习，付出与收获不成正比，难怪大家干脆不学，因为学了也会马上忘记，倒不如现学现卖来得安逸。

	A	B	C	D	E	F	G
1	工号	姓名	民族	出生日期	入职时间	部门	职位
2	CD006512	张三	汉族	1985-11-24	2009-6-15	销售	经理
3	CD008852	李四	汉族	1988-3-19	2007-11-10	销售	销售代表
4	CD005322	王五	汉族	1980-5-19	2008-5-1	销售	销售代表
5	CD009476	李雷	汉族	1972-9-6	2009-3-5	销售	销售代表
6	CD008551	韩梅梅	汉族	1989-9-25	2008-1-29	销售	销售代表
7	CD004148	Polly	汉族	1991-11-25	2007-5-13	销售	销售代表
8	CD001023	Jim	汉族	1979-12-16	2006-11-28	客服	经理
9	CD000558	Lucy	汉族	1974-1-17	2007-9-21	销售	销售代表
10	CD003093	Lily	汉族	1987-10-9	2006-3-25	销售	销售代表
11	CD008426	Tom	汉族	1970-5-30	2007-2-21	销售	销售代表
12	CD008789	Jason	汉族	1987-5-7	2005-12-30	销售	销售代表
13	CD002998	Jack	汉族	1985-7-5	2009-10-25	财务	会计
14	CD001897	张花花	汉族	1983-12-30	2009-1-25	人力资源	经理
15	CD005888	李树树	汉族	1981-10-29	2009-11-13	销售	销售代表

天下第一表

图 1-6

事实上，源数据表只应有一张，且只应是一维数据格式。无论是销售、市场数据，还是物流、财务数据，都可以用完全相同的方式存放于源数据表中，区别仅仅在于字段名称和具体内容。下面这几张表内容虽然不同，模样却如出一辙。

	A	B	C	D	E	F	G	H	I
1	所在省份（自治区/直辖市）	所在地（市/州/盟）	所在地区（乡/镇）	企业成立时间	行业	登记注册类型	执行会计制度类别	机构类型	年末从业人员数
2	四川省	内江市	威远县	2001/8/22	住宿业	国有	行政单位会计制度	社会团体	1960
3	贵州省	遵义市	仁怀市	2003/10/30	铁路运输业	集体	行政单位会计制度	民办非企业单位	2825
4	贵州省	遵义市	桐梓县	2008/10/3	食品制造业	集体	企业会计制度	企业	6629
5	贵州省	六盘水市	钟山区	2000/1/3	食品加工业	股份合作	事业单位会计制度	企业	4444
6	四川省	成都市	新都	2000/1/26	餐饮业	股份合作	企业会计制度	企业	68
7	四川省	南充市	营山县	1987/12/6	批发业	中外合资经营	行政单位会计制度	社会团体	2793
8	四川省	自贡市	大安区	2009/5/2	零售业	集体	企业会计制度	企业	437
9	贵州省	遵义市	遵义县	2000/1/5	食品制造业	集体	企业会计制度	机关	853
10	云南省	昆明市	盘龙区	1994/12/23	餐饮业	中外合资经营	行政单位会计制度	民办非企业单位	5278
11	云南省	昆明市	盘龙区	1993/12/21	房地产开发业	国有	企业会计制度	企业	2537
12	四川省	德阳市	中江县	1991/10/4	土木工程建筑业	集体联营	企业会计制度	机关	1433
13	四川省	南充市	西充县	2006/12/29	土木工程建筑业	国有	企业会计制度	企业	1867
14	四川省	内江市	威远县	2003/6/1	造纸及纸制品业	中外合资经营	企业会计制度	企业	548
15	四川省	绵阳市	涪城区	2003/1/21	住宿业	股份合作	企业会计制度	企业	785

企业信息明细

企业信息明细

图1-7

	A	B	C	D	E	F	G	H	I	J	K	L	M	N
1	拜访日期	城市	城区	客户名称	机器数量	最后一次谈判结果	负责人	安装进度	单价	总价	回款	差额	全回款	下次收款日期
2	2009/7/22	成都市区	金牛	天使网吧	95	可以	曹媛	进度过半	4.5	427.5	283	144.5	否	2011/5/5
3	2009/8/12	成都市区	金牛	天域网吧	80	不可以	蔡樱	进度过半	4.5	360	360	0	是	2011/5/5
4	2009/6/20	成都市区	金牛	鑫花样网吧	89	可以	林静	进度过半	4.5	400.5	61	339.5	否	2011/5/5
5	2009/8/2	成都市区	武侯	随性网吧	92	可以	林静	未开始	4	368	180	188	否	2011/5/5
6	2009/8/13	成都市区	锦江	大自然网吧	135	可以	张建斌	进度过半	4.5	607.5	607.5	0	是	2011/5/5
7	2009/6/28	成都市区	锦江	广飞网吧	150	可以	杨芳	进度过半	4.5	675	255	420	否	2011/5/5
8	2009/6/20	成都市区	锦江	图拉丁	104	可以	蔡樱	未开始	4	416	3	413	否	2011/5/5
9	2009/8/2	成都市区	锦江	地平线网吧	113	不可以	郑颖	进度过半	4.5	508.5	508.5	0	是	2011/5/5
10	2009/8/5	成都市区	锦江	地平线网吧	126	不可以	张建斌	完成	4.5	567	113	454	否	2011/5/5
11	2009/8/18	成都市区	成华	子君网吧	128	不可以	刘莉	进度过半	4.5	576	288	288	否	2011/5/5
12	2009/7/20	成都市区	成华	畅想网吧	130	不可以	曹媛	进度过半	4	520	520	0	是	2011/5/5
13	2009/8/9	成都市区	成华	新懂憬网吧	137	可以	曹媛	进度过半	4.5	616.5	80	536.5	否	2011/5/5
14	2009/7/10	成都市区	成华	好好网络会所	141	可以	吴政	进度过半	4.5	634.5	70	564.5	否	2011/5/5
15	2009/7/17	成都市区	青羊	天空之城网吧	142	可以	郑颖	未开始	3.5	497	497	0	是	2009/10/10

销售记录表

网吧销售情况明细

图1-8

	A	B	C	D	E
1	日期	科室	领用用品	数量	用品单位
2	2010/3/31	综合处	回形针	5	盒
3	2010/3/31	投资处	笔记本	10	本
4	2010/3/12	核算处	A4纸	2	包
5	2010/3/14	财务处	笔记本	4	本
6	2010/3/16	信管处	订书机	2	个
7	2010/3/31	交通处	订书机	6	个
8	2010/3/31	核算处	圆珠笔	9	支
9	2010/3/31	综合处	回形针	15	盒
10	2010/3/31	交通处	铅笔	2	支
11	2010/6/5	投资处	A4纸	1	包
12	2010/6/5	交通处	A4纸	2	包
13	2010/6/5	综合处	A4纸	1	包
14	2010/6/5	投资处	A4纸	2	包
15	2010/6/5	信管处	圆珠笔	4	支

汇总表 操作表

办公用品领用明细

图1-9

学会一个模板就能走遍天下，这是天下第一表概念的精华所在。在表格界，天下第一表可谓长得老实憨厚，很容易被记住。

优势二：简洁

物流行业非常看重数据管理，出入库管理也好，货物盘点也好，在途跟踪也好，线路规划、成本核算也好，都离不开数据。这些数据，一方面由专业系统如WMS（库房管理系统）、TMS（运输管理系统）进行处理，同时也有很大一部分必须依靠手工报表。物流工作由于要追踪到每辆车、每张订单、每个包裹，甚至每件商品，数据量非常庞大，报表也异常繁多。

按理说，我做了7年物流工作，文件夹应该是满满的，存放着各式各样的报表。可是，我发现身边的朋友只做了3年人事行政工作，报表却比我的还要多。这些报表，有的只有一两行，有的干脆就几个数字。一项工作可以牵扯出几十张Excel表，里面的数据大量重复，却又没有一份是完整的。相反，如果坚持一项工作一张表格的原则，做好天下第一表，即便与很多数据打交道，Excel文件也可以很少。

图 1-10

文件少带来几个好处：首先，可以轻松地找到需要的数据；其次，最大限度地避免了重复性工作；然后，业务数据容易备份和交接；更重要的是，只要一项工作一张表，就可以将“变”表的技能发挥得淋漓尽致。

格式标准都会填

优势三：规范

有一种情况很常见：企业越大，内部报表流通越不顺畅。

有一件事让我印象深刻。2010年年初，我给成都统计系统做6天封闭式培训。一天，培训结束后，有学员找到我，是一位老大姐。她告诉我，她是相关单位的人，统计局邀请她来参加这次培训。然后，她拿出一个优盘，问我能不能帮她解决一个问题。我说好，于是她打开报表，说：“上面下发了这张表，要求我们每一个街道填报以后再上报。可这张表很难填，你看看有没有什么办法可以做得快一点。”

我仔细看了看这份表格，完全不符合Excel规范，就像一张只能用于打印的表，既有复杂的表头，又有不合理的合并单元格，各字段还分类不清，并且没有限定标准的填写方法。我心想：“照这样填写，数据再一级级往上报，最终需要耗费多少人力才能把数据理得清楚？何况准确率还无法保证。”面对此类问题，我几乎都是从源数据表的规范入手解决。于是，我问了她一个问题：“这张报表是否有修改的可能性？”她说：“不行，上面发的不能改。”

既然不能改，只好选用折中的方法：街道按照标准的源数据表格式记录数据，然后想办法把数据关联到下发的报表中。虽然这需要用到很多数据处理技巧，但是能解决两个问题：第一，街道的数据收集工作不会白做，因为标准的源数据可以保留下来，未来如果上面还有其他数据分析要求，这份源数据依然可用，这样能够避免重复劳动；第二，完成了上面交代的任务，提供了规定样式的报表。

瞧，玩弄技能通常都是无奈之举，因为一切从开始就错了，它将会层层错下去。基层人员做得辛苦，加班加点填写大量数据，提交上去以后，中层人员整理得也很辛苦。由于表格不规范，数据修改和退回重填的情况肯定少不了，最终要出具分析报告，还得大费周章。整个过程浪费严重，工作结果也难让人满意。

图 1-11

如果咱用的是正确的源数据表，而且每个环节都能按照同样的标准操作，得到标准的数据，以上所有问题则不攻自破。俗话说：有规矩成方圆。这个道理放在Excel工作中，也完全成立。

第3节 人人都能成高手

不需要考证书，也不需要大学文凭，设计天下第一表需要的是一个重要资质——工作经验。如果你只在乎技能的学习，而忽略了对工作本身的积累和感悟，最终还是无法驾驭Excel。

《别告诉我你懂PPT》的作者李治，被粉丝们誉为“PPT牛人”，很多人羡慕她在PPT设计中展现出来的才华和创意。但从另外一个角度看，论技能的运用，李治在PPT界估计只能排到一千名开外；论平面设计水平，在专业的设计师眼里她就是个外行。凭什么她能制作出赏心悦目、震撼人心的PPT呢？凭的是她对工作的认真态度，以及在自己领域内的足够专业。

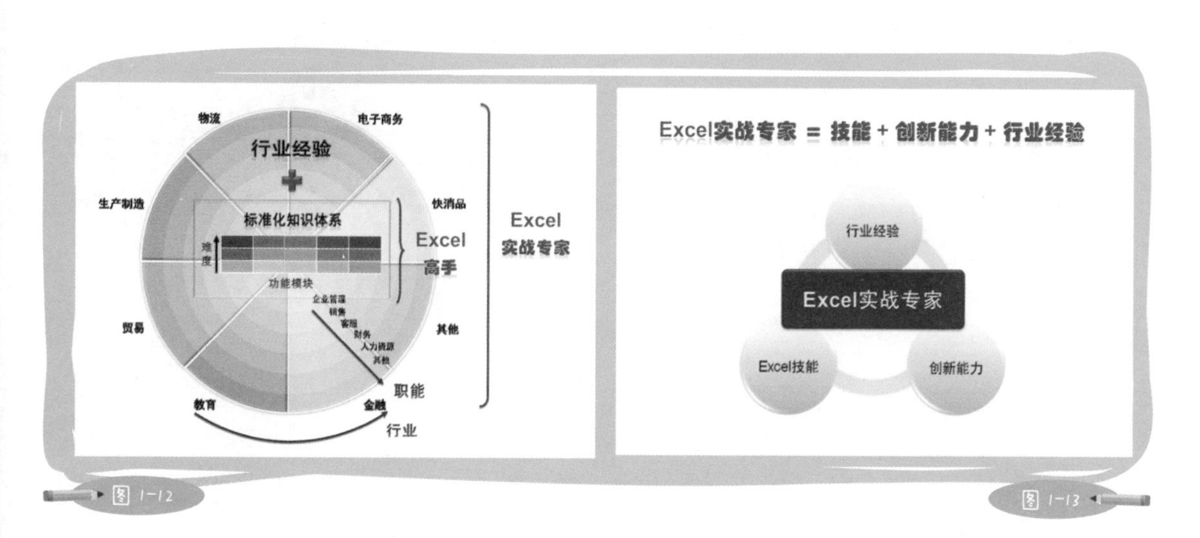

图1-12

图1-13

如果没有扎扎实实地做好项目，没有画龙点睛的总结归纳，以及细致入微的工作感悟，就算把所有技能都堆砌在一起，也做不出一份好的PPT。按她的话说，她是一个脑子闲不住、总爱胡思乱想的人，不求小小改良，只求一鸣惊人。

我们对待Excel，也是如此！技能只是实现目标的方法之一，更重要的是，要把工作经验和对工作的感悟注入天下第一表的设计中。做好了这一点，人人都能成高手，甚至是专家。

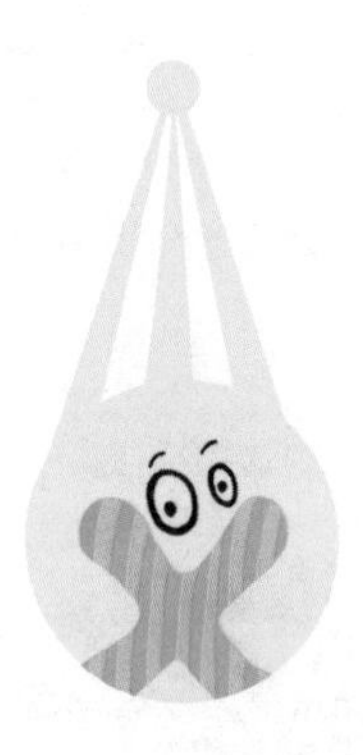

第 2 章

“十宗罪”进行时

在第1章，我们换了个角度理解Excel，知道了无法得到分析数据时应该从源数据表中找答案，不再纠结于技能掌握的多少。大家已经看过正确的表是什么样式，接下来我们就来细数源数据表中常见的错误，并且教会大家如何修复它们，还你一张天下第一表。既然是常见错误，那么总有一款“适合”你，睁大眼睛找到它吧！

第1节 表格中的“父子关系”

学习Excel，了解因果关系很重要。为了加深大家对源数据表重要性的认识，以及对它与分类汇总表关系的理解，我还得啰唆两句。中国有句俗话：“龙生龙，凤生凤，老鼠的儿子会打洞。”说的是遗传问题，即有其父才有其子。对Excel来说，分类汇总表是源数据表的“儿子”，优秀的“老子”一定能“生”出优秀的“儿子”。别担心，Excel里可没有基因变异这么一说。但是如果“老子”的基因里缺点儿什么，“儿子”自然也好不了。

	A	B	C	D	E	F	G	H
1					辞职员工分析表			
2			四川	安徽	河南	陕西	辽宁	总计
3	20岁以下	初中						
4		高中						
5	20-30岁	初中						
6		高中						
7		大专						
8		本科						
9	30-40岁	初中						
10		高中						
11		大专						
12		本科						
13	总计							

图 2-1

下面的这个例子很典型：某生产企业人力资源部有一张表格，记录着企业所有员工的基本信息（名字、入职时间、岗位、薪酬级别）。

从某年开始，该企业在连续几年的生产高峰期中，频繁出现员工辞职的现象，这对企业的生产经营造成严重影响。

为了改变现状，人力资源部痛下决心，要找出员工辞职的根本原因，以便在今后的管理和招聘中做出调整。按理说，他们需要综合分析辞职员工的学历、籍贯、薪酬、年龄和辞职理由，从中找到事件的主导因素。

可当他们准备动手时，却发觉现有的基本信息表里既没有学历，也没有年龄等相关数据。缺失的部分根本无法弥补，于是，获得分析报告成了梦想。最终，一个好的想法不了了之，辞职风波将继续困扰这家企业。这就是一份残缺的源数据表引发的“血案”。

第2节 错误的“正确”做法毁了你的表格

源数据表的错误不仅仅是缺少数据这么一项。我们常常因为过分强调视觉效果，或者图一时方便，情不自禁就做出形态各异的错误表格，为后续工作埋下隐患。

接下来，我将以一份员工请假明细表为例，来为大家解读这些源数据表错在哪里，应该如何修复。

第一宗罪——标题的位置不对

坦率地讲，源数据表做成图2-2这样，已能打99分。我擅自把它纳入错误设计的范畴，估计很多朋友是不答应的。但是身为一张源数据表，如果不能表现得最好，就一定有不妥之处。Excel提供了两种记录标题的方式：命名工作簿与命名工作表。我们不在御用的地方注明标题，却跑去抢占别人的地盘，这就不对了。

	A	B	C	D	E	F	G	H	I
1	2010年员工请假明细								
2	日期	姓名	类别	天数	年天数	累积休假	应扣天数	应扣工资	辅助列
3	2010/7/1	张三	年假	5	8	5	0	0	7张三
4	2010/7/2	李四	病假	9	8	9	1	-50	7李四
5	2010/7/3	王五	事假	3	8	3	0	0	7王五
6	2010/7/4	王老五	事假	4	10	4	0	0	7王老五
7	2010/7/5	李老四	年假	2	10	2	0	0	7李老四
8	2010/7/6	张老三	年假	2	10	2	0	0	7张老三
9	2010/7/7	王五	病假	1	8	4	0	0	7王五
10	2010/7/8	王老五	事假	3	10	7	0	0	7王老五

多余的表头 / 破坏性的分隔 / 破坏性的合计 / 破坏性的多表头 / 破坏性的合并 / 中文描述过多 / 错误的录入顺序

改善前

图 2-2

在Excel默认的规则里，连续数据区域的首行为标题行，空白工作表首行也被默认为标题行。需要注意的是，标题行和标题不同，前者代表了每列数据的属性，是筛选和排序的字段依据；而后者只是让阅读该表的人知道这是一张什么表，除此以外不具备任何功能。所以，不要用标题占用工作表首行。

源数据表是一张明细表，除了使用者本人，一般不需要给别人看到。那么，如果想要提醒自己，将工作簿名称设定为“2010年员工请假明细”不就结了（见图2-3）。就算这个标题不能代表整个工作簿，但总能代表某个工作表吧，记录为工作表名称也是门当户对。咱的视力还没差到需要在工作表中写这么大个标题的程度。

日期	姓名	类别	天数	年天数	累积休假	应扣天数	应扣工资	辅助列
2010/7/1	张三	年假	5	8	5	0	0	7张三
2010/7/2	李四	病假	9	8	9	1	-50	7李四
2010/7/3	王五	事假	3	8	3	0	0	7王五
2010/7/4	王老五	事假	4	10	4	0	0	7王老五
2010/7/5	李老四	年假	2	10	2	0	0	7李老四
2010/7/6	张老三	年假	2	10	2	0	0	7张老三
2010/7/7	王五	病假	1	8	4	0	0	7王五
2010/7/8	王老五	事假	3	10	7	0	0	7王老五
2010/7/9	王老五	事假	8	10	15	5	-500	7王老五

改善后

图 2-3

当然，首行写标题并不影响“变”表或者摆弄数据，所以不具有任何破坏性。只是看到太多人在这么做，却忽略了做这件事本身的意义，所以我特别把它提出来，好让大家对Excel规范有更深的认识。

破坏指数：☆☆☆☆☆　　更正难度：☆☆☆☆☆

顺着流程排字段

第二宗罪——令人纠结的填写顺序

有一天，我去车管所办理车辆年检，到了缴费大厅后，先领了个号。叫到我的时候，我首先在1号窗口交了钱，然后拿着缴费单往里走，来到5号窗口领年检标志，最后到6号窗口领环保标志。整个动作一气呵成，行动路线也很清晰。试想，如果领号在500米外的北楼，交钱又跑到1000米外的东楼，领年检标志在西楼，最后领环保标识还得奔南楼，这么一圈下来，还不把人给折腾死？！

你还别说，咱们设计表格时就经常干这事儿。一不小心，就做出一张顺序颠倒的表格来（见图2-4），不仅影响录入人员的正常思维，还让他们在忽左忽右的输入过程中浪费大量宝贵的时间。之所以这样，是因为设计的时候忽略了填表流程和工作流程之间的关系。

	A	B	C	D	E	F	G	H	I
1	日期	天数	年天数	累积休假	姓名	应扣天数	应扣工资	类别	辅助列
2	2010/7/1	5	8	5	张三	0	0	年假	7张三
3	2010/7/2	9	8	9	李四	1	-50	病假	7李四
4	2010/7/3	3	8	3	王五	0	0	事假	7王五
5	2010/7/4	4	10	4	王老五	0	0	事假	7王老五
6	2010/7/5	2	10	2	李老四	0	0	年假	7李老四
7	2010/7/6	2	10	2	张老三	0	0	年假	7张老三
8	2010/7/7	1	8	4	王五	0	0	病假	7王五
9	2010/7/8	3	10	7	王老五	0	0	事假	7王老五
10	2010/7/9	8	10	15	王老五	5	-500	事假	7王老五
11	2010/8/1	1	10	3	张老三	0	0	年假	8张老三
12	2010/8/2	1	8	6	张三	0	0	年假	8张三
13	2010/8/3	1	8	10	李四	1	-100	年假	8李四
14	2010/8/4	2	8	6	王五	0	0	病假	8王五
15	2010/8/5	2	10	17	王老五	2	-200	事假	8王老五

破坏性的合计 / 破坏性的多表头 / 破坏性的合并 / 中文描述过多 / 错误的录入顺序 / 破坏性的空格

改善前

图 2-4

我们在Excel中的动作，尤其是数据录入的动作，必须与工作顺序保持一致。就拿请假这件事来说，了解员工请假信息的顺序通常是：今天的日期？请假的是谁？请的什么假？请几天？转换成Excel字段，就变成日期、姓名、请假类别、请假天数。只要把这些字段从左到右依次排列，就能得到顺序正确的源数据表（见图2-5）。所以只要在设计之前想清楚工作流程，排个顺序还不是小case！所谓的设计其实就这么简单。

源数据的录入过程，应该像生产线上的产品制作过程，从开始到结束一气呵成。现代社会提倡人体工学，翻译成白话就是让人用着舒服、不累。将来你可以给自己设计的表格取个名，就叫“人体工学表格”。

	A	B	C	D	E	F	G	H	I
1	日期	姓名	类别	天数	年天数	累积休假	应扣天数	应扣工资	辅助列
2	2010/7/1	张三	年假	5	8	5	0	0	7张三
3	2010/7/2	李四	病假	9	8	9	1	-50	7李四
4	2010/7/3	王五	事假	3	8	3	0	0	7王五
5	2010/7/4	王老五	事假	4	10	4	0	0	7王老五
6	2010/7/5	李老四	年假	2	10	2	0	0	7李老四
7	2010/7/6	张老三	年假	2	10	2	0	0	7张老三
8	2010/7/7	王五	病假	1	8	4	0	0	7王五
9	2010/7/8	王老五	事假	3	10	7	0	0	7王老五
10	2010/7/9	王老五	事假	8	10	15	5	-500	7王老五
11	2010/8/1	张老三	年假	1	10	3	0	0	8张老三
12	2010/8/2	张三	年假	1	8	6	0	0	8张三
13	2010/8/3	李四	年假	1	8	10	1	-100	8李四
14	2010/8/4	王五	病假	2	8	6	0	0	8王五
15	2010/8/5	王老五	事假	2	10	17	2	-200	8王老五

2010年员工请假明细

改善后

图 2-5

破坏指数：★★☆☆☆　　**更正难度：★☆☆☆☆**

职场感悟 —— 站在别人的鞋里思考

站在别人的鞋里思考（Put yourself into others' shoes），其实就是换位思考。2004年在苏州明基电通工作时，我参与了公司物流系统升级项目。当时我作为主要的需求提出者，代表物流部与IT部对接。

记得这个项目至少持续了1年，而确认需求就用了整整3个月。因为除了规划功能模块，我们还花了大量时间研究每个页面、每个按钮之间的关联性，甚至细化到研究点击某个返回按钮，光标应该自动返回到哪一页的哪个输入栏。听起来就一句话的事，真正去做可是十分浩大的工程。

尽管如此，我和那位IT部的哥们儿也坚持要做到精益求精。因为考虑到实际操作系统的同事每天都要面临成百上千条的数据录入，一旦操作缺乏连贯性，一个多余的动作就会造成他们成百上千次的重复工作。而如果我们能在设计之初就站在他们的角度，设身处地思考问题，就能避免给他们带来麻烦。为其他人制定规则、设计流程的人，尤其要做到这一点。有时候在我们看来无关紧要的事，对别人却至关重要。

乾坤大挪移

当在数据区域中进行行列移动时，如果不采用正确的方法，就会使工作量翻倍。有的人调整某列在数据区域中的位置，常常先在目标位置插入一列（见图2-6），然后剪切待调整的列（见图2-7），将其粘贴在新插入的空白列处（见图2-8），最后还要删除剪切后留下的空白列（见图2-9）。这一系列动作做起来不仅不够流畅，容易出错，而且需要四步操作才能完成。

	A	B	C	D	E	F	G
1	地区		产品名称	销售额	排名	月份	产品大类
2	成都		照相机	256.00	22	一月	小家电
3	上海		手机	712.00	9	一月	小家电
4	重庆		电饭煲	536.00	14	二月	小家电
5	重庆		洗衣机	378.00	19	一月	白色家电
6	成都		吹风机	945.00	5	一月	小家电
7	重庆		剃须刀	1284.00	2	二月	小家电
8	上海		收音机	515.00	15	二月	小家电
9	上海		手机	412.00	18	一月	小家电
10	重庆		冰箱	1453.00	1	一月	白色家电
11	北京		洗衣机	854.00	8	一月	白色家电
12	大连		空调	894.00	6	一月	白色家电
13	广州		冰柜	488.00	16	二月	白色家电
14	重庆		照相机	880.00	7	三月	小家电
15	成都		吹风机	125.00	24	四月	小家电

调整行列顺序

图 2-6

	A	B	C	D	E	F	G
1	地区		产品名称	销售额	排名	月份	产品大类
2	成都		照相机	256.00	22	一月	小家电
3	上海		手机	712.00	9	一月	
4	重庆		电饭煲	536.00	14	二月	
5	重庆		洗衣机	378.00	19	一月	
6	成都		吹风机	945.00	5	一月	
7	重庆		剃须刀	1284.00	2	二月	
8	上海		收音机	515.00	15	二月	
9	上海		手机	412.00	18	一月	
10	重庆		冰箱	1453.00	1	一月	
11	北京		洗衣机	854.00	8	一月	
12	大连		空调	894.00	6	一月	
13	广州		冰柜	488.00	16	二月	
14	重庆		照相机	880.00	7	三月	
15	成都		吹风机	125.00	24	四月	

剪切(T)
复制(C)
粘贴(P)
选择性粘贴(S)...
插入已剪切的单元格(E)
删除(D)
清除内容(N)
设置单元格格式(F)...
列宽(C)...
隐藏(H)
取消隐藏(U)

调整行列顺序

图 2-7

	A	B	C	D	E	F	G
1	地区	月份	产品名称	销售额	排名		产品大类
2	成都	一月	照相机	256.00	22		小家电
3	上海	一月	手机	712.00	9		小家电
4	重庆	二月	电饭煲	536.00	14		小家电
5	重庆	一月	洗衣机	378.00	19		白色家电
6	成都	一月	吹风机	945.00	5		小家电
7	重庆	二月	剃须刀	1284.00	2		小家电
8	上海	二月	收音机	515.00	15		小家电
9	上海	一月	手机	412.00	18		小家电
10	重庆	一月	冰箱	1453.00	1		白色家电
11	北京	一月	洗衣机	854.00	8		白色家电
12	大连	一月	空调	894.00	6		白色家电
13	广州	二月	冰柜	488.00	16		白色家电
14	重庆	三月	照相机	880.00	7		小家电
15	成都	四月	吹风机	125.00	24		小家电

调整行列顺序

图 2-8

	A	B	C	D	E	F
1	地区	月份	产品名称	销售额	排名	产品大类
2	成都	一月	照相机	256.00	22	小家电
3	上海	一月	手机	712.00	9	小家电
4	重庆	二月	电饭煲	536.00	14	小家电
5	重庆	一月	洗衣机	378.00	19	白色家电
6	成都	一月	吹风机	945.00	5	小家电
7	重庆	二月	剃须刀	1284.00	2	小家电
8	上海	二月	收音机	515.00	15	小家电
9	上海	一月	手机	412.00	18	小家电
10	重庆	一月	冰箱	1453.00	1	白色家电
11	北京	一月	洗衣机	854.00	8	白色家电
12	大连	一月	空调	894.00	6	白色家电
13	广州	二月	冰柜	488.00	16	白色家电
14	重庆	三月	照相机	880.00	7	小家电
15	成都	四月	吹风机	125.00	24	小家电

调整行列顺序

图 2-9

但如果活用Shift键，仅仅两步就可以完成同样的任务。

第一步：选中待调整列，将光标移至该列左右任意一侧边缘，呈四向箭头形状。

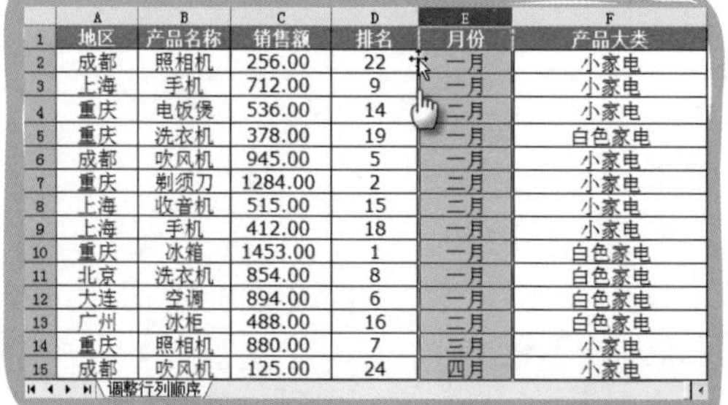

	A	B	C	D	E	F
1	地区	产品名称	销售额	排名	月份	产品大类
2	成都	照相机	256.00	22	一月	小家电
3	上海	手机	712.00	9	一月	小家电
4	重庆	电饭煲	536.00	14	二月	小家电
5	重庆	洗衣机	378.00	19	一月	白色家电
6	成都	吹风机	945.00	5	一月	小家电
7	重庆	剃须刀	1284.00	2	二月	小家电
8	上海	收音机	515.00	15	二月	小家电
9	上海	手机	412.00	18	一月	小家电
10	重庆	冰箱	1453.00	1	一月	白色家电
11	北京	洗衣机	854.00	8	一月	白色家电
12	大连	空调	894.00	6	一月	白色家电
13	广州	冰柜	488.00	16	二月	白色家电
14	重庆	照相机	880.00	7	三月	小家电
15	成都	吹风机	125.00	24	四月	小家电

调整行列顺序

图 2-10

第二步：按住Shift键不放，拖动鼠标至待插入位置（B:B表示插入为B列），松开鼠标左键完成。（注意：松开鼠标左键之前，不能先放开Shift键。）

	A	B	C	D	E	F
1	地区	产品名称	销售额	排名	月份	产品大类
2	成都	照相机	256.00	22	一月	小家电
3	上海	手机	712.00	9	一月	小家电
4	重庆	电饭煲	536.00	14	二月	小家电
5	重庆	洗衣机	378.00	19	一月	白色家电
6	成都	吹风机	945.00	5	一月	小家电
7	重庆	剃须刀	1284.00	2	二月	小家电
8	上海	收音机	515.00	15	二月	小家电
9	上海	手机	412.00	18	一月	小家电
10	重庆	冰箱	1453.00	1	一月	白色家电
11	北京	洗衣机	854.00	8	一月	白色家电
12	大连	空调	894.00	6	一月	白色家电
13	广州	冰柜	488.00	16	二月	白色家电
14	重庆	照相机	880.00	7	三月	小家电
15	成都	吹风机	125.00	24	四月	小家电

调整行列顺序

图 2-11

	A	B	C	D	E	F
1	地区	月份	产品名称	销售额	排名	产品大类
2	成都	一月	照相机	256.00	22	小家电
3	上海	一月	手机	712.00	9	小家电
4	重庆	二月	电饭煲	536.00	14	小家电
5	重庆	一月	洗衣机	378.00	19	白色家电
6	成都	一月	吹风机	945.00	5	小家电
7	重庆	二月	剃须刀	1284.00	2	小家电
8	上海	二月	收音机	515.00	15	小家电
9	上海	一月	手机	412.00	18	小家电
10	重庆	一月	冰箱	1453.00	1	白色家电
11	北京	一月	洗衣机	854.00	8	白色家电
12	大连	一月	空调	894.00	6	白色家电
13	广州	二月	冰柜	488.00	16	白色家电
14	重庆	三月	照相机	880.00	7	小家电
15	成都	四月	吹风机	125.00	24	小家电

调整行列顺序

图 2-12

行的调整与之相同。动手试试吧！

拆了隔断，连成一片

第三宗罪——人为设置的分隔列破坏了数据完整性

房子大了，加一个隔断可以把房间一分为二，当成两间用。就住房而言，合理添加隔断能充分利用空间，规划更多功能区。尤其现在房子这么贵，我们巴不得把每平米都用到刀刃上。于是，卖房子的常常这样吸引买房子的：品味78平米精致生活，尊享3房变5房的可变空间。这里讲的是有隔断的好处。

出于对房子的热恋，很多朋友也喜欢在表格中玩隔断。如图2-13里大大小小、宽窄不一的空白列，把好好的数据“切”得七零八落，还美其名曰：把数据分为3部分，最左边是基础信息，中间是请假类型，右边是扣款情况，多么一目了然。殊不知，满足了视觉需求的同时，数据的完整性也被彻底破坏。

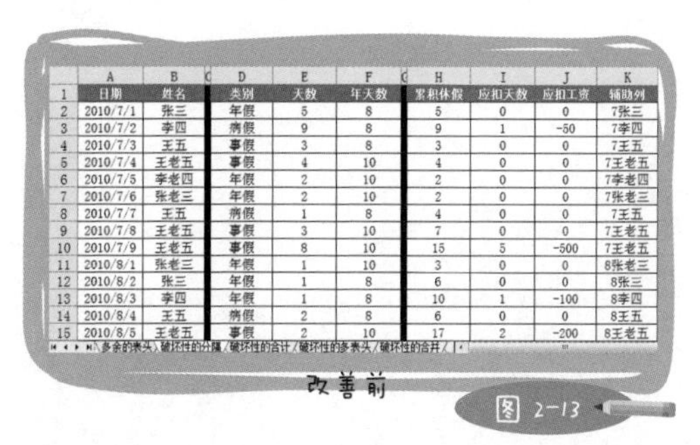

	A	B	C	D	E	F	G	H	I	J	K
1	日期	姓名		类别	天数	年天数		累积休假	应扣天数	应扣工资	辅助列
2	2010/7/1	张三		年假	5	8		5	0	0	7张三
3	2010/7/2	李四		病假	9	8		9	1	-50	7李四
4	2010/7/3	王五		事假	3	8		3	0	0	7王五
5	2010/7/4	王老五		事假	4	10		4	0	0	7王老五
6	2010/7/5	李老四		年假	2	10		2	0	0	7李老四
7	2010/7/6	张老三		年假	2	10		2	0	0	7张老三
8	2010/7/7	王五		病假	1	8		4	0	0	7王五
9	2010/7/8	王老五		事假	3	10		7	0	0	7王老五
10	2010/7/9	王老五		事假	8	10		15	5	-500	7王老五
11	2010/8/1	张老三		年假	1	10		3	0	0	8张老三
12	2010/8/2	张三		年假	1	8		6	0	0	8张三
13	2010/8/3	李四		年假	1	8		10	1	-100	8李四
14	2010/8/4	王五		病假	2	8		6	0	0	8王五
15	2010/8/5	王老五		事假	2	10		17	2	-200	8王老五

图 2-13

Excel是依据行和列的连续位置识别数据之间的关联性，当数据被强行分开后，Excel认为它们之间没有任何关系，于是很多分析功能的实现都会受到影响。姑且不说筛选、排序、函数匹配和自动获得分类汇总表，一个最直观的影响就是当你选中一个单元格，再按Ctrl+A，本来应该把所有数据全选上的，现在却只能选中1/3的数据。仅仅是选中数据这一项工作，就会因为这些人为的隔断让你有得忙。所以，对于源数据表，保持数据之间的连续性非常重要。

与买房子不同，Excel的广告语是：3房变1房，我们的房子没有墙，个个像操场。如果你真的需要看一块一块的数据，可以设置单元格格式，将边框加粗，也能达到相同的视觉效果，同时不影响数据完整。因此，必须去掉表格中多余的分隔列（见图2-14）。

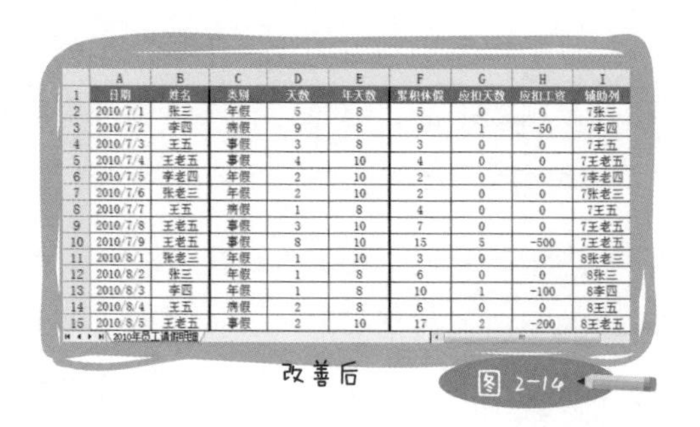

	A	B	C	D	E	F	G	H	I
1	日期	姓名	类别	天数	年天数	累积休假	应扣天数	应扣工资	辅助列
2	2010/7/1	张三	年假	5	8	5	0	0	7张三
3	2010/7/2	李四	病假	9	8	9	1	-50	7李四
4	2010/7/3	王五	事假	3	8	3	0	0	7王五
5	2010/7/4	王老五	事假	4	10	4	0	0	7王老五
6	2010/7/5	李老四	年假	2	10	2	0	0	7李老四
7	2010/7/6	张老三	年假	2	10	2	0	0	7张老三
8	2010/7/7	王五	病假	1	8	4	0	0	7王五
9	2010/7/8	王老五	事假	3	10	7	0	0	7王老五
10	2010/7/9	王老五	事假	8	10	15	5	-500	7王老五
11	2010/8/1	张老三	年假	1	10	3	0	0	8张老三
12	2010/8/2	张三	年假	1	8	6	0	0	8张三
13	2010/8/3	李四	年假	1	8	10	1	-100	8李四
14	2010/8/4	王五	病假	2	8	6	0	0	8王五
15	2010/8/5	王老五	事假	2	10	17	2	-200	8王老五

2010年员工请假明细

改善后

图 2-14

破坏指数：★★★☆☆

更正难度：★★☆☆☆

小技巧

巧妙删除空白列

Excel只能筛选行，不能筛选列。如果要快速删除多个空白列，则需要借助数据转置批量完成。

第一步：复制所有数据。

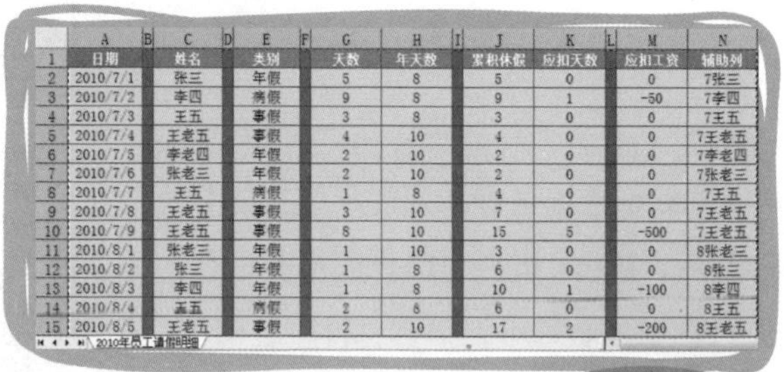

	A	B	C	D	E	F	G	H	I	J	K	L	M	N
1	日期		姓名		类别		天数	年天数		累积休假	应扣天数		应扣工资	辅助列
2	2010/7/1		张三		年假		5	8		5	0		0	7张三
3	2010/7/2		李四		病假		9	8		9	1		-50	7李四
4	2010/7/3		王五		事假		3	8		3	0		0	7王五
5	2010/7/4		王老五		事假		4	10		4	0		0	7王老五
6	2010/7/5		李老四		年假		2	10		2	0		0	7李老四
7	2010/7/6		张老三		年假		2	10		2	0		0	7张老三
8	2010/7/7		王五		病假		1	8		4	0		0	7王五
9	2010/7/8		王老五		事假		3	10		7	0		0	7王老五
10	2010/7/9		王老五		事假		8	10		15	5		-500	7王老五
11	2010/8/1		张老三		年假		1	10		3	0		0	8张老三
12	2010/8/2		张三		年假		1	8		6	0		0	8张三
13	2010/8/3		李四		年假		1	8		10	1		-100	8李四
14	2010/8/4		王五		病假		2	8		6	0		0	8王五
15	2010/8/5		王老五		事假		2	10		17	2		-200	8王老五

2010年员工请假明细

图 2-15

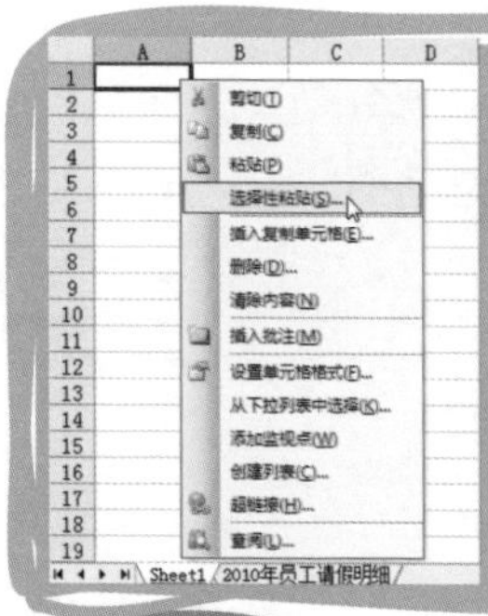

图 2-16

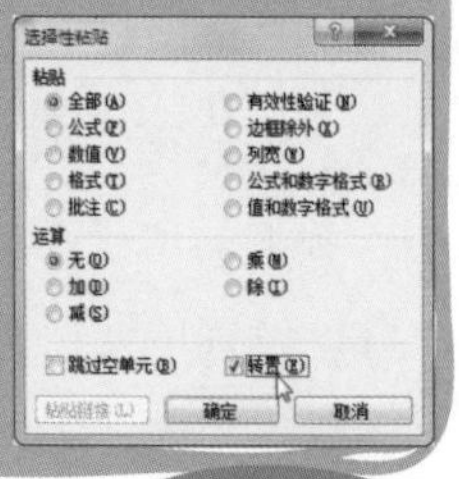

图 2-17

第二步：在待粘贴处，右键点选"选择性粘贴"，勾选"转置"并确定。

第三步：在任意列筛选“空白”并删除所有空白行。

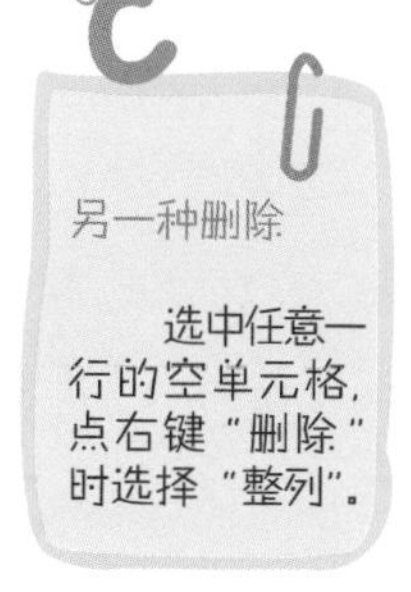

另一种删除

选中任意一行的空单元格，点右键“删除”时选择“整列”。

	A	B	C	D	E	F	G	H	I	J	K
1	日期	2010/7/	2010/7/	2010/7/	2010/7/	2010/7/	2010/7/	2010/7/	2010/7/	2010/7/	2010/8/
2											
3	姓名	张		王五	王老五	李老四	张老三	王五	王老五	王老五	张老三
4											
5	类别	年		事假	事假	年假	年假	病假	事假	事假	年假
6											
7	天数			3	4	2	2	1	3	8	1
8	年天数			8	10	10	10	8	10	10	10
9											
10	累积休假			3	4	2	2	4	7	15	3
11	应扣天数	0	1	0	0	0	0	0	0	5	0
12											
13	应扣工资	0	-50	0	0	0	0	0	0	-500	0
14	辅助列	7张三	7李四	7王五	7王老五	7李老四	7张老三	7王五	7王老五	7王老五	8张老三

升序排列
降序排列
(全部)
(前 10 个...)
(自定义...)
-50
1
8
9
7李四
病假
李四
(空白)
(非空白)

Sheet1 / 2010年员工请假明细

图 2-18

第四步：再次使用数据“转置”完成。

	A	B	C	D	E	F	G	H	I
1	日期	姓名	类别	天数	年天数	累积休假	应扣天数	应扣工资	辅助列
2	2010/7/1	张三	年假	5	8	5	0	0	7张三
3	2010/7/2	李四	病假	9	8	9	1	-50	7李四
4	2010/7/3	王五	事假	3	8	3	0	0	7王五
5	2010/7/4	王老五	事假	4	10	4	0	0	7王老五
6	2010/7/5	李老四	年假	2	10	2	0	0	7李老四
7	2010/7/6	张老三	年假	2	10	2	0	0	7张老三
8	2010/7/7	王五	病假	1	8	4	0	0	7王五
9	2010/7/8	王老五	事假	3	10	7	0	0	7王老五
10	2010/7/9	王老五	事假	8	10	15	5	-500	7王老五
11	2010/8/1	张老三	年假	1	10	3	0	0	8张老三
12	2010/8/2	张三	年假	1	8	6	0	0	8张三
13	2010/8/3	李四	年假	1	8	10	1	-100	8李四
14	2010/8/4	王五	病假	2	8	6	0	0	8王五
15	2010/8/5	王老五	事假	2	10	17	2	-200	8王老五

2010年员工请假明细

图 2-19

合计请等下回分解

第四宗罪——多余的合计行

图2-20这种表格很常见，由于混淆了源数据表和分类汇总表的概念，很多人一边记录源数据，一边求和。对他们来说，这两种表你中有我，我中有你，已经无法区分了。可是，这严重违背了Excel心法。第1章就说

了，只用做一张源数据表，至于汇总表，千万记得是“变”来的，不用着急此时此刻在此处做合计。

	A	B	C	D	E	F	G	H	I
1	日期	姓名	类别	天数	年天数	累积休假	应扣天数	应扣工资	辅助列
2	2010/7/1	张三	年假	5	8	5	0	0	7张三
3	2010/7/2	李四	病假	9	8	9	1	-50	7李四
4	2010/7/3	王五	事假	3	8	3	0	0	7王五
10	2010/7/9	王老五	事假	8	10	15	5	-500	7王老五
11	合计：							37天	
12	2010/8/1	张老三	年假	1	10	3	0	0	8张老三
13	2010/8/2	张三	年假	1	8	6	0	0	8张三
19	2010/8/8	王老五	病假	1	10	18	1	-50	8王老五
20	2010/8/9	李老四	事假	2	10	4	0	0	8李老四
21	合计：							12天	
22	2010/9/1	张老三	年假	1	10	5	0	0	9张老三
27	2010/[illegible]	[illegible]	年假	4	8	11	3	-300	9张三
28	2010/[illegible]	[illegible]	病假	1	8	12	1	-50	9李四

隐藏行

图 2-20 改善前

看看Excel工作的步骤：①数据录入（导入）；②数据处理；③数据分析。

对应的操作：①输入（导入）数据；②整理数据（函数等技巧）；③对数据进行分类汇总。

对应的工作表：①源数据表；②源数据表或其他新建工作表；③分类汇总表。

按照这个流程，就应该知道完全不需要提前做合计的工作。如果硬要做，只会自添烦恼。因为对于复杂而庞大的源数据，制作这些合计行本身就是力气活儿。而且做好以后，还经常会面临调整数据时的尴尬。

举个例子，图2-20合计的是不同月份的员工请假总天数。如果发现7月有一条请假明细遗漏，理所当然要做两件事情：首先，在7月明细数据中插入一行，添加遗漏的信息；其次，重算合计数，并修改对应合计行的数值。

以请假明细表为例，可能这样的调整不会太多。可如果是一份某企业全年的零部件采购明细表，或者是有100个库位3000种产品的库存明细表，又或者是某企业全国200个经销商全年的销售明细表，一旦源数据面临频繁的调整，合计行的弊端就越发凸显。况且，与分隔列一样，它还破坏了源数据表的数据完整性。从数据准确性的角度来看，合计数是纯手工打造的，质量高低因人而异，准确率无法控制。此举真可谓有百害而无一利！

破坏指数：★★★★☆　　**更正难度：★☆☆☆☆**

要怎样做才对？

其实非常简单，只要做好源数据表，就能“变”出N个分类汇总表。我们还是把它还原成正确的源数据表样式吧！

第一步：筛选合计行并删除，保持数据连贯性。

	A	B	C	D	E	F	G	H	I
1	日期	姓名	类别	天数	年天数	累积休假	应扣天数	应扣工资	辅助列
2	2010/7/1	张三	年假	5	8	5	0	0	7张三
3	2010/7/2	李四	病假	9	8	9	1	-50	7李四
4	2010/7/3	王五	事假	3	8	3	0	0	7王五
5	2010/7/4	王老五	事假	4	10	4	0	0	7王老五
6	2010/7/5	李老四	年假	2	10	2	0	0	7李老四
7	2010/7/6	张老三	年假	2	10	2	0	0	7张老三
8	2010/7/7	王五	病假	1	8	4	0	0	7王五
9	2010/7/8	王老五	事假	3	10	7	0	0	7王老五
10	2010/7/9	王老五	事假	8	10	15	5	-500	7王老五
11	2010/8/1	张老三	年假	1	10	3	0	0	8张老三
12	2010/8/2	张三	年假	1	8	6	0	0	8张三
13	2010/8/3	李四	年假	1	8	10	1	-100	8李四
14	2010/8/4	王五	病假	2	8	6	0	0	8王五
15	2010/8/5	王老五	事假	2	10	17	2	-200	8王老五

2010年员工请假明细

图 2-21

	A	B	C	D	E	F	G	H	I	J	K
1	日期	姓名	类别	天数	年天数	累积休假	应扣天数	应扣工资	辅助列	月份	部门
2	2010/7/1	张三	年假	5	8	5	0	0	7张三	7月	公关部
3	2010/7/2	李四	病假	9	8	9	1	-50	7李四	7月	物流部
4	2010/7/3	王五	事假	3	8	3	0	0	7王五	7月	销售部
5	2010/7/4	王老五	事假	4	10	4	0	0	7王老五	7月	市场部
6	2010/7/5	李老四	年假	2	10	2	0	0	7李老四	7月	财务部
7	2010/7/6	张老三	年假	2	10	2	0	0	7张老三	7月	销售部
8	2010/7/7	王五	病假	1	8	4	0	0	7王五	7月	销售部
9	2010/7/8	王老五	事假	3	10	7	0	0	7王老五	7月	市场部
10	2010/7/9	王老五	事假	8	10	15	5	-500	7王老五	7月	市场部
11	2010/8/1	张老三	年假	1	10	3	0	0	8张老三	8月	销售部
12	2010/8/2	张三	年假	1	8	6	0	0	8张三	8月	公关部
13	2010/8/3	李四	年假	1	8	10	1	-100	8李四	8月	物流部
14	2010/8/4	王五	病假	2	8	6	0	0	8王五	8月	销售部
15	2010/8/5	王老五	事假	2	10	17	2	-200	8王老五	8月	市场部

2010年员工请假明细

图 2-22

第二步：添加辅助列，为明细数据添加新的属性。如果希望能按月份进行汇总，就添加月份信息；如果希望按照员工所属部门进行汇总，就添加部门信息。

在标准的源数据表中，明细数据可以乱序。新的数据行只要依次添加在数据区域底端的首个空白行即可，无需中途插入。比如：7月有一条请假记录被遗漏，依次往后添加就可以了。即便是频繁的数据补录，也不会带来任何困扰。相比中看不中用的合计行，还是憨厚老实的天下第一表更可靠。

职场感悟 —— 珍惜别人和自己的劳动成果

我们电脑里的Excel源数据表，无论是手工输入、系统导出，还是运用种种技法整理得来的，都应该被好好保护。一旦源数据表出现问题，我们辛勤的工作成果也就付之东流。情况严重的，甚至令人抓狂。

多年来我一直有一个好习惯，就是每次打开别人的电脑探讨表格问题时，我都会先把这张表格另存一份，然后在另存的表格中做各种分析尝试或技法研究。这样既能保护数据安全，也体现出对别人的尊重。因为谁都不喜欢其他人乱动自己的东西，更何况这个东西还很重要。

如果你已习惯了在仅有的源数据表中做过多的操作，那么趁着还没出事，赶紧改变工作习惯。与数据打交道的人，风险防范意识必须放在第一位。我们对别人如此，对自己的表格也要如此。有两个方法可以规避风险：①定期备份Excel文件，在非系统盘中至少要有一份备份文件，并定期更新；②切忌在源数据表中做实验，另存一份临时文件，随你怎么玩。

化繁为简，去掉多余表头

第五宗罪——多余的表头，并由此造成错误的数据记录方式

先说图2-23红框内的部分，这和前面提到的第一个错误表格有相似之处，即第一行无效的标题文字占用了Excel默认标题行的位置，而第二行看似标题行，实际上也仅仅是文字说明，对Excel识别某列数据的属性没有任何帮助。当然，如同我们前面所分析的，这样的设计并不会对源数据造成破坏，也基本不影响分类汇总表的获得，但在调用自动筛选功能及“变”表时，Excel无法自动定位到正确的数据区域，而必须经过手工设置才能完成。

Excel默认首行为标题行，本是为调用菜单命令以及自动识别数据区域提供方便。如果按照正确的方法设计表格，那么根本不需要选中数据区域首行，而只需用光标选中其中任意单元格，就能准确调用自动筛选功能。

	A	B	C	D	E	F	G	H	I	J	K
1	2010年员工请假明细										
2	基本信息		请假种类			请假明细				其他	
3	日期	姓名	事假	年假	病假	天数	年天数	累积休假	应扣天数	应扣工资	辅助列
4	2010/7/1	张三		√		5	8	5	0	0	7张三
5	2010/7/2	李四			√	9	8	9	1	-50	7李四
6	2010/7/3	王五	√			3	8	3	0	0	7王五
7	2010/7/4	王老五	√			4	10	4	0	0	7王老五
8	2010/7/5	李老四		√		2	10	2	0	0	7李老四
9	2010/7/6	张老三		√		2	10	2	0	0	7张老三
10	2010/7/7	王五			√	1	8	4	0	0	7王五
11	2010/7/8	王老五	√			3	10	7	0	0	7王老五
12	2010/7/9	王老五	√			8	10	15	5	-500	7王老五
13	2010/8/1	张老三		√		1	10	3	0	0	8张老三
14	2010/8/2	张三		√		1	8	6	0	0	8张三
15	2010/8/3	李四		√		1	8	10	1	-100	8李四

多余的表头 / 破坏性的分隔 / 破坏性的合计 / 破坏性的多表头 / 破坏性的合并 / 中文描述过多

改善前

图 2-23

采用多表头设计最严重的问题，还不是红框内的部分，而是蓝框内的数据记录方式。假设你的公司要求将请假明细打印并张贴，供所有人观摩、自查，那么分列记录并且打对钩的方式是非常清晰直观的。

但这是一张源数据表，我们制作它是为了得到下一步的分析结果，问题就来了。同种属性的数据被分列记录，这为数据筛选、排序、分类汇总设置了障碍。如果使用这张表，我们就无法按照正常操作步骤同时筛选出事假和年假明细，也无法在分类汇总时得到Excel的任何帮助。

对于大多数人来说，它错得很隐晦，因为如果不了解Excel的数据分析功能，尤其是函数和数据透视表的相关原理，就很难深刻理解这种数据结构所带来的危害。当然，太技术性的内容不是我想强调的重点，你只要牢记一点就好：但凡是同一种属性的数据，都应该记录在同一列。

对于图2-23，事假、年假、病假都属于请假类别，拥有相同的属性，所以它们应该被记录在请假类别一列，作为每一行明细数据其中的一个属性存在。明确了请假类别列，自然而然就不会再用打钩做记录。

前面说过，Excel是依据行和列的连续位置识别数据之间的关联性。请检查一下你的源数据表，有没有本应该被记录在一列的数据，却被摊派到了不同列。

破坏指数：★★★★★　　**更正难度：★★★★☆**

修复这样的表格要稍微费些功夫。

第一步：分别筛选出事假、年假、病假对应的明细数据。

	A	B	C	D	E	F	G	H	I	J	K
1	2010年员工请假明细										
2	基本信息		请假种类			请假明细				其他	
3	日期	姓名	事假	年假	病假	天数	年天数	累积休假	应扣天数	应扣工资	辅助列
6	2010/7/3	王五	√			3	8	3	0	0	7王五
7	2010/7/4	王老五	√			4	10	4	0	0	7王老五
11	2010/7/8	王老五	√			3	10	7	0	0	7王老五
12	2010/7/9	王老五	√			8	10	15	5	-500	7王老五
17	2010/8/5	王老五	√			2	10	17	2	-200	8王老五
21	2010/8/9	李老四	√			2	10	4	0	0	8李老四
25	2010/9/4	王五	√			1	8	8	0	0	9王五
29	2010/9/8	王五	√			1	8	9	1	-100	9王五

图 2-24

第二步：将单元格内容由打钩修改为对应的中文描述。

	A	B	C	D	E	F	G	H	I	J	K
1	2010年员工请假明细										
2	基本信息		请假种类			请假明细				其他	
3	日期	姓名	事假	年假	病假	天数	年天数	累积休假	应扣天数	应扣工资	辅助列
6	2010/7/3	王五	事假			3	8	3	0	0	7王五
7	2010/7/4	王老五	事假			4	10	4	0	0	7王老五
11	2010/7/8	王老五	事假			3	10	7	0	0	7王老五
12	2010/7/9	王老五	事假			8	10	15	5	-500	7王老五
17	2010/8/5	王老五	事假			2	10	17	2	-200	8王老五
21	2010/8/9	李老四	事假			2	10	4	0	0	8李老四
25	2010/9/4	王五	事假			1	8	8	0	0	9王五
29	2010/9/8	王五	事假			1	8	9	1	-100	9王五

图 2-25

第三步：拼接数据区域，删除多余的列以及多余的表头。

	A	B	C	D	E	F	G	H	I
1	日期	姓名	类别	天数	年天数	累积休假	应扣天数	应扣工资	辅助列
2	2010/7/3	王五	事假	3	8	3	0	0	7王五
3	2010/7/4	王老五	事假	4	10	4	0	0	7王老五
4	2010/7/8	王老五	事假	3	10	7	0	0	7王老五
5	2010/7/9	王老五	事假	8	10	15	5	-500	7王老五
6	2010/8/5	王老五	事假	2	10	17	2	-200	8王老五
7	2010/8/9	李老四	事假	2	10	4	0	0	8李老四
8	2010/9/4	王五	事假	1	8	8	0	0	9王五
9	2010/9/8	王五	事假	1	8	9	1	-100	9王五
10	2010/7/1	张三	年假	5	8	5	0	0	7张三
11	2010/7/5	李老四	年假	2	10	2	0	0	7李老四
12	2010/7/6	张老三	年假	2	10	2	0	0	7张老三
13	2010/8/1	张老三	年假	1	10	3	0	0	8张老三
14	2010/8/2	张三	年假	1	8	6	0	0	8张三
15	2010/8/3	李四	年假	1	8	10	1	-100	8李四

2010年员工请假明细

图 2-26

拼接

复制年假相关数据，贴在事假下面，依次类推，纯手工打造。

关于明细数据的记录方式，有一个典型问题常常让人纠结。如果同一天，同一位员工请两种假，应该如何记录？假设遇到这种情况，就应该坚定不移地把两种假当作两条数据来记录。对于源数据表中的明细数据，只要有任何一个属性不同，都应该分别记录。

中国移动的话费详单提供了最好的示范（见图2–27）：拨给同一个号码的明细，是按拨打时间不同分别显示的；而与同一个号码的电话往来，也有主叫和被叫之分，详单里绝不会将几条数据稀里糊涂地合并在一起。我们在做源数据表的时候，也要遵循这个原则。明细数据如果记录得不清晰，分析结果的质量将会大受影响。

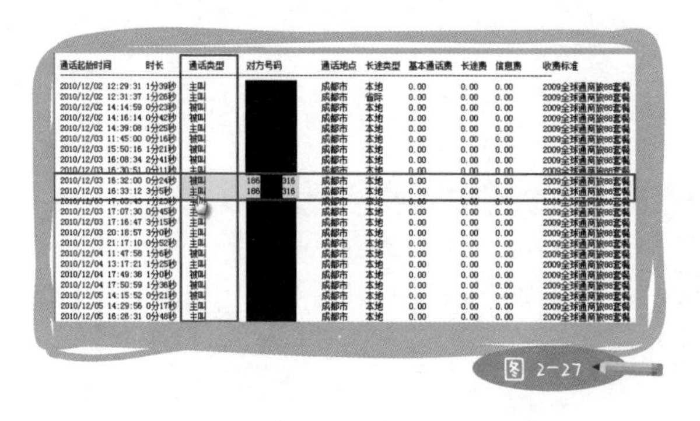

图 2-27

小技巧

单元格一键批量录入

有时候，我们需要在已经选定的多个单元格中录入相同的数据。在这种情况下，复制粘贴法就失效了。所幸Excel提供了另外一个非常便捷的方法，让我们可以一键完成相同数据的批量录入。这招叫作Ctrl+Enter。Ctrl这个键有复制的功能，按住Ctrl拖动单元格，就可以复制出与之完全相同的单元格。Enter不用讲，代表单元格录入完毕。把它们两个组合起来，翻译成中文就是：将录入完毕的数据同时复制到所有选定单元格。

操作很简单，仅仅需要三步。

第一步：选定多个单元格。

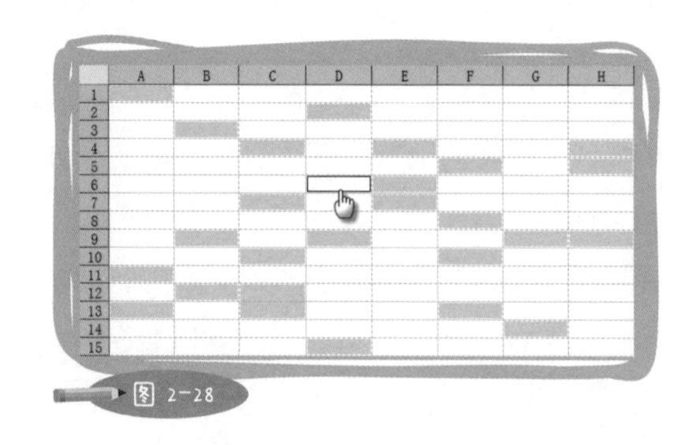

图 2-28

第二步：放开鼠标，直接敲键盘输入内容。

图 2-29

第三步：压住Ctrl按Enter键（回车），神奇的效果马上显现！

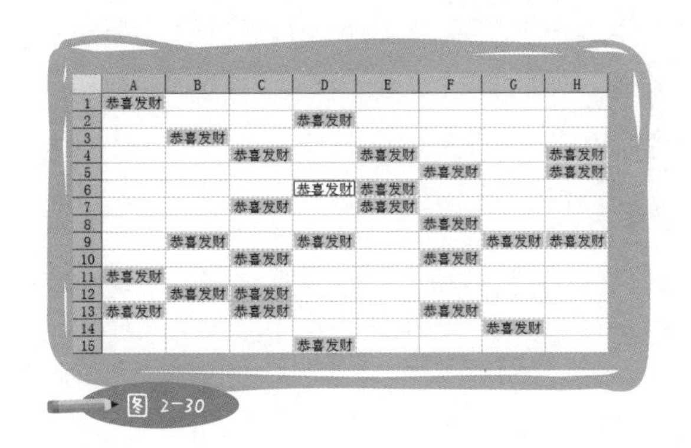

	A	B	C	D	E	F	G	H
1	恭喜发财							
2				恭喜发财				
3		恭喜发财						
4			恭喜发财		恭喜发财			恭喜发财
5						恭喜发财		恭喜发财
6				恭喜发财	恭喜发财			
7			恭喜发财		恭喜发财			
8						恭喜发财		
9		恭喜发财		恭喜发财			恭喜发财	恭喜发财
10			恭喜发财			恭喜发财		
11	恭喜发财							
12		恭喜发财	恭喜发财					
13	恭喜发财		恭喜发财			恭喜发财		
14							恭喜发财	
15				恭喜发财				

图 2-30

千万别合并，单元格有一说一

第六宗罪——合并单元格严重破坏了数据结构

在源数据表中合并单元格，是最常见的操作。可这种看似让数据更加清晰可见的方式，对表格的破坏性却远远超过前面几例。能做出这种表格样式，首先是因为缺乏天下第一表的概念，同时，也离不开对合并功能的长期误读。

提到错误解读，我想起曾经在网上看到的一则故事，一则把刚烈如火的孔老夫子扭曲成温婉受气包形象的故事。这个故事源于我们熟知的一个成语——以德报怨。

对此我们通常理解为：别人对我们不好，我们却要用爱心和胸怀来感化他。被人打了一巴掌，不要记着打回去，而要忘记仇恨，关爱对方，这样才能体现我们伟大的胸襟和圣人般的品德。但事实上，我们曲解了孔老夫子的原意。

这段典故出自《论语·宪问》。或曰："以德报怨，何如？"子曰："何以报德？以直报怨，以德报德！"用通俗的话说就是，孔子的一个弟子问他说："师傅，别人打我了，我不打他，反而要对他好，用我的道德和教养羞死他，让他悔悟，好不好？"

孔子就说了："你以德报怨，那何以报德？别人以德来待你的时候，你才需要以德来回报别人。可是现在别人打了你，你就应该以直报怨。""直"的解释偏向"是非曲直，理直气壮，耿直"，不排除拿起板砖飞过去的意思！

可见，断章取义般的错误解读会造成理解和实操的严重偏差。正如Excel中的"合并及居中"功能，微软说："快来吧，'合并及居中'很好用。"于是很多人就把自己的表格组合得漂漂亮亮，但在做数据分析时又感到困惑：为什么数据总是不听话，不能按照我的意思被正确筛选、排序和分类汇总呢？

其实，不是数据不听话，而是我们根本误解了微软的意思。微软说的是："快来吧，'合并及居中'很好用，制作用于打印的表格时多多使用，可制作源数据表时千万别乱用。"也就是说，"合并及居中"的使用范围，仅限于需要打印的表单，如招聘表、调岗申请表、签到表等。而在源数据表中，它被全面禁止使用，即任何情况下都不需要出现合并单元格。源数据表里的明细数据必须有一条记录一条，所有单元格都应该被填满，每一行数据都必须完整并且结构整齐，就像前面提到的话费详单一般。

合并单元格之所以影响数据分析，是因为合并以后，只有首个单元格有数据，其他的都是空白单元格。

例如，在我们眼中，图2-31中“C10:C21”的数据内容是“年假”，但其实只有C10有数据，“C11:C21”对于Excel来说，都为空，这和我们眼睛看到的是有区别的。所以，按请假类别筛选所有“年假”的数据明细，只能得到一条记录。

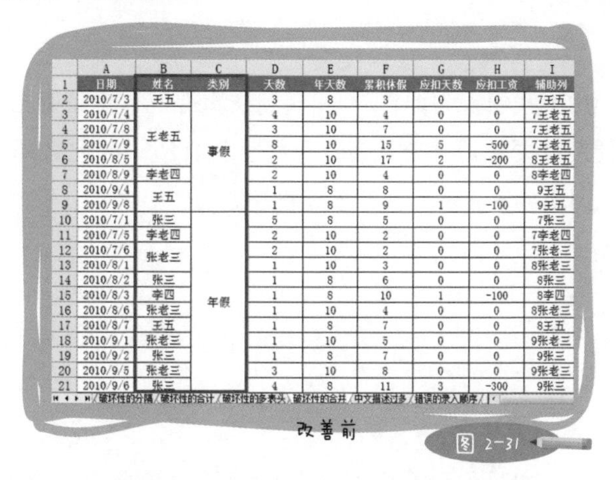

	A	B	C	D	E	F	G	H	I
1	日期	姓名	类别	天数	年天数	累积休假	应扣天数	应扣工资	辅助列
2	2010/7/3	王五	事假	3	8	3	0	0	7王五
3	2010/7/4	王老五		4	10	4	0	0	7王老五
4	2010/7/8			3	10	7	0	0	7王老五
5	2010/7/9			8	10	15	5	-500	7王老五
6	2010/8/5			2	10	17	2	-200	8王老五
7	2010/8/9	李老四		2	10	4	0	0	8李老四
8	2010/9/4	王五		1	8	8	0	0	9王五
9	2010/9/8			1	8	9	1	-100	9王五
10	2010/7/1	张三	年假	5	8	5	0	0	7张三
11	2010/7/5	李老四		2	10	2	0	0	7李老四
12	2010/7/6	张老三		2	10	2	0	0	7张老三
13	2010/8/1			1	10	3	0	0	8张老三
14	2010/8/2	张三		1	8	6	0	0	8张三
15	2010/8/3	李四		1	8	10	1	-100	8李四
16	2010/8/6	张老三		1	10	4	0	0	8张老三
17	2010/8/7	王五		1	8	7	0	0	8王五
18	2010/9/1	张老三		1	10	5	0	0	9张老三
19	2010/9/2	张三		1	8	7	0	0	9张三
20	2010/9/5	张老三		3	10	8	0	0	9张老三
21	2010/9/6	张三		4	8	11	3	-300	9张三

改善前

图2-31

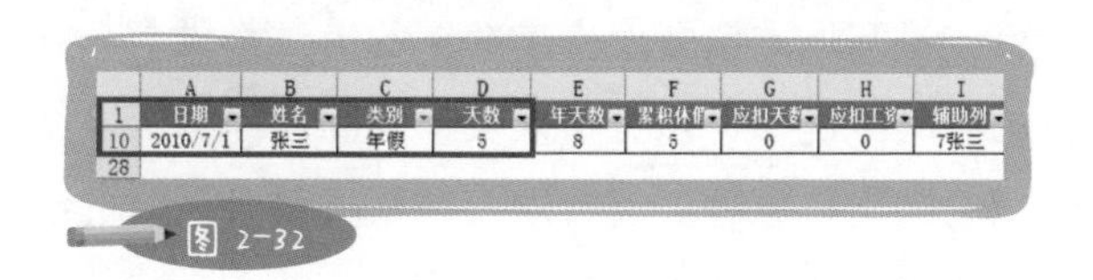

	A	B	C	D	E	F	G	H	I
1	日期	姓名	类别	天数	年天数	累积休假	应扣天数	应扣工资	辅助列
10	2010/7/1	张三	年假	5	8	5	0	0	7张三
28									

图2-32

另外，合并单元格还造成整个数据区域的单元格大小不一。所以在对数据进行排序时，Excel会提示错误，导致排序功能无法使用。

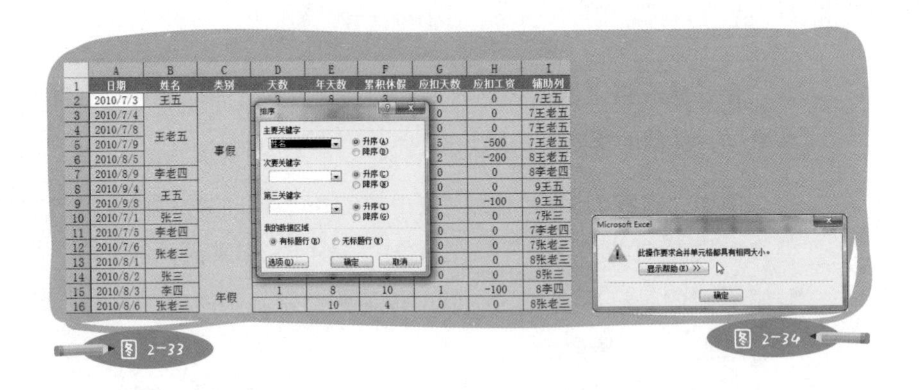

图 2-33　　图 2-34

不仅如此，由于我们人为地将Excel搞到逻辑混乱，也就别指望它可以在分类汇总时为我们提供任何便利。要想得到统计表，只好手工打造，除此之外别无他法。想想都痛苦，以后还是让自己的源数据表远离合并单元格吧。

破坏指数：★★★★★　　更正难度：★★★★☆

如果你已经面对一张庞大的源数据表，有多达成百上千个合并单元格，不知道方法会连亡羊补牢的勇气都没有。在这里，我教大家一种神奇的解决方法，可以将错误表格瞬间还原为天下第一表。也许你一时难以理解它的运作原理，因为涉及数据批量录入时的函数参数相对引用，但是没关系，只要记住步骤就好。中国的教育方式让我们拥有全世界第一的背书能力，现在就请你启动“应试模式”，死记硬背下面几个步骤。

第一步：全选数据。

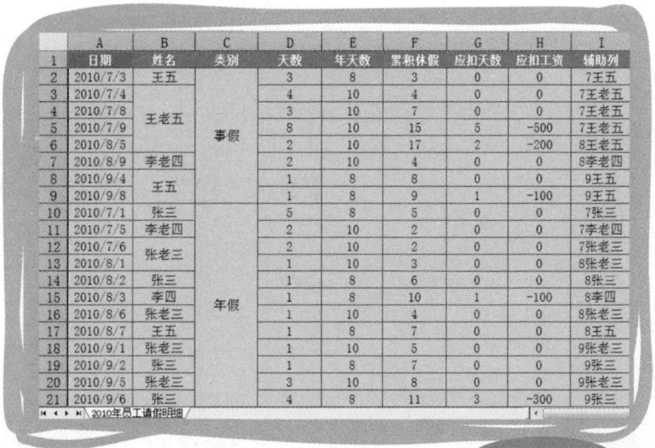

	A	B	C	D	E	F	G	H	I
1	日期	姓名	类别	天数	年天数	累积休假	应扣天数	应扣工资	辅助列
2	2010/7/3	王五	事假	3	8	3	0	0	7王五
3	2010/7/4	王老五		4	10	4	0	0	7王老五
4	2010/7/8			3	10	7	0	0	7王老五
5	2010/7/9			8	10	15	5	-500	7王老五
6	2010/8/5			2	10	17	2	-200	8王老五
7	2010/8/9	李老四		2	10	4	0	0	8李老四
8	2010/9/4	王五		1	8	8	0	0	9王五
9	2010/9/8			1	8	9	1	-100	9王五
10	2010/7/1	张三	年假	5	8	5	0	0	7张三
11	2010/7/5	李老四		2	10	2	0	0	7李老四
12	2010/7/6	张老三		2	10	2	0	0	7张老三
13	2010/8/1			1	10	3	0	0	8张老三
14	2010/8/2	张三		1	8	6	0	0	8张三
15	2010/8/3	李四		1	8	10	1	-100	8李四
16	2010/8/6	张老三		1	10	4	0	0	8张老三
17	2010/8/7	王五		1	8	7	0	0	8王五
18	2010/9/1	张老三		1	10	5	0	0	9张老三
19	2010/9/2	张三		1	8	7	0	0	9张三
20	2010/9/5	张老三		3	10	8	0	0	9张老三
21	2010/9/6	张三		4	8	11	3	-300	9张三

2010年员工请假明细

图 2-35

第二步：点击"合并及居中"按钮，拆分合并单元格。

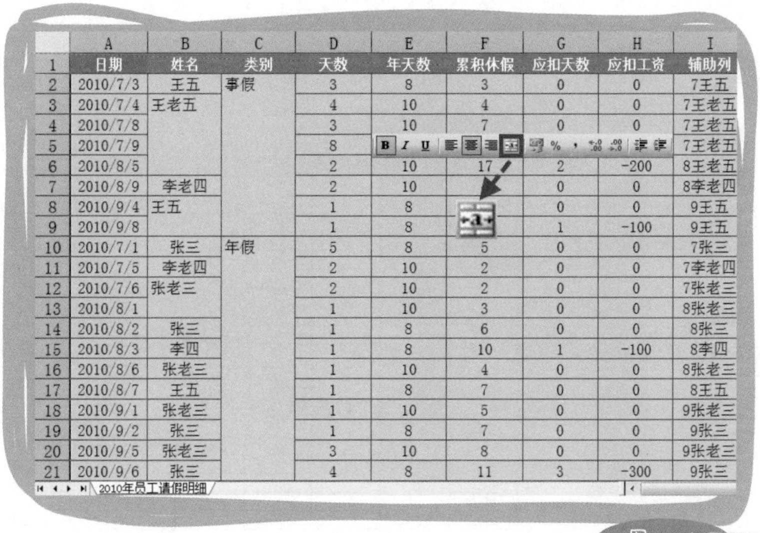

	A	B	C	D	E	F	G	H	I
1	日期	姓名	类别	天数	年天数	累积休假	应扣天数	应扣工资	辅助列
2	2010/7/3	王五	事假	3	8	3	0	0	7王五
3	2010/7/4	王老五		4	10	4	0	0	7王老五
4	2010/7/8			3	10	7	0	0	7王老五
5	2010/7/9			8					7王老五
6	2010/8/5			2	10	17	2	-200	8王老五
7	2010/8/9	李老四		2	10		0	0	8李老四
8	2010/9/4	王五		1	8		0	0	9王五
9	2010/9/8			1	8		1	-100	9王五
10	2010/7/1	张三	年假	5	8	5	0	0	7张三
11	2010/7/5	李老四		2	10	2	0	0	7李老四
12	2010/7/6	张老三		2	10	2	0	0	7张老三
13	2010/8/1			1	10	3	0	0	8张老三
14	2010/8/2	张三		1	8	6	0	0	8张三
15	2010/8/3	李四		1	8	10	1	-100	8李四
16	2010/8/6	张老三		1	10	4	0	0	8张老三
17	2010/8/7	王五		1	8	7	0	0	8王五
18	2010/9/1	张老三		1	10	5	0	0	9张老三
19	2010/9/2	张三		1	8	7	0	0	9张三
20	2010/9/5	张老三		3	10	8	0	0	9张老三
21	2010/9/6	张三		4	8	11	3	-300	9张三

2010年员工请假明细

图 2-36

第三步：按F5调用“定位”功能，设定“定位条件”。

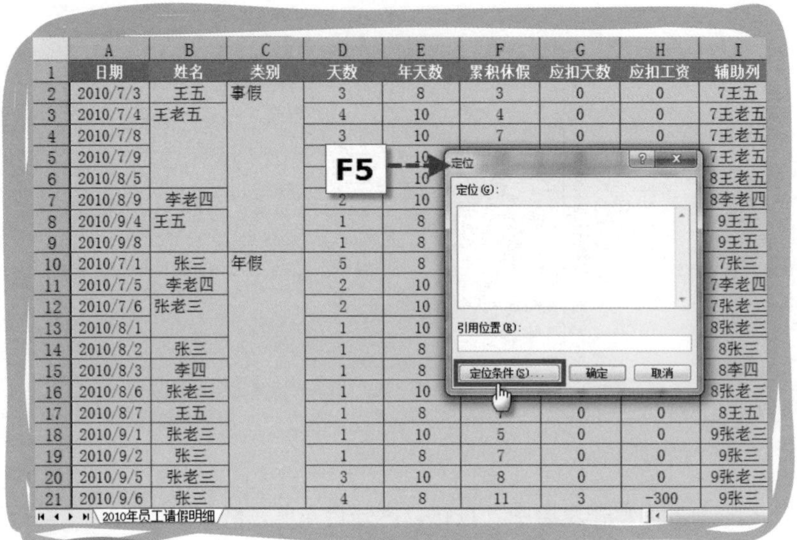

	A	B	C	D	E	F	G	H	I
1	日期	姓名	类别	天数	年天数	累积休假	应扣天数	应扣工资	辅助列
2	2010/7/3	王五	事假	3	8	3	0	0	7王五
3	2010/7/4	王老五		4	10	4	0	0	7王老五
4	2010/7/8			3	10	7	0	0	7王老五
5	2010/7/9				10				7王老五
6	2010/8/5				10				8王老五
7	2010/8/9	李老四		2	10				8李老四
8	2010/9/4	王五		1	8				9王五
9	2010/9/8			1	8				9王五
10	2010/7/1	张三	年假	5	8				7张三
11	2010/7/5	李老四		2	10				7李老四
12	2010/7/6	张老三		2	10				7张老三
13	2010/8/1			1	10				8张老三
14	2010/8/2	张三		1	8				8张三
15	2010/8/3	李四		1	8				8李四
16	2010/8/6	张老三		1	10				8张老三
17	2010/8/7	王五		1	8		0	0	8王五
18	2010/9/1	张老三		1	10	5	0	0	9张老三
19	2010/9/2	张三		1	8	7	0	0	9张三
20	2010/9/5	张老三		3	10	8	0	0	9张老三
21	2010/9/6	张三		4	8	11	3	-300	9张三

图 2-37

第四步：选中“空值”为定位条件，点“确定”。

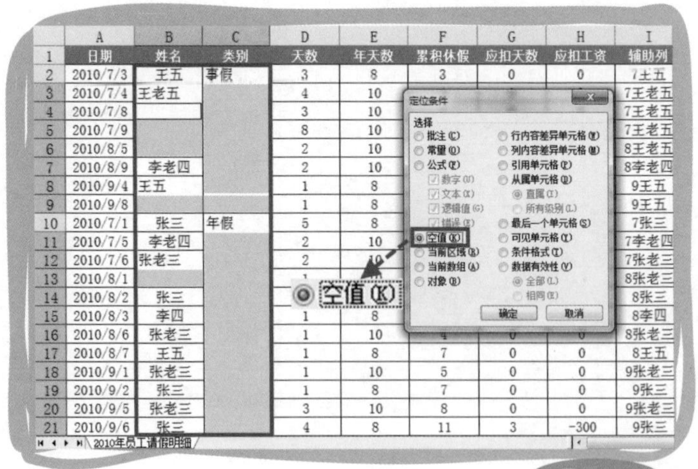

	A	B	C	D	E	F	G	H	I
1	日期	姓名	类别	天数	年天数	累积休假	应扣天数	应扣工资	辅助列
2	2010/7/3	王五	事假	3	8	3	0	0	7王五
3	2010/7/4	王老五		4	10				7王老五
4	2010/7/8			3	10				7王老五
5	2010/7/9			8	10				7王老五
6	2010/8/5			2	10				8王老五
7	2010/8/9	李老四		2	10				8李老四
8	2010/9/4	王五		1	8				9王五
9	2010/9/8			1	8				9王五
10	2010/7/1	张三	年假	5	8				7张三
11	2010/7/5	李老四		2	10				7李老四
12	2010/7/6	张老三		2					7张老三
13	2010/8/1								8张老三
14	2010/8/2	张三							8张三
15	2010/8/3	李四		1	8				8李四
16	2010/8/6	张老三		1	10				8张老三
17	2010/8/7	王五		1	8	7	0	0	8王五
18	2010/9/1	张老三		1	10	5	0	0	9张老三
19	2010/9/2	张三		1	8	7	0	0	9张三
20	2010/9/5	张老三		3	10	8	0	0	9张老三
21	2010/9/6	张三		4	8	11	3	-300	9张三

图 2-38

第五步：直接输入“=B3”。(因为B4这个空白单元格的值应该填充B3的数据内容，所以输入“=B3”。如果光标当前所在的单元格坐标为E4，则应该输入“=E3”。输入的内容总是为当前单元格的上一个单元格坐标。由于输入的是公式，请记得加上“=”符号。)

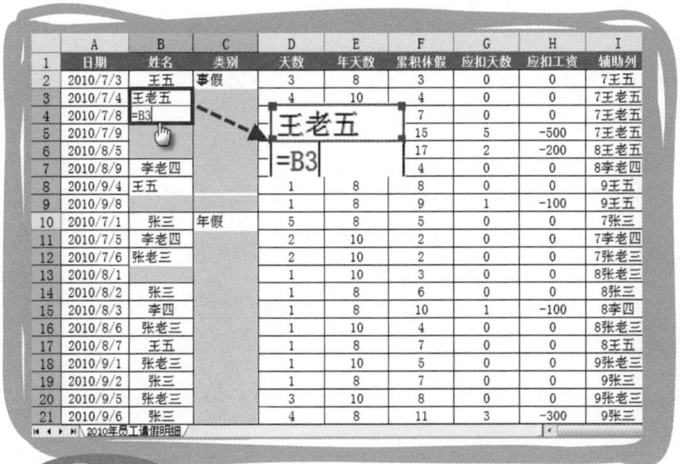

	A	B	C	D	E	F	G	H	I
1	日期	姓名	类别	天数	年天数	累积休假	应扣天数	应扣工资	辅助列
2	2010/7/3	王五	事假	3	8	3	0	0	7王五
3	2010/7/4	王老五		4	10	4	0	0	7王老五
4	2010/7/8	=B3				7	0	0	7王老五
5	2010/7/9					15	5	-500	7王老五
6	2010/8/5					17	2	-200	8王老五
7	2010/8/9	李老四				4	0	0	8李老四
8	2010/9/4	王五		1	8	8	0	0	9王五
9	2010/9/8			1	8	9	1	-100	9王五
10	2010/7/1	张三	年假	5	8	5	0	0	7张三
11	2010/7/5	李老四		2	10	2	0	0	7李老四
12	2010/7/6	张老三		2	10	2	0	0	7张老三
13	2010/8/1			1	10	3	0	0	8张老三
14	2010/8/2	张三		1	8	6	0	0	8张三
15	2010/8/3	李四		1	8	10	1	-100	8李四
16	2010/8/6	张老三		1	10	4	0	0	8张老三
17	2010/8/7	王五		1	8	7	0	0	8王五
18	2010/9/1	张老三		1	10	5	0	0	9张老三
19	2010/9/2	张三		1	8	7	0	0	9张三
20	2010/9/5	张老三		3	10	8	0	0	9张老三
21	2010/9/6	张三		4	8	11	3	-300	9张三

王老五
=B3
2010年员工请假明细

图 2-39

第六步：还记得一键批量录入技巧吗？Ctrl+Enter，搞定！

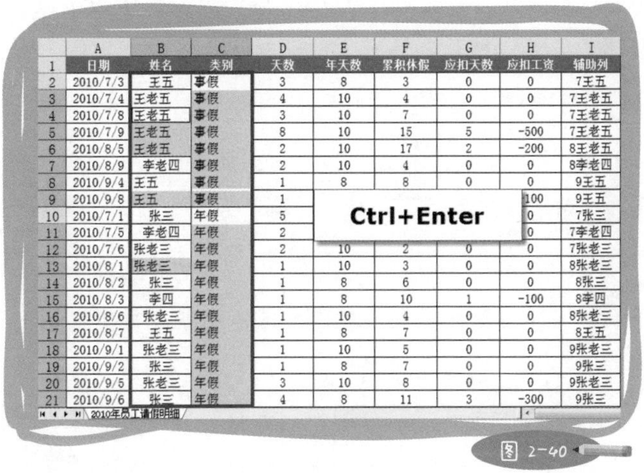

	A	B	C	D	E	F	G	H	I
1	日期	姓名	类别	天数	年天数	累积休假	应扣天数	应扣工资	辅助列
2	2010/7/3	王五	事假	3	8	3	0	0	7王五
3	2010/7/4	王老五	事假	4	10	4	0	0	7王老五
4	2010/7/8	王老五	事假	3	10	7	0	0	7王老五
5	2010/7/9	王老五	事假	8	10	15	5	-500	7王老五
6	2010/8/5	王老五	事假	2	10	17	2	-200	8王老五
7	2010/8/9	李老四	事假	2	10	4	0	0	8李老四
8	2010/9/4	王五	事假	1	8	8	0	0	9王五
9	2010/9/8	王五	事假	1				100	9王五
10	2010/7/1	张三	年假	5				0	7张三
11	2010/7/5	李老四	年假	2				0	7李老四
12	2010/7/6	张老三	年假	2	10	2	0	0	7张老三
13	2010/8/1	张老三	年假	1	10	3	0	0	8张老三
14	2010/8/2	张三	年假	1	8	6	0	0	8张三
15	2010/8/3	李四	年假	1	8	10	1	-100	8李四
16	2010/8/6	张老三	年假	1	10	4	0	0	8张老三
17	2010/8/7	王五	年假	1	8	7	0	0	8王五
18	2010/9/1	张老三	年假	1	10	5	0	0	9张老三
19	2010/9/2	张三	年假	1	8	7	0	0	9张三
20	2010/9/5	张老三	年假	3	10	8	0	0	9张老三
21	2010/9/6	张三	年假	4	8	11	3	-300	9张三

Ctrl+Enter
2010年员工请假明细

图 2-40

特别提醒：此时填充于单元格的是公式，而非纯文本。为了保险起见，还要多做一步，即运用选择性粘贴将单元格内的公式转换为纯文本。

职场感悟——“假设……更多”让人进步

对待Excel中的数据处理，我常常会做假设。即使手头的表格只有8列40行，我也会假设数据量更多。我问自己：“如果同样的数据多达30列8000行，你还能应付吗？”如果不能，则代表表格需要调整，或者方法需要改进。这促使我更严谨地思考问题，以及主动研究更合理的解决方法。凭借这样的思维方式，我才能在很短的时间内，总结出正确的表格设计理念和掌握更多的技能。

以合并单元格为例，当一张表格只有10个合并单元格的时候，也许你会毫不犹豫地选择合并它们，心想：只要还原10次，就能变回标准的源数据表。但假设把合并的数量放大100倍，你可能就会慎重考虑。如果研究不出批量还原的方法，就只能选择别的数据记录方式。毕竟，拆分1000个合并单元格并补齐数据，不是一件好玩儿的事。

我常听人说：“我的表格很简单，数据量少，已经习惯了用笨办法，不想也没必要学习新方法了。”那是你没有“假设……更多”。于是，10年过去，会做的工作还是那么一点点，相应的，拿的工资也还是那一点点。

在职场上，假设工作量更多的人，才能不断发掘更高效的工作方式；假设困难会更多的人，才能未雨绸缪，提前做好各项准备；即便是假设薪水更多的人，也会因为梦想而有动力。具备实力，机会才有可能降临。词人方文山说：“成功主要靠机会，但是有实力的人才懂得它是机会。”

第七宗罪——数据残缺不全

我把缺少源数据的表格归为缺胳膊少腿儿型。这种类型的表格有两种程度的“缺”，一种是数据区域中间缺。看到图2-41中这些黄色背景的空白单元格了吗？这就叫作“中间缺”。你可能会有疑问：明明这些单元格就不应该有数据，怎么就缺了呢？从业务逻辑上看，没数据就不填写，无可厚非。但是以源数据表要“变”出分类汇总表的标准来评判，作为一张源数据表，没数据也不能留白，否则会影响数据分析结果。

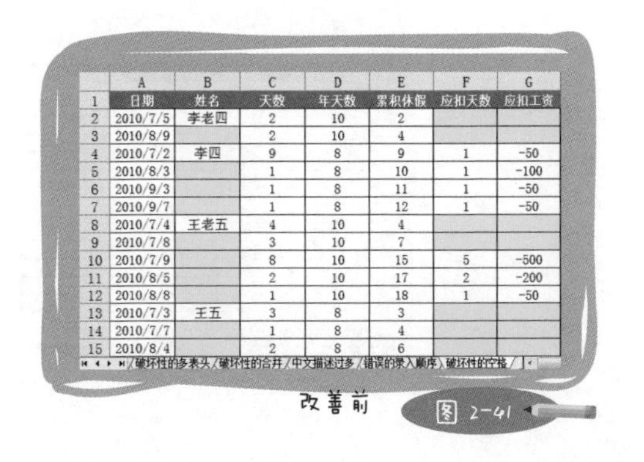

	A	B	C	D	E	F	G
1	日期	姓名	天数	年天数	累积休假	应扣天数	应扣工资
2	2010/7/5	李老四	2	10	2		
3	2010/8/9		2	10	4		
4	2010/7/2	李四	9	8	9	1	-50
5	2010/8/3		1	8	10	1	-100
6	2010/9/3		1	8	11	1	-50
7	2010/9/7		1	8	12	1	-50
8	2010/7/4	王老五	4	10	4		
9	2010/7/8		3	10	7		
10	2010/7/9		8	10	15	5	-500
11	2010/8/5		2	10	17	2	-200
12	2010/8/8		1	10	18	1	-50
13	2010/7/3	王五	3	8	3		
14	2010/7/7		1	8	4		
15	2010/8/4		2	8	6		

破坏性的多表头 / 破坏性的合并 / 中文描述过多 / 错误的录入顺序 / 破坏性的空格

改善前

图 2-41

讲到这里，首先要清楚一个概念：单元格有假空和真空之分。用小沈阳的话来说，假空是“这个可以有”，真空是“这个真没有”。“可以有”的单元格仅用肉眼来看，的确是什么都没有，和空白单元格完全相同。但是选中它再看编辑栏，却会发现它的里面其实又有数据，内容为“=""”（英文双引号，或者叫半角双引号），这是一种空文本的概念。

Excel和我们最大的区别在于，Excel相信真理，而我们相信眼睛。空文本在它看来也是数据，我们却只能看到一片空白。这和0值一样，当单元格数值为0时，Excel也认可该单元格里有数据，只不过数值为0罢了。

邓爷爷说了："不管黑猫白猫，抓住耗子就是好猫。"Excel也说了："不管什么数值，只要有值就是'非空单元格'。"

另外一种情况是，这个单元格"真没有"数据，指的是这个单元格从未被填写过，或者曾经填写的数据已经被完全删除。"真没有"的东西，Excel在分类汇总时也就"没法有"，尤其是做计数统计，肯定会出错。

所以，在数据区域数值部分的空白单元格里填上0值，文本部分的空白单元格里填上相应的文本数据，才是最严谨的源数据记录方式。那么，这张表又该怎么修复呢？还得求助于一键批量录入（Ctrl+Enter）。操作方法前面已介绍过，此处省去N个字，咱们直接看效果。

	A	B	C	D	E	F	G	H
1	日期	姓名	天数	年天数	累积休假	应扣天数	应扣工资	辅助列
2	2010/7/5	李老四	2	10	2	0	0	7李老四
3	2010/8/9	李老四	2	10	4	0	0	8李老四
4	2010/7/2	李四	9	8	9	1	-50	7李四
5	2010/8/3	李四	1	8	10	1	-100	8李四
6	2010/9/3	李四	1	8	11	1	-50	9李四
7	2010/9/7	李四	1	8	12	1	-50	9李四
8	2010/7/4	王老五	4	10	4	0	0	7王老五
9	2010/7/8	王老五	3	10	7	0	0	7王老五
10	2010/7/9	王老五	8	10	15	5	-500	7王老五
11	2010/8/5	王老五	2	10	17	2	-200	8王老五
12	2010/8/8	王老五	1	10	18	1	-50	8王老五
13	2010/7/3	王五	3	8	3	0	0	7王五
14	2010/7/7	王五	1	8	4	0	0	7王五
15	2010/8/4	王五	2	8	6	0	0	8王五

2010年员工请假明细

图 2-42

第一种程度的源数据缺失，造成的影响还不算太严重，并且很容易修复。而第二种程度的缺失，使得整条数据少了某种或某几种属性，正如本章开始就提到的辞职分析案例，它所带来的后果就非常严重了。

仔细看本例，作为一张请假明细表，却没有记录请假类别，等到需要对请假情况进行分析的时候，就欲哭无泪了。所以要特别提醒大家：在设计表格时，数据属性的完整性是第一考虑因素。这是一张什么表？能够记录什么？需要分析什么？应该记录什么？这些都需要在设计之初仔细思考。如果要按请假类别分析请假情况，就应该有一列记录请假类别；如果要按男女性别进行分析，就应该有一列记录性别，以此类推。

	A	B	C	D	E	F	G	H	I
1	日期	姓名	类别	性别	天数	年天数	累积休假	应扣天数	应扣工资
2	2010/7/5	李老四	年假	男	2	10	2	0	0
3	2010/8/9	李老四	事假	男	2	10	4	0	0
4	2010/7/2	李四	病假	女	9	8	9	1	-50
5	2010/8/3	李四	年假	女	1	8	10	1	-100
6	2010/9/3	李四	病假	女	1	8	11	1	-50
7	2010/9/7	李四	病假	女	1	8	12	1	-50
8	2010/7/4	王老五	事假	男	4	10	4	0	0
9	2010/7/8	王老五	事假	男	3	10	7	0	0
10	2010/7/9	王老五	事假	男	8	10	15	5	-500
11	2010/8/5	王老五	事假	男	2	10	17	2	-200
12	2010/8/8	王老五	病假	男	1	10	18	1	-50
13	2010/7/3	王五	事假	男	3	8	3	0	0
14	2010/7/7	王五	病假	男	1	8	4	0	0
15	2010/8/4	王五	病假	男	2	8	6	0	0

2010年员工请假明细

改善后

图 2-43

源数据表中的数据，犹如厨房里的配菜，有什么原材料才能炒出什么样的菜，没有肉的回锅肉只能天上有。如果你的源数据不是从企业系统导出，而是靠纯手工录入积累而来的，那么，当你发现缺失了整列数据时，就可能完全无法挽回了。要想避免这类错误发生，还得从最开始的表格设计做起。

破坏指数：★★★★★　　　更正难度：★★★★★

没有中文的中文大写数字

都说耳听为虚，眼见为实，我看未必，Excel就常常忽悠我们。一个单元格，明明看着啥都没有，结果却是空文本；明明看着是个数值，敌情又是一串公式。更有趣的是，当你看见一个写满中文字的单元格，或许，这里面压根儿就没有中文。接下来，我来教大家写没有中文的中文大写数字。

财务上有时候需要写中文大写数字，可这年头会写“壹贰叁肆伍”的人越来越少。

我向神马保证，即使用×××输入法，你也未必找得准这几个字，毕竟用的时候太少。更进一步讲，要把54549034元翻译成中文，还得看你小学数学是否学得好。

那么，我们就用“眼见为虚”的方法，“变”出中文大写数字，运用的技巧是——设置单元格格式。

第一步：输入阿拉伯数字。

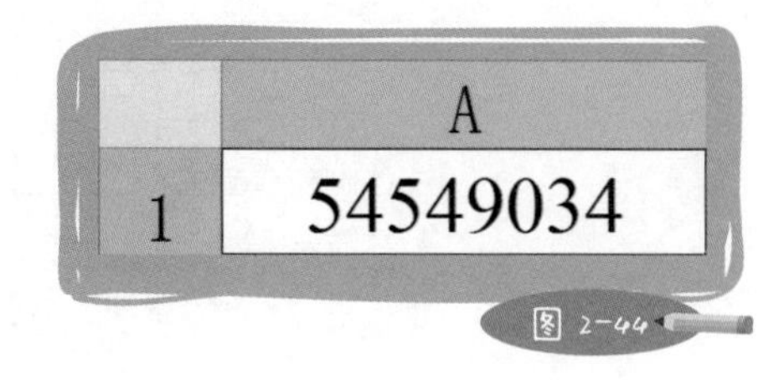

图 2-44

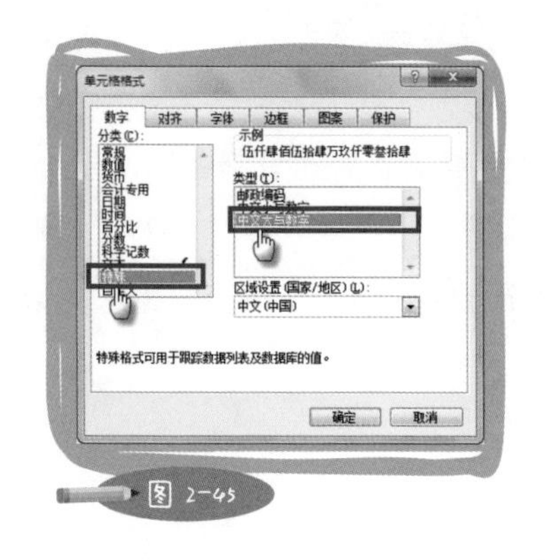

图 2-45

第二步：设置单元格格式(Ctrl+1)，选中“数字”标签下“特殊”中的“中文大写数字”。

点击“确定”，阿拉伯数字就被转换成中文大写数字了。此时注意看编辑栏，单元格数据的本质依然是阿拉伯数字，只不过换了一种显示方式罢了，这就是Excel中的“眼见为虚”。单元格很会说谎，只有编辑栏最诚实，当你不确定单元格的真实数据时，就去编辑栏找答案。

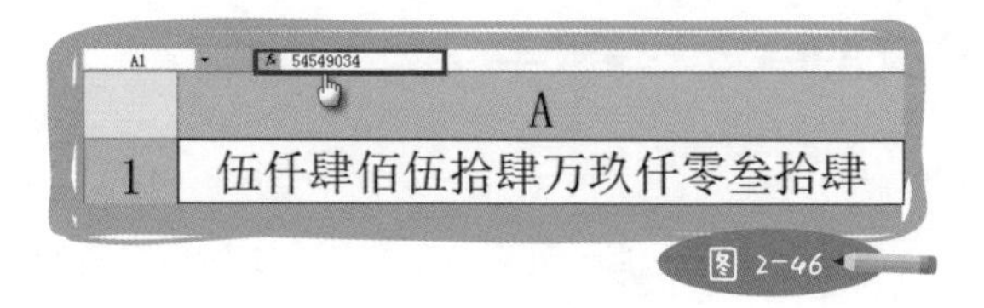

图 2-46

特别提醒：此方法只适用于转换整数数值，小数部分无法按照中文逻辑正确转换。

第八宗罪——源数据被分别记录在不同的工作表

有一种现象很有趣：大多数事情都是分时容易聚时难。例如：撕碎一张纸容易，粘起来却很难；推倒积木容易，砌起来却很难；破坏朋友关系容易，建立关系却很难；离婚容易，结婚却很难。

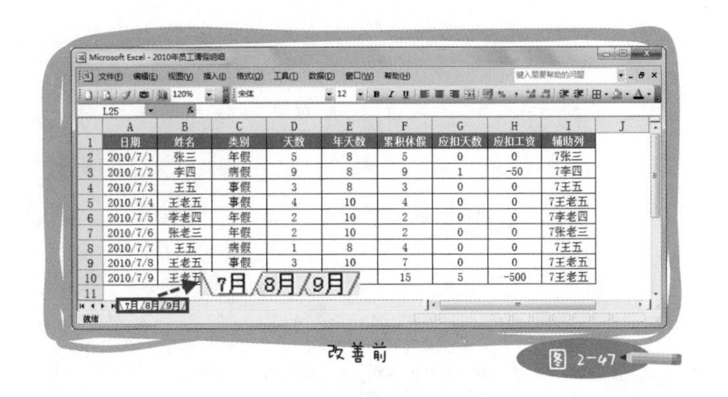

	A	B	C	D	E	F	G	H	I	J
1	日期	姓名	类别	天数	年天数	累积休假	应扣天数	应扣工资	辅助列	
2	2010/7/1	张三	年假	5	8	5	0	0	7张三	
3	2010/7/2	李四	病假	9	8	9	1	-50	7李四	
4	2010/7/3	王五	事假	3	8	3	0	0	7王五	
5	2010/7/4	王老五	事假	4	10	4	0	0	7王老五	
6	2010/7/5	李老四	年假	2	10	2	0	0	7李老四	
7	2010/7/6	张老三	年假	2	10	2	0	0	7张老三	
8	2010/7/7	王五	病假	1	8	4	0	0	7王五	
9	2010/7/8	王老五	事假	3	10	7	0	0	7王老五	
10	2010/7/9	[illegible]	[illegible]	[illegible]	[illegible]	15	5	-500	7王老五	
11										

改善前

图 2-47

Excel也不例外：分开源数据很容易，合起来却很难。既然这样，我们就应该把同类型的数据录入到一张工作表中，而不要分开记录。因为，源数据表的数据完整性和连贯性，会直接影响到数据分析的过程和结果。

	A	B	C	D	E	F	G	H	I
1	日期	姓名	类别	天数	年天数	累积休假	应扣天数	应扣工资	辅助列
2	2010/7/1	张三	年假	5	8	5	0	0	7张三
3	2010/7/2	李四	病假	9	8	9	1	-50	7李四
4	2010/7/3	王五	事假	3	8	3	0	0	7王五
5	2010/7/4	王老五	事假	4	10	4	0	0	7王老五
6	2010/7/5	李老四	年假	2	10	2	0	0	7李老四
7	2010/7/6	张老三	年假	2	10	2	0	0	7张老三
8	2010/7/7	王五	病假	1	8	4	0	0	7王五
9	2010/7/8	王老五	事假	3	10	7	0	0	7王老五
10	2010/7/9	王老五	事假	8	10	15	5	-500	7王老五
11	2010/8/1	张老三	年假	1	10	3	0	0	8张老三
12	2010/8/2	张三	[illegible]	[illegible]	[illegible]	6	0	0	8张三
13	2010/8/3	李四	[illegible]	[illegible]	[illegible]	10	1	-100	8李四
14	2010/8/4	王五	[illegible]	[illegible]	[illegible]	6	0	0	8王五
15	2010/8/5	[illegible]	事假	2	10	17	2	-200	8王老五

仅一张工作表

2010年员工请假明细

图 2-48

改善后

试想，不在同一张工作表的数据，如何筛选、排序、函数引用和自动汇总？你还别抱侥幸心理，指望有什么神奇的技能，可以瞬间合并多张工作表或者工作簿的数据。简单的方法没有，写一大堆函数或者用VBA编个程才勉强能完成，而且这还得看数据到底零散到什么程度。你说有这工夫，做点啥不好，干吗非得和Excel较劲？

我曾经问过当事人，把一年12个月的数据分成12张工作表记录是出于什么目的，他说是为了看着方便，也容易找到数据。我说，放一张工作表里，筛选一下，不也能看着方便，找着容易吗？况且还能运用更多的技能对数据进行分析。

一年12张工作表还不算太严重，我甚至见过每天一张工作表的。看到这种表格，我就忍不住心生“邪念”，总想指使人把365份数据合并到一起，那种场面一定很壮观。我想我是媳妇熬成了婆，才会有这么“阴险”的想法吧，大家可别步我的后尘。

Excel是强大的数据处理软件，它有它的规则。即便我们有再好的理由，也不能违反规则。视觉效果固然重要，但还是要讲究方便实用。一张工作表提供了数万行甚至数百万行（不同版本）的数据空间，足够你折腾了。

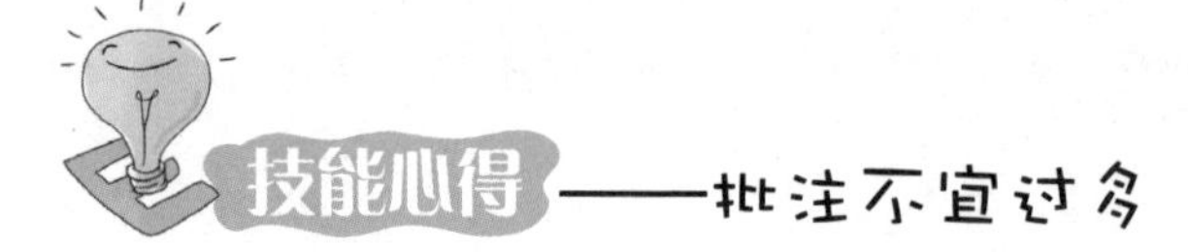

技能心得——批注不宜过多

有的朋友喜欢用批注记录信息。小范围使用批注，有助于标明特殊单元格数据的复杂属性，尤其当说明文字很多的时候，批注还是挺好用的。但如果大范围使用批注，就显得不合适了。

众所周知，如果要显示批注内容，需要把光标移到单元格上，但一次只能看一条；如果调用菜单命令，显示所有批注，又会挡住单元格本身的数据。所以，当批注过多时，要么看不全批注内容（见图2-49），要么看不全源数据（见图2-50），正所谓“猪八戒照镜子——里外不是人”。并且，由于无法对批注的内容进行分析，一些有效数据就会白白浪费。

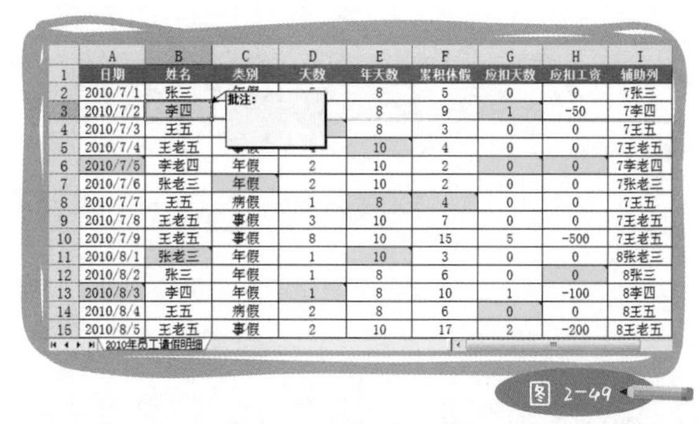

	A	B	C	D	E	F	G	H	I
1	日期	姓名	类别	天数	年天数	累积休假	应扣天数	应扣工资	辅助列
2	2010/7/1	张三	[illegible]	[illegible]	8	5	0	0	7张三
3	2010/7/2	李四	[illegible]	[illegible]	8	9	1	-50	7李四
4	2010/7/3	王五	[illegible]	[illegible]	8	3	0	0	7王五
5	2010/7/4	王老五	[illegible]	[illegible]	10	4	0	0	7王老五
6	2010/7/5	李老四	年假	2	10	2	0	0	7李老四
7	2010/7/6	张老三	年假	2	10	2	0	0	7张老三
8	2010/7/7	王五	病假	1	8	4	0	0	7王五
9	2010/7/8	王老五	事假	3	10	7	0	0	7王老五
10	2010/7/9	王老五	事假	8	10	15	5	-500	7王老五
11	2010/8/1	张老三	年假	1	10	3	0	0	8张老三
12	2010/8/2	张三	年假	1	8	6	0	0	8张三
13	2010/8/3	李四	年假	1	8	10	1	-100	8李四
14	2010/8/4	王五	病假	2	8	6	0	0	8王五
15	2010/8/5	王老五	事假	2	10	17	2	-200	8王老五

图 2-49

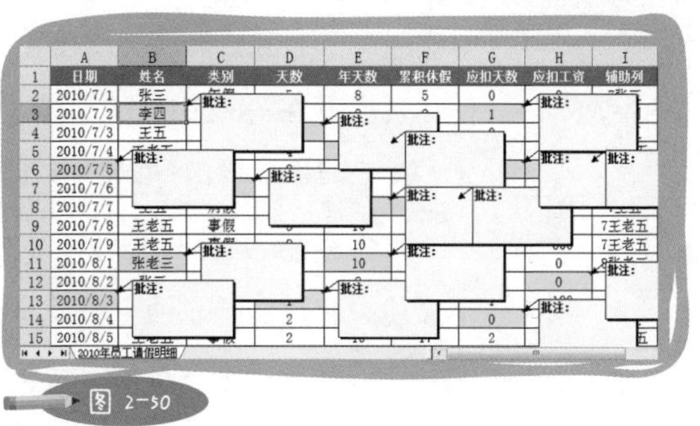

图 2-50

我做的任何表格都几乎没有批注，如果需要为数据添加新的属性或说明，我会选择另起一列。比如：张三请了3天假，理由是家里的老母猪生了8只小猪，老家一年就靠这8只小猪养大了卖点钱，所以他必须回家帮几天忙。由于张三是困难户，公司特别批准超出的1天假期不扣工资。

对待这条信息，在源数据表中有三种记录方法：第一种，把原文写入批注，添加在张三请假明细的请假天数单元格；第二种，直接将请假天数记为2天；第三种，请假天数还是记为3天，但是新增一列，列标题为“特殊扣减”，记为“-1”。

对比三种方法，第三种不仅清晰地记录了事件始末，还创建了一个标准流程。企业可以根据“特殊扣减”列的数据，从全新的角度分析请假数据，更精细化地做好人事管理，如据此研究今年批准的特殊扣减是否合理，明年如何调整请假政策等。就本例而言，张三是因为养猪还是喂狗请的假，并不是企业管理关注的重点，所以全文写入批注的解决方法并不可取。

记住，批注能用，但千万不要贪多。

第九宗罪——在一个单元格里记录了复合属性

MS Office组件个个身怀绝技：Excel处理数据，Word编辑文本，PPT演示汇报。可如果我们用Excel演示汇报，Word处理数据，PPT编辑文本，就会天下大乱。很多人不喜欢用Word，总是抱怨在Word里做一张表格有多么痛苦，尤其是调整表格格式，费了九牛二虎之力，也未必能如愿以偿。但你若愿意在Excel中事先编辑好表格，贴入Word，事情就简单多了。可见，专业的事应该由专业的工具来完成。

再来说Excel，作为数据处理工具，Excel看重的是数据属性，而非文字描述。属性这个东西，一就是一， 二就是二，不能混为一谈。就好像聊天软件的登录界面，账号和密码一定要分开填写，因为这两个信息的属性不同，从没见过哪个系统提示“请同时输入账号及密码”。同样，Excel中的源数据表里，也不能将多个属性放在同一个单元格里，所以，短语和句子在这里是禁用的。

即使是必须用句子描述的“地址”字段，也能从中剥离出多个属性，如四川省成都市青羊区××路×××楼××××号，在物流企业的管理要求下，它会变成：四川省、成都市、青羊区、××路×××楼××××号。根据这四个属性，才能掌握省、市、区的配送情况。

本例既然是请假明细，表明请假状态的属性就必须清晰。但原表中，B列包含两个属性——姓名和请假类别，F列也包含两个属性——扣款天数和扣款金额。于是，要还原成正确的源数据表，就需要将不同的属性分列于不同的数据列。

	A	B	C	D	E	F
1	日期	请假信息	天数	年天数	累积休假	扣款情况
2	2010/7/1	张三/年假	5	8	5	应扣天数0应扣工资0
3	2010/7/2	李四/病假	9	8	9	应扣天数1应扣工资-50
4	2010/7/3	王五、事假	3	8	3	应扣天数0应扣工资0
5	2010/7/4	王老五请了事假	4	10	4	应扣天数0应扣工资0
6	2010/7/5	隔壁李老四请年假	2	10	2	应扣天数0应扣工资0
7	2010/7/6	张老三-年假	2	10	2	应扣天数0应扣工资0
8	2010/7/7	王五-病假	1	8	4	应扣天数0应扣工资0
9	2010/7/8	王老五@事假	3	10	7	应扣天数0应扣工资0
10	2010/7/9	王老五//事假	8	10	15	应扣天数5应扣工资-500
11	2010/8/1	张老三　年假	1	10	3	应扣天数0应扣工资0
12	2010/8/2	张三用了年假	1	8	6	应扣天数0应扣工资0
13	2010/8/3	李四-年假	1	8	10	应扣天数1应扣工资-100
14	2010/8/4	王五、病假	2	8	6	应扣天数0应扣工资0
15	2010/8/5	王老五-事假	2	10	17	应扣天数2应扣工资-200

多余的表头 / 破坏性的分隔 / 破坏性的合计 / 破坏性的多表头 / 破坏性的合并 \ 中文描述讨多

改善前

图 2-51

	A	B	C	D	E	F	G	H	I
1	日期	姓名	类别	天数	年天数	累积休假	应扣天数	应扣工资	辅助列
2	2010/7/1	张三	年假	5	8	5	0	0	7张三
3	2010/7/2	李四	病假	9	8	9	1	-50	7李四
4	2010/7/3	王五	事假	3	8	3	0	0	7王五
5	2010/7/4	王老五	事假	4	10	4	0	0	7王老五
6	2010/7/5	李老四	年假	2	10	2	0	0	7李老四
7	2010/7/6	张老三	年假	2	10	2	0	0	7张老三
8	2010/7/7	王五	病假	1	8	4	0	0	7王五
9	2010/7/8	王老五	事假	3	10	7	0	0	7王老五
10	2010/7/9	王老五	事假	8	10	15	5	-500	7王老五
11	2010/8/1	张老三	年假	1	10	3	0	0	8张老三
12	2010/8/2	张三	年假	1	8	6	0	0	8张三
13	2010/8/3	李四	年假	1	8	10	1	-100	8李四
14	2010/8/4	王五	病假	2	8	6	0	0	8王五
15	2010/8/5	王老五	事假	2	10	17	2	-200	8王老五

2010年员工请假明细

改善后

图 2-52

Excel不是Word，别在源数据表中写文章。

破坏指数：★★★★★　　**更正难度：★★★★★**

可以/不可以出现在Excel源数据表中的元素：

可以——日期（2011/2/2）、数值（36）、单词（事假）、公式（=A2）、文字描述（仅限备注列）。

不可以——符号（★）、短语、句子、中文数值（三十六）、外星语（&%￥#@……）。

不推荐——图形、批注。

“切开”单元格

在Excel中，运用“数据”→“分列”功能，可以将单元格内容“切开”。Excel提供了两种“切”法：按分隔符号或者按固定宽度。按分隔符号“切”，需要单元格内容有相同的分隔符号；按固定宽度“切”，则对单元格中的文本长度有要求。至于选择哪一种方式，要根据数据情况而定。

我们还以“把Excel当Word”的请假明细表为例（见图2-53），用分列功能来“切分”属性。

	A	B	C	D	E	F
1	日期	请假信息	天数	年天数	累积休假	扣款情况
2	2010/7/1	张三/年假	5	8	5	应扣天数0应扣工资0
3	2010/7/2	李四/病假	9	8	9	应扣天数1应扣工资-50
4	2010/7/3	王五、事假	3	8	3	应扣天数0应扣工资0
5	2010/7/4	王老五请了事假	4	10	4	应扣天数0应扣工资0
6	2010/7/5	隔壁李老四请年假	2	10	2	应扣天数0应扣工资0
7	2010/7/6	张老三-年假	2	10	2	应扣天数0应扣工资0
8	2010/7/7	王五-病假	1	8	4	应扣天数0应扣工资0
9	2010/7/8	王老五@事假	3	10	7	应扣天数0应扣工资0
10	2010/7/9	王老五//事假	8	10	15	应扣天数5应扣工资-500
11	2010/8/1	张老三　年假	1	10	3	应扣天数0应扣工资0
12	2010/8/2	张三用了年假	1	8	6	应扣天数0应扣工资0
13	2010/8/3	李四-年假	1	8	10	应扣天数1应扣工资-100
14	2010/8/4	王五、病假	2	8	6	应扣天数0应扣工资0
15	2010/8/5	王老五-事假	2	10	17	应扣天数2应扣工资-200
16	2010/8/6	张老三.年假	1	10	4	应扣天数0应扣工资0
17	2010/8/7	王五-年假	1	8	7	应扣天数0应扣工资0
18	2010/8/8	王老五-病假	1	10	18	应扣天数1应扣工资-50
19	2010/8/9	李老四/事假	2	10	4	应扣天数0应扣工资0
20	2010/9/1	张老三-年假	1	10	5	应扣天数0应扣工资0

破坏性的分隔 / 破坏性的合计 / 破坏性的多表头 / 破坏性的合并 / 中文描述过多

图 2-53

分列之前，先要分析单元格数据。F列的数据内容很标准：应扣天数1应扣工资－50。整列数据的文本长度分布为“414N”，即4个中文字+1个数字+4个中文字+N个数字。所以，可以按固定宽度进行“切分”，步骤如下：

	A	B	C	D	E	F
1	日期	请假信息	天数	年天数	累积休假	扣款情况
2	2010/7/1	张三/年假	5	8	5	应扣天数0应扣工资0
3	2010/7/2	李四/病假	9	8	9	应扣天数1应扣工资-50
4						应扣天数0应扣工资0
5						应扣天数0应扣工资0
6						应扣天数0应扣工资0
7						应扣天数0应扣工资0
8						应扣天数0应扣工资0
9						应扣天数0应扣工资0
10						应扣天数5应扣工资-500
11						应扣天数0应扣工资0
12						应扣天数0应扣工资0
13						应扣天数1应扣工资-100
14						应扣天数0应扣工资0
15						应扣天数2应扣工资-200
16						应扣天数0应扣工资0
17	2010/8/7	王五-年假	1	8	7	应扣天数0应扣工资0
18	2010/8/8	王老五-病假	1	10	18	应扣天数1应扣工资-50
19	2010/8/9	李老四/事假	2	10	4	应扣天数0应扣工资0
20	2010/9/1	张老三-年假	1	10	5	应扣天数0应扣工资0

文本分列向导 - 3 步骤之 1
文本分列向导判定您的数据具有分隔符。
若一切设置无误，请单击“下一步”，否则请选择最合适的数据类型。
原始数据类型
请选择最合适的文件类型：
分隔符号(D) － 用分隔字符，如逗号或制表符分隔每个字段
固定宽度(W) － 每列字段加空格对齐
预览选定数据：
2 应扣天数0应扣工资0
3 应扣天数1应扣工资-50
4 应扣天数0应扣工资0
5 应扣天数0应扣工资0
取消　< 上一步(B)　下一步(N) >　完成(F)

破坏性的分隔 / 破坏性的合计 / 破坏性的多表头 / 破坏性的合并 / 中文描述过多

图 2-54

第一步：选中待分列的单元格（只能是同列），调用“数据”→“分列”命令。

第二步：选中“固定宽度”，进入下一步，单击鼠标左键设置“切分”点（“切”错了没关系，只需双击鼠标即可删除分隔箭头）。

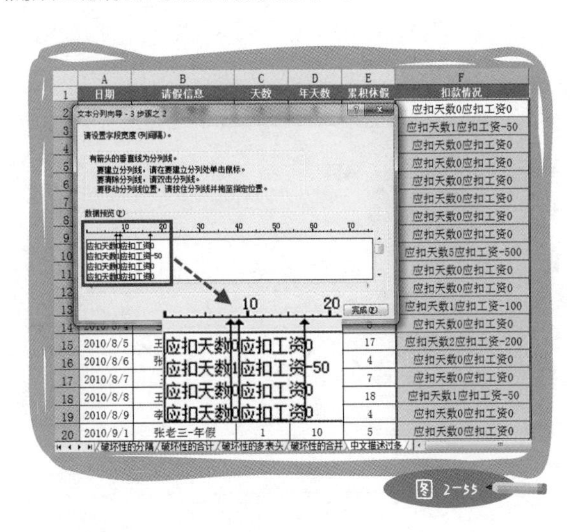

图 2-55

第三步：“切”好之后，点击“完成”。

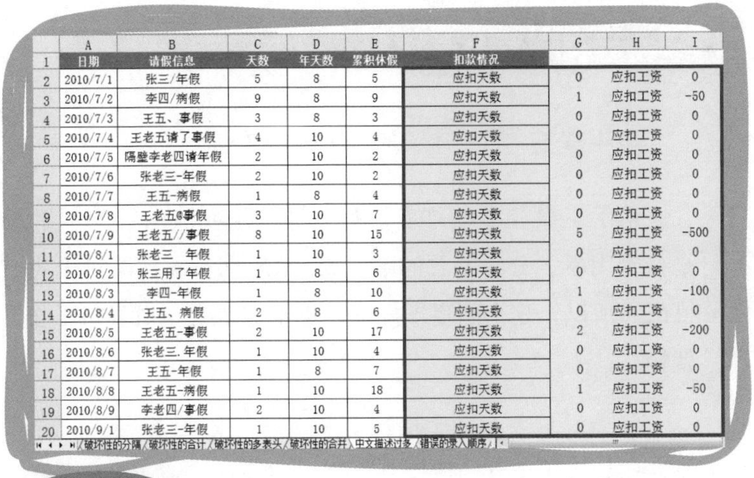

	A	B	C	D	E	F	G	H	I
1	日期	请假信息	天数	年天数	累积休假	扣款情况			
2	2010/7/1	张三/年假	5	8	5	应扣天数	0	应扣工资	0
3	2010/7/2	李四/病假	9	8	9	应扣天数	1	应扣工资	-50
4	2010/7/3	王五、事假	3	8	3	应扣天数	0	应扣工资	0
5	2010/7/4	王老五请了事假	4	10	4	应扣天数	0	应扣工资	0
6	2010/7/5	隔壁李老四请年假	2	10	2	应扣天数	0	应扣工资	0
7	2010/7/6	张老三-年假	2	10	2	应扣天数	0	应扣工资	0
8	2010/7/7	王五-病假	1	8	4	应扣天数	0	应扣工资	0
9	2010/7/8	王老五@事假	3	10	7	应扣天数	0	应扣工资	0
10	2010/7/9	王老五//事假	8	10	15	应扣天数	5	应扣工资	-500
11	2010/8/1	张老三　年假	1	10	3	应扣天数	0	应扣工资	0
12	2010/8/2	张三用了年假	1	8	6	应扣天数	0	应扣工资	0
13	2010/8/3	李四-年假	1	8	10	应扣天数	1	应扣工资	-100
14	2010/8/4	王五、病假	2	8	6	应扣天数	0	应扣工资	0
15	2010/8/5	王老五-事假	2	10	17	应扣天数	2	应扣工资	-200
16	2010/8/6	张老三.年假	1	10	4	应扣天数	0	应扣工资	0
17	2010/8/7	王五-年假	1	8	7	应扣天数	0	应扣工资	0
18	2010/8/8	王老五-病假	1	10	18	应扣天数	1	应扣工资	-50
19	2010/8/9	李老四/事假	2	10	4	应扣天数	0	应扣工资	0
20	2010/9/1	张老三-年假	1	10	5	应扣天数	0	应扣工资	0

破坏性的分隔 / 破坏性的合计 / 破坏性的多表头 / 破坏性的合并 / 中文描述过多 / 错误的录入顺序

图 2-56

学技能，要懂得逆向思维，学会了“切”就要学会“拼”。“&”是Excel中的特殊运算符，与“+-*/”不同，它代表“合并”，即“拼接”多个单元格的数据内容。只需借助“&”运算符，就可以将被拆分的数据再次合并到同一个单元格，参考公式为：=B2&C2&D2&E2。你一定有更值得“拼”起来的数据，那就用这招试试看吧。

	A	B	C	D	E
1	拼起来的数据	扣款情况			
2	应扣天数0应扣工资0	应扣天数	0	应扣工资	0
3	应扣天数1应扣工资-50	应扣天数	1	应扣工资	-50
4	应扣天数0应扣工资0	应扣天数	0	应扣工资	0
5	应扣天数0应扣工			应扣工资	0
6	应扣天数0应扣工			应扣工资	0
7	应扣天数0应扣工资0	应扣天数	0	应扣工资	0
8	应扣天数0应扣工资0	应扣天数	0	应扣工资	0
9	应扣天数0应扣工资0	应扣天数	0	应扣工资	0
10	应扣天数5应扣工资-500	应扣天数	5	应扣工资	-500
11	应扣天数0应扣工资0	应扣天数	0	应扣工资	0
12	应扣天数0应扣工资0	应扣天数	0	应扣工资	0
13	应扣天数1应扣工资-100	应扣天数	1	应扣工资	-100
14	应扣天数0应扣工资0	应扣天数	0	应扣工资	0
15	应扣天数2应扣工资-200	应扣天数	2	应扣工资	-200
16	应扣天数0应扣工资0	应扣天数	0	应扣工资	0
17	应扣天数0应扣工资0	应扣天数	0	应扣工资	0
18	应扣天数1应扣工资-50	应扣天数	1	应扣工资	-50
19	应扣天数0应扣工资0	应扣天数	0	应扣工资	0
20	应扣天数0应扣工资0	应扣天数	0	应扣工资	0

fx =B2&C2&D2&E2

破坏性的分隔 / 破坏性的合计 / 破坏性的多表头 / 破坏性的合并 / 中文描述过多 / 错误的录入顺序

图 2-57

分类汇总不是手工活儿

第十宗罪——汇总表误用手工来做

用手工做分类汇总表，是一种越俎代庖的行为，用通俗的话讲，就是多管闲事。分类汇总的事，Excel最擅长做，可对于我们，却是极大的挑战。所以，这个闲事不好管，也不需要管。做表格工作，要学会“避重就轻”。

分类汇总表有几个层次。初级是一维汇总表，仅对一个字段进行汇总，比如求每个月的请假总天数。中级是二维一级汇总表，对两个字段进行汇总，是最常见的分类汇总表。此类汇总表既有标题行，也有标题列，在横纵坐标的交集处显示汇总数据，比如：求每个月每个员工的请假总天数，月份为标题列，员工姓名为标题行，在交叉单元格处得到某员工某月的请假总天数。高级是二维多级汇总表，对两个字段以上进行汇总，如本例求每个月每个员工不同请假类型的请假总天数。

	A	B	C	D	E	F	G	H	I
1	2010年员工请假情况分析表								
2									
3			李老四	李四	王老五	王五	张老三	张三	总计
4	7月	病假		9		1			10
5		年假	2				2	5	9
6		事假			15	3			18
7	汇总		2	9	15	4	2	5	37
8	8月	病假			1	2			3
9		年假		1		1	2	1	5
10		事假	2		2				4
11	汇总		2	1	3	3	2	1	12
12	9月	病假		2					2
13		年假					4	5	9
14		事假				2			2
15	汇总			2		2	4	5	13

图 2-58

如果继续增加汇总难度，还可以求每个月每个员工按性别以及请假类型不同的请假总天数……只要源数据的字段足够多，汇总表的角度和层级就可以无限变换。即便你是铁臂阿童木或者无敌铁金刚，如果只靠手工做，终有被累垮的一天。

手工做汇总表有两种情况：第一种是只有分类汇总表，没有源数据表。此类汇总表的制作工艺100%靠手工，有的用计算器算，有的直接在汇总表里算，还有的在纸上打草稿。总而言之，每个汇总数据都是用键盘敲进去的。算好填进表格的也就罢了，反正也没想找回原始记录。在汇总表里算的（见图2-59），好像有点儿源数据的意思，但仔细推敲又不是那么回事儿。经过一段时间，公式里数据的来由我们一定会完全忘记。

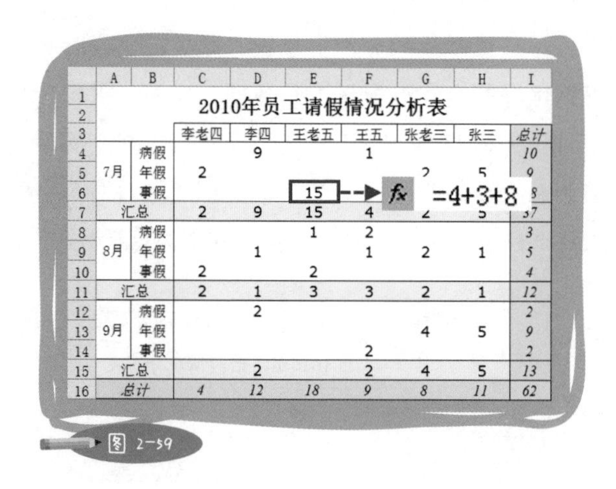

2010年员工请假情况分析表

		李老四	李四	王老五	王五	张老三	张三	总计
7月	病假		9		1			10
	年假	2				2	5	9
	事假			15				18
汇总		2	9	15	4	2	5	37
8月	病假			1	2			3
	年假		1		1	2	1	5
	事假	2		2				4
汇总		2	1	3	3	2	1	12
9月	病假		2					2
	年假					4	5	9
	事假				2			2
汇总			2		2	4	5	13
总计		4	12	18	9	8	11	62

图 2-59

破坏指数：★★★★★　　更正难度：★★★★★

第二种是有源数据表，并经过多次重复操作做出汇总表（见图2-60a，图2-60b）。操作步骤为：①按字段筛选；②选中筛选出的数据；③目视状态栏的汇总数；④切换到汇总表；⑤在相应单元格填写汇总数；⑥重复以上所有操作100次。其间，还会发生一些小插曲，如：选择数据时有遗漏，填写时忘记了汇总数，切换时无法准确定位汇总表。长此以往，在一次又一次与表格的激烈“战斗”中，我们会心力交瘁，败下阵来。

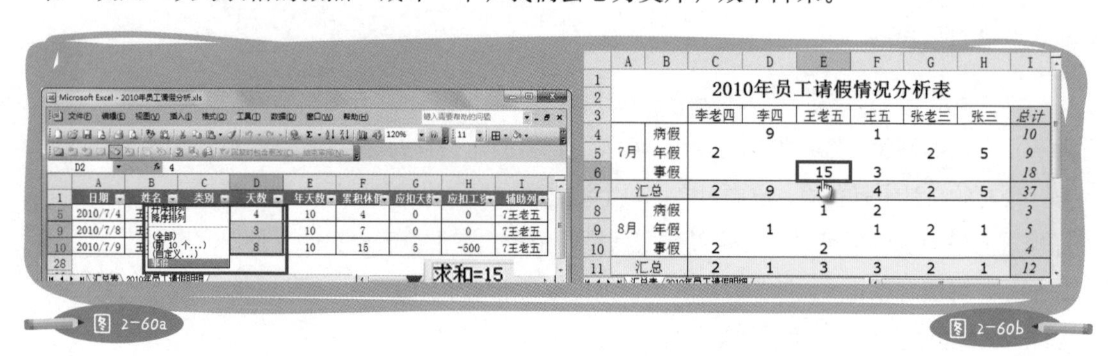

日期	姓名	类别	天数	年天数	累积休假	应扣天数	应扣工资	辅助列
2010/7/4	王		4	10	4	0	0	7王老五
2010/7/8	王		3	10	7	0	0	7王老五
2010/7/9	王		8	10	15	5	-500	7王老五

2010年员工请假情况分析表

		李老四	李四	王老五	王五	张老三	张三	总计
7月	病假		9		1			10
	年假	2				2	5	9
	事假			15	3			18
汇总		2	9		4	2	5	37
8月	病假			1	2			3
	年假		1		1	2	1	5
	事假	2		2				4
汇总		2	1	3	3	2	1	12

图 2-60a　　图 2-60b

破坏指数：★★★★★　　更正难度：☆☆☆☆☆

要解脱，很简单——把分类汇总表交给Excel，我们只需专心做好源数据表。

	A	B	C	D	E	F	G	H	I
1	日期	姓名	类别	天数	年天数	累积休假	应扣天数	应扣工资	辅助列
2	2010/7/1	张三	年假	5	8	5	0	0	7张三
3	2010/7/2	李四	病假	9	8	9	1	-50	7李四
4	2010/7/3	王五	事假	3	8	3	0	0	7王五
5	2010/7/4	王老五	事假	4	10	4	0	0	7王老五
6	2010/7/5	李老四	年假	2	10	2	0	0	7李老四
7	2010/7/6	张老三	年假	2	10	2	0	0	7张老三
8	2010/7/7	王五	病假	1	8	4	0	0	7王五
9	2010/7/8	王老五	事假	3	10	7	0	0	7王老五
10	2010/7/9	王老五	事假	8	10	15	5	-500	7王老五
11	2010/8/1	张老三	年假	1	10	3	0	0	8张老三
12	2010/8/2	张三	年假	1	8	6	0	0	8张三
13	2010/8/3	李四	年假	1	8	10	1	-100	8李四
14	2010/8/4	王五	病假	2	8	6	0	0	8王五
15	2010/8/5	王老五	事假	2	10	17	2	-200	8王老五

2010年员工请假明细

图 2-61

别看我现在侃侃而谈，2003年刚参加工作的时候，我的第一个工作任务就是做一份汇总表，需要汇总2002年全年每个月各类产品在各地区的销售情况。

这张表（见图2-62）我整整做了3天，无数次重复着筛选数据→选中数据→查看汇总数值→切换表格→填写汇总数值的动作，其间也因为“审表”疲劳，填错了行列，导致所有相关工作重头来过。由于是纯手工打造的汇总表，直到向老板交差的时候，我也不敢拍着胸脯保证数据完全没有遗漏和错误。

从那时起，我就告诉自己，不能再做同样的事，一定要找到方法。之后两天，我把Excel帮助文件几乎翻了个遍，不仅找到了我要的东西，还学到了更多新的招数。回想起来，正是那次经历，让我与Excel结缘。

	A	B	C	D	E	F	G
1	销量按库房	成都	广州	武汉	沈阳	西安	北京
2	CRT	500	1100	300	600	200	500
3	CD-ROM	1000	4000	1500	2000	1100	4000
4	CD-RW	360	1500	350	450	220	1200
5	DVD	500	2400	550	700	400	1500
6	Scanner	200	750	180	150	150	1000
7	LCD	180	1000	200	250	50	500
8	KB+MS	1000	4200	800	1300	600	2000
9	Case	60	250	100	220	50	180
10	产品占该库销售额(除CRT)	68.8%	83.0%	80.5%	72.7%	75.1%	87.3%
11	占总销售比率	6.2%	24.5%	6.3%	9.1%	4.5%	17.6%
12	总量(个)(除CRT)	3300	14100	3680	5070	2570	10380
13	03年11月总库存	9800	26000	7500	7000	6000	17500
14	重量按库房(kg)						
15	CRT	10000	22000	6000	12000	4000	10000
16	CD-ROM	1200	4800	1800	2400	1320	4800
17	CD-RW	540	2250	525	675	330	1800
18	DVD	750	3600	825	1050	600	2250
19	Scanner	720	2700	648	540	540	3600
20	LCD	810	4500	900	1125	225	2250
21	KB+MS	1300	5460	1040	1690	780	2600

图 2-62

学习知识并不难，难的是调动学习兴趣。我们往往因为宽待自己而懒于进步，但同时又常常抱怨生活对自己不公平。当然我也不是一个勤快人，只是因为想偷懒，才不断创新和学习，变着法儿让自己工作得轻松，生活得愉快。在我看来，要做一个合格的“懒人”，必须比其他人付出更多的努力。这样你才能在别人为补救错误而忙碌的时候，享受着一切尽在掌握中的悠闲。

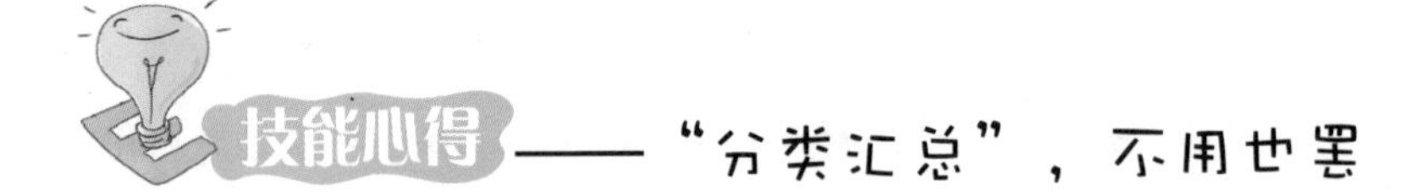

前面提到的分类汇总是统计方法，意思是先将数据分类，再进行汇总。在“数据”菜单里，有一项功能也叫“分类汇总”，可这项功能我不推荐大家常用。坦率讲，直到今天，我玩儿Excel已经7年了，使用这项功能的次数还不到5次。

本书读到现在，希望大家已经逐渐明确了一个概念：在源数据表里不需要做任何汇总动作。可偏偏“分类汇总”功能是在源数据表里使用的，它的功用是有条件地让我们看到几个汇总数，而不是“变”出分类汇总表，所以，它并不是我开篇提到的“变”表利器。况且，使用它还有前提条件，而有条件就代表需要更多的操作，这不符合“懒人”一切从简的做事风格。

	A	B	C	D	E
1	日期	科室	领用用品	数量	用品单位
2	2010/3/31	综合处	回形针	5	盒
3	2010/3/31	投资处	笔记本	10	本
4	2010/3/12	核算处	A4纸	2	包
5	2010/3/14	财务处	笔记本		本
6	2010/3/16	信管处	订书机		个
7	2010/3/31	交通处	订书机		个
8	2010/3/31	核算处	圆珠笔		支
9	2010/3/31	综合处	回形针		盒
10	2010/3/31	交通处	铅笔		支
11	2010/6/5	投资处	A4纸		包
12	2010/6/5	交通处	A4纸		包
13	2010/6/5	综合处	A4纸		包
14	2010/6/5	投资处	A4纸		包
15	2010/6/5	信管处	圆珠笔		支
16	2010/6/5	财务处	圆珠笔	4	支
17	2010/6/5	核算处	圆珠笔	5	支
18	2010/6/5	核算处	圆珠笔	6	支
19	2010/6/5	核算处	圆珠笔	6	支
20	2010/6/5	核算处	订书机	2	个
21					

分类汇总
分类字段(A):
科室
汇总方式(U):
求和
选定汇总项(D):
用品单位
公式参考列
替换当前分类汇总(C)
每组数据分页(P)
汇总结果显示在数据下方(S)
全部删除(R) 确定 取消

分类汇总表 源数据表

图 2-63

我的观点是：分类汇总功能，不用也罢。

图2-63是一张办公用品领用表，对它直接使用“分类汇总”，是得不到按科室汇总的数据的（见图2-64）。

	A	B	C	D	E
1	日期	科室	领用用品	数量	用品单位
2	2010/3/31	综合处	回形针	5	盒
3		综合处 汇总		5	
4	2010/3/31	投资处	笔记本	10	本
5		投资处 汇总		10	
6	2010/3/12	核算处	A4纸	2	包
7		核算处 汇总		2	
8	2010/3/14	财务处	笔记本	4	本
9		财务处 汇总		4	
10	2010/3/16	信管处	订书机	2	个
11		信管处 汇总		2	
12	2010/3/31	交通处	订书机	6	个
13		交通处 汇总		6	
14	2010/3/31	核算处	圆珠笔	9	支
15		核算处 汇总		9	
16	2010/3/31	综合处	回形针	15	盒
17		综合处 汇总		15	
18	2010/3/31	交通处	铅笔	2	支
19		交通处 汇总		2	
20	2010/6/5	投资处	A4纸	1	包
21		投资处 汇总		1	

图 2-64

必须先将科室列排序（见图2-65），再用“分类汇总”功能，才能得到正确结果（见图2-66）。

	A	B	C	D	E
1	日期	科室	领用用品	数量	用品单位
2	2010/3/14	财务处	笔记本	4	本
3	2010/6/5	财务处	圆珠笔	4	支
4	2010/3/12	核算处	A4纸	2	包
5	2010/3/31	核算处	圆珠笔		支
6	2010/6/5	核算处	圆珠笔		支
7	2010/6/5	核算处	圆珠笔		支
8	2010/6/5	核算处	圆珠笔		支
9	2010/6/5	核算处	订书机		个
10	2010/3/31	交通处	订书机		个
11	2010/3/31	交通处	铅笔		支
12	2010/6/5	交通处	A4纸		包
13	2010/3/31	投资处	笔记本		本
14	2010/6/5	投资处	A4纸		包
15	2010/6/5	投资处	A4纸		包
16	2010/3/16	信管处	订书机	2	个
17	2010/6/5	信管处	圆珠笔	4	支
18	2010/3/31	综合处	回形针	5	盒
19	2010/3/31	综合处	回形针	15	盒
20	2010/6/5	综合处	A4纸	1	包
21					

图 2-65

	A	B	C	D	E
1	日期	科室	领用用品	数量	用品单位
2	2010/3/14	财务处	笔记本	4	本
3	2010/6/5	财务处	圆珠笔	4	支
4		**财务处 汇总**		8	
5	2010/3/12	核算处	A4纸	2	包
6	2010/3/31	核算处	圆珠笔	9	支
7	2010/6/5	核算处	圆珠笔	5	支
8	2010/6/5	核算处	圆珠笔	6	支
9	2010/6/5	核算处	圆珠笔	6	支
10	2010/6/5	核算处	订书机	2	个
11		**核算处 汇总**		30	
12	2010/3/31	交通处	订书机	6	个
13	2010/3/31	交通处	铅笔	2	支
14	2010/6/5	交通处	A4纸	2	包
15		**交通处 汇总**		10	
16	2010/3/31	投资处	笔记本	10	本
17	2010/6/5	投资处	A4纸	1	包
18	2010/6/5	投资处	A4纸	2	包
19		**投资处 汇总**		13	
20	2010/3/16	信管处	订书机	2	个
21	2010/6/5	信管处	圆珠笔	4	支

分类汇总表 源数据表

图 2-66

在以上这些表格中所犯的错误，都是发生在我们身边的真实案例。正是由于它们的存在，我们的工作才会太忙、太累，却又体现不出价值。错误的表格会让你即使付出多倍努力，也只能得到差强人意的结果。现在你应该明白，为什么100个技能也胜不过一张正确的源数据表。因为巧妇难为无米之炊，做饭的手艺再好，没米也是白搭。

讲到这里，你可能会说："你都还没有教我们怎么做天下第一表呢！"别着急，先知道了什么不能做，再说什么能做，怎么做。

源数据表是Excel的灵魂，但不是全部。下一章，我将为大家勾画一个完整的Excel，并告诉你一个闻所未闻的"谬论"。

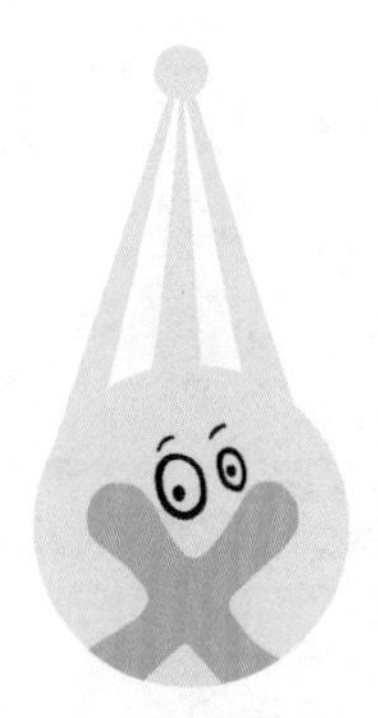

第3章

Excel超越你的想象

要玩转一个工具，首先得知道它是什么。如果要用一句话概括Excel的本质，我会说："它是管理利器。"Excel的作用可大可小，小到记录一两条数据，大到决定企业存亡。它对于管理的意义，远远超乎我们的想象。况且，Excel不仅仅是一张表格，还是一个系统。

第1节 三表概念——难道Excel也是系统

对于简单却未知的现象，我都特别有兴趣一探究竟。有一段时间我闲来无事，就瞎琢磨：为什么新建的空白工作簿默认有三张工作表，而不是一张或两张？直到有一天，我得出了一个令人兴奋的结论——Excel也是系统。于是，三表概念诞生了。但是我把它称为“谬论”，虽然推理过程和概念都很靠谱，但微软设计Excel的初衷却未必如此。凡是没有经过官方认证的，我把它们通通叫作“谬论”。

可正是这个“谬论”，一直以来指导着我的Excel工作和学习。依托三表概念，我设计出了一张又一张精彩绝伦的表格，完成了不可思议的工作。用仓央嘉措式的话来说就是：你信，或者不信它，它就在那里，有理有据；你懂，或者不懂它，它就在那里，不悲不喜；你用，或者不用它，它就在那里，随时待命……

Excel和系统哪里不一样

不少人认为，Excel只是一张表格而已，怎么能和系统比，系统可比它高级很多。但在我看来，从数据处理的角度，两者在本质上是没有区别的。系统数据有三大部分：配置参数、源数据、汇总报表。配置参数指的是后台数据，不需要经常操作；源数据则是通过系统界面录入的业务明细数据；汇总报表由系统自动生成。

对于银行的信用卡系统，客户申请信用卡时填写的资料是配置参数，每次刷卡消费的明细是源数据，月底收到的信用卡账单是汇总报表。同样，对于话费系统，客户的身份信息是配置参数，通话明细是源数据（见图3-1），话费账单是汇总报表（见图3-2）。

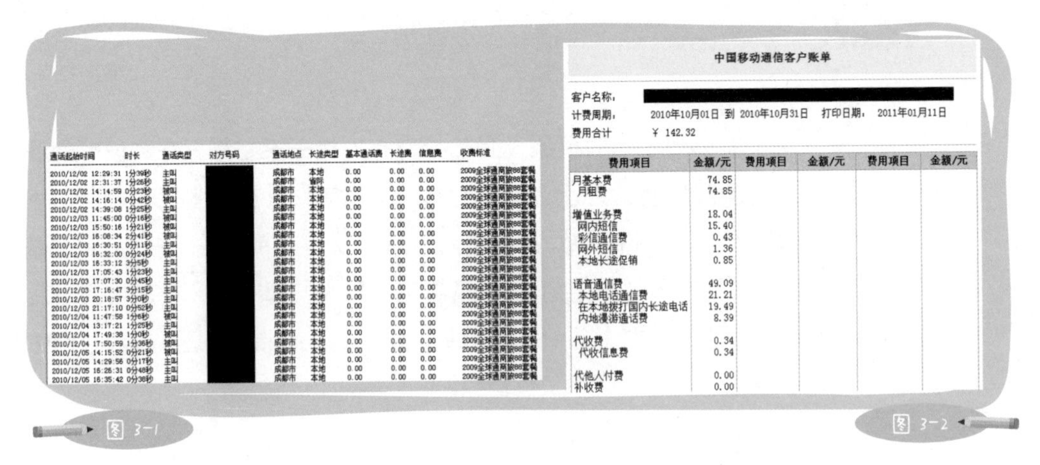

通话起始时间	时长	通话类型	对方号码	通话地点	长途类型	基本通话费	长途费	信息费	收费标准
2010/12/02 12:29:31	1分39秒	主叫		成都市	本地	0.00	0.00	0.00	2009全球通商旅88套餐
2010/12/02 12:31:37	1分26秒	主叫		成都市	省际	0.00	0.00	0.00	2009全球通商旅88套餐
2010/12/02 14:14:59	0分23秒	被叫		成都市	本地	0.00	0.00	0.00	2009全球通商旅88套餐
2010/12/02 14:16:14	0分42秒	被叫		成都市	本地	0.00	0.00	0.00	2009全球通商旅88套餐
2010/12/02 14:39:08	1分25秒	主叫		成都市	本地	0.00	0.00	0.00	2009全球通商旅88套餐
2010/12/03 11:45:00	0分16秒	被叫		成都市	本地	0.00	0.00	0.00	2009全球通商旅88套餐
2010/12/03 15:50:16	1分21秒	被叫		成都市	本地	0.00	0.00	0.00	2009全球通商旅88套餐
2010/12/03 16:08:34	2分41秒	被叫		成都市	本地	0.00	0.00	0.00	2009全球通商旅88套餐
2010/12/03 16:30:51	0分11秒	主叫		成都市	本地	0.00	0.00	0.00	2009全球通商旅88套餐
2010/12/03 16:32:00	0分24秒	被叫		成都市	本地	0.00	0.00	0.00	2009全球通商旅88套餐
2010/12/03 16:33:12	3分5秒	主叫		成都市	本地	0.00	0.00	0.00	2009全球通商旅88套餐
2010/12/03 17:05:43	1分23秒	主叫		成都市	本地	0.00	0.00	0.00	2009全球通商旅88套餐
2010/12/03 17:07:30	0分45秒	主叫		成都市	本地	0.00	0.00	0.00	2009全球通商旅88套餐
2010/12/03 17:16:47	3分15秒	主叫		成都市	本地	0.00	0.00	0.00	2009全球通商旅88套餐
2010/12/03 20:18:57	3分0秒	主叫		成都市	本地	0.00	0.00	0.00	2009全球通商旅88套餐
2010/12/03 21:17:10	0分52秒	主叫		成都市	本地	0.00	0.00	0.00	2009全球通商旅88套餐
2010/12/04 11:47:58	1分6秒	被叫		成都市	本地	0.00	0.00	0.00	2009全球通商旅88套餐
2010/12/04 13:17:21	1分25秒	主叫		成都市	本地	0.00	0.00	0.00	2009全球通商旅88套餐
2010/12/04 17:49:38	1分0秒	被叫		成都市	本地	0.00	0.00	0.00	2009全球通商旅88套餐
2010/12/04 17:50:59	1分36秒	被叫		成都市	本地	0.00	0.00	0.00	2009全球通商旅88套餐
2010/12/05 14:15:52	0分21秒	被叫		成都市	本地	0.00	0.00	0.00	2009全球通商旅88套餐
2010/12/05 14:29:56	0分17秒	主叫		成都市	本地	0.00	0.00	0.00	2009全球通商旅88套餐
2010/12/05 16:26:31	0分48秒	主叫		成都市	本地	0.00	0.00	0.00	2009全球通商旅88套餐
2010/12/05 16:35:42	0分38秒	主叫		成都市	本地	0.00	0.00	0.00	2009全球通商旅88套餐

图3-1

中国移动通信客户账单

客户名称：

计费周期： 2010年10月01日 到 2010年10月31日 打印日期： 2011年01月11日

费用合计 ￥ 142.32

费用项目	金额/元	费用项目	金额/元	费用项目	金额/元
月基本费	74.85				
月租费	74.85				
增值业务费	18.04				
网内短信	15.40				
彩信通信费	0.43				
网外短信	1.36				
本地长途促销	0.85				
语音通信费	49.09				
本地电话通信费	21.21				
在本地拨打国内长途电话	19.49				
内地漫游通话费	8.39				
代收费	0.34				
代收信息费	0.34				
代他人付费	0.00				
补收费	0.00				

图3-2

我们在前面反复提到：做Excel就是做一张源数据表，和“变”N张分类汇总表。这从思维逻辑和操作模式上看都与系统相同，只要再加上一张参数表，Excel活脱脱就是一个系统，不是吗？这就是三表概念。

如此解读默认三张表

三表概念的定义：一个完整的工作簿只有三张工作表。

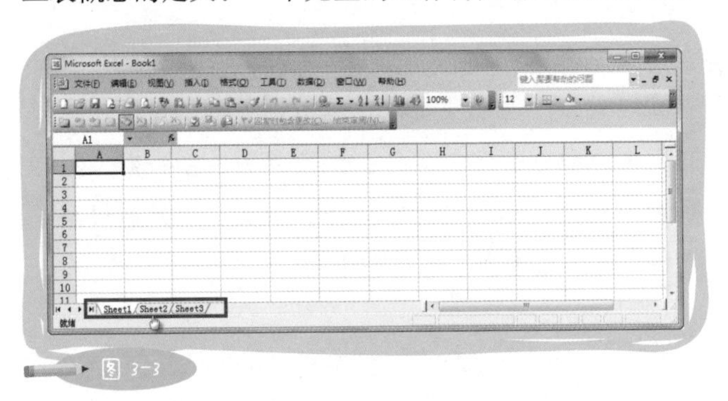

图3-3

新建的Excel空白工作簿默认有三张工作表：Sheet1、Sheet2、Sheet3。按照系统的逻辑，这三张工作表应分别是：参数表、源数据表、分类汇总表。不多不少，刚刚好。

第一张——参数表

参数表里的数据可以等同于系统的配置参数，供源数据表和分类汇总表调用，属于基础数据，通常为表示数据匹配关系或者某属性明细等不会经常变更的数据。以办公用品领用表为例，可以作为参数的是：各处室列表、办公用品种类和数量单位的匹配关系列表、月份列表（见图3-4）。

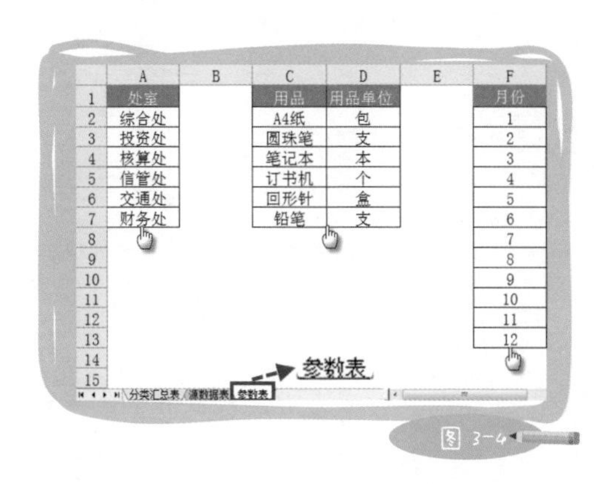

图 3-4

要知道，源数据表里的数据不是所有都需要手工填写，有的可以通过函数自动关联。如：输入领用物品为圆珠笔，Excel会自动匹配数量单位“支”并填写在指定单元格。

另外，为了限定单元格的录入内容，结合数据有效性和定义名称进行设置，即可以在源数据表里用选择的方式录入指定内容。但是想要活用参数表并真正理解它的内涵，需要很多技能知识作为辅助。这里就不再详细探讨，重要的是让大家知道参数表这个概念。

第二张——源数据表

源数据表即天下第一表，我们也可以把它称为“操作表”，它等同于系统的录入界面。系统界面能让录入时的视觉效果更直观，但在系统里录入数据和在Excel里录入数据，本质是一样的，只不过在系统里表现为输入栏（见图3-5），而在Excel里表现为单元格（见图3-6）。

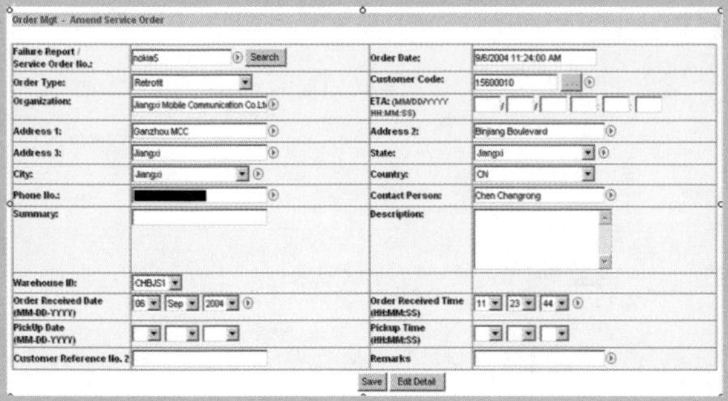

Order Mgt - Amend Service Order

Failure Report / Service Order No.:	nokia5 Search	Order Date:	9/6/2004 11:24:00 AM
Order Type:	Retrofit	Customer Code:	15600010
Organization:	Jiangxi Mobile Communication Co.Lt	ETA: (MM/DD/YYYY HH:MM:SS)	
Address 1:	Ganzhou MCC	Address 2:	Binjiang Boulevard
Address 3:	Jiangxi	State:	Jiangxi
City:	Jiangxi	Country:	CN
Phone No.:		Contact Person:	Chen Changrong
Summary:		Description:	
Warehouse ID:	CHBJS1		
Order Received Date (MM-DD-YYYY)	06 Sep 2004	Order Received Time (HH:MM:SS)	11 23 44
PickUp Date (MM-DD-YYYY)		Pickup Time (HH:MM:SS)	
Customer Reference No. 2		Remarks	

Save Edit Detail

系统录入界面

图 3-5

	A	B	C	D	E
1	日期	科室	领用用品	数量	用品单位
2	2010/3/31	综合处	回形针	5	盒
3	2010/3/31	投资处	笔记本	10	本
4	2010/3/12	核算处	A4纸	2	包
5	2010/3/14	财务处	笔记本	4	本
6	2010/3/16	信管处	订书机	2	个
7	2010/3/31	交通处	订书机	6	个
8	2010/3/31	核算处	圆珠笔	9	支
9	2010/3/31	综合处	回形针	15	盒
10	2010/3/31	交通处	铅笔	2	支
11	2010/6/5	投资处	A4纸	1	包
12	2010/6/5	交通处	A4纸	2	包
13	2010/6/5	综合处	A4纸	1	包
14	2010/6/5	投资		2	包
15	2010/6/5	信管处		4	支

分类汇总表 源数据表

源数据表

Excel录入界面

图 3-6

Excel中一切与数据录入相关的工作，都在源数据表中进行，我们的日常工作最主要的就是做好源数据表。

正确的源数据表应该满足以下条件：①一维数据；②一个标题行；③字段分类清晰；④数据属性完整；⑤数据连续；⑥无合并单元格；⑦无合计行；⑧无分隔行/列；⑨数据区域中无空白单元格；⑩单元格内容禁用短语或句子。

第三张——分类汇总表

Excel工作的最终目的，是得到分类汇总结果，所以第三张表应该是分类汇总表（见图3-7）。在企业系统中，操作员只需要进行简单的设置，就可以自动获得汇总报表。同理，Excel中的分类汇总表也可以自动获得，只要通过函数关联或“变”表工具就能得到。当然，一份源数据表“变”出来的远远不只一张汇总表，所以，三表概念中的第三张表是一个广泛的概念，代指所有“变”出来的分类汇总表。

	A	B	C	D	E	F	G	H
1	办公用品领用统计表							
2	3月	综合处	信管处	交通处	财务处	投资处	核算处	合计
3	A4纸						2	2
4	圆珠笔						9	9
5	笔记本				4	10		14
6	订书机		2	6				8
7	回形针	20						20
8	铅笔			2				2
9	合计	20	2	8	4	10	11	
10								
11	分类汇总表							

图 3-7

说到“变”，我想起一位名人。曾经有一个粉红色的大家伙陪伴过我的童年，只要他和家人一起出动，就一定会念一个绕口令：这就是巴巴爸爸、巴巴妈妈、巴巴祖、巴巴拉拉、巴巴利波、巴巴伯、巴巴贝尔、巴巴布莱特、巴巴布拉伯！对了，他就是——巴巴爸爸！

变身前的巴巴爸爸只是一团大棉花，犹如让我们“读”不懂的Excel源数据表；变身后的他，可以拥有千奇百怪的形态，也因此传递出更具体的信息，这和分类汇总表有异曲同工之妙。你万万没想到可爱的巴巴爸爸和严谨的Excel还能扯上这样的关系吧？

案例——Min-Max 分析表

和大家分享一个三表概念的经典案例。这是我在DHL工作时做得最出色的一件事，后来在西南财经大学MBA的讲堂上，我把它分享给学员，也获得了阵阵掌声。

2005年在北京的时候，我服务于DHL公司。当时，我们项目组为某知名打印机公司提供打印机备件的库房外包服务，我的具体工作是安排备件发货、库存盘点、备件入库，并保证库房货物的安全以及账目的准确。由于管理的是备件，因此产品的种类多而杂，小到一颗螺丝，大到一台机器，全国加起来有上千种备件。

>>> 强大的系统

在DHL内部，有一套号称全球最牛的备件管理系统ELOG。为了这个项目的运作，新加坡的培训师专程到北京培训我一个人。培训期间她被我用四川泡菜彻底征服，成了我的铁哥们儿，这是后话。ELOG非常强大，备件入库、发货订单制作、发货确认、库存盘点、库存调账、货位转移等几乎所有实际发生的动作，只需要在系统里遵循规定的操作步骤就能完成。按理说，拥有如此强大的系统，我的工作就不再需要Excel了，但当有一天面对客户的一项新要求时，我首先想到的却是Excel。

>>> “变态”的要求

事情的起因是这样的：由于备件库存关系着该品牌维修点的服务品质和公司现金流，备件一旦缺货，维修周期就会变长，这样一来，前来维修的客人对品牌满意度就会下降；而如果备件过多，又会造成资金积压和备件长时间存放的固定损耗。所以出于精细化管理的目的，客户要求我们增加一项服务：每日提供全国所有库房、所有备件的即时在库数量以及行动建议。

“表”哥、“表”姐一看就明白，如果没有系统的支持，要提供这么大数据量的分析报表，并且每日都要提供，不掌握方法就意味着要为这项工作专门安排一个人，并且，这个专人还未必能圆满完成任务。

而所谓行动建议，其实就是预警。为此，客户会提供一份基础资料，注明各备件的属性及合理在库数，一旦实际库存数超出或者不足，我们就要预警，建议客户哪些备件需要处理，哪些需要补货，具体数量各是多少。此外，我们还必须提供更个性化的服务，如按照客户要求将R0001和0001型号归为一类，而R0002和0002则分开统计。

客户的这些要求，用ELOG也能实现，但是二次开发费用不菲，而且为了一个项目去修改全球通用的系统，也非常不现实。最后我只能自己想办法。

>>>“神奇”的设计

庞大的数据，交织的线索，还要达成复杂的目的，应该从哪里下手呢？幸好我当时已经参透了三表概念，所以思路很清晰：首先，明确做这件事只需要三张工作表；其次，确定数据身份，据此判定它们分别属于哪张工作表；然后，设计分类汇总表样式；最后，设置数据关联，根据参数和源数据自动获得分类汇总结果。

确定数据身份比较容易。A表中的数据是备件属性，不会经常变更，所以是参数，放入参数表。B表中的三列数据是ELOG导出的库存明细，该数据每天都在变化，又是一维数据格式，是标准的源数据，放入源数据表。

两张表都有了，现在要设计分类汇总表。分解客户的要求：首先，汇总表应该按库房和备件种类对在库数进行汇总，是一张二维汇总表；同时，全国各库房同一备件的总数，要与该备件属性中的最大、最小库存数做对比；最后，对比结果和数值要显示为醒目的单元格格式，以达到预警效果。基于此，我设计出了C表的样式。

	A	B	C	D	E
1	* ProductCode	ProductVersion	MinStock	MaxStock	* WhseID
2	56P1962	X215	30	36	LMCHBJS001
3	56P2416	X215	35	45	LMCHBJS001
4	56P1983	X215	30	35	LMCHBJS001
5	56P1902	X215	20	25	LMCHBJS001
6	56P1940	X215	18	25	LMCHBJS001
7	56P1973	X215	5	15	LMCHBJS001
8	56P1905	X215	15	25	LMCHBJS001
9	56P2417	X215	15	30	LMCHBJS001
10	56P1980	X215	10	20	LMCHBJS001
11	56P1988	X215	5	10	LMCHBJS001
12	56P1911	X215	5	10	LMCHBJS001
13	56P1941	X215	3	5	LMCHBJS001
14	56P1901	X215	3	5	LMCHBJS001
15	56P1933	X215	3	5	LMCHBJS001

Inventory Analysis / Inventory / Database Lexmark

参数表（A表）

图 3-8

	A	B	C
1	Original Inventory	Qty	Warehouse
2	56P1962	50	成都
3	56P3087	4	成都
4	12G0077	2	成都
5	17L0301	0	成都
6	56P1983	0	成都
7	56P1962	3	成都
8	56P0800	7	成都
9	40X1280	3	成都
10	40X1281	3	成都
11	56P1309	10	成都
12	99A2029	1	成都
13	40X1297	1	成都
14	40X1284	1	成都
15	40X1279	1	成都

Inventory Analysis / Inventory / Database Lexmark

源数据表（B表）

图 3-9

一切准备就绪，一个神奇的效果显现了：复制、粘贴从系统导出的三列数据，就能自动得到一份完整的分析报告。客户要求的每日提供、全国库存、分析建议，一个员工只需花一分钟，不用掌握任何技能，就能准确无误地完成。

	A	B	C	D	F	G	H	I	J	K	L	M	N	O
1	P/N	Min	Max	北京	广州	成都	武汉	哈尔滨	Total	Min	Max	缺货	待出货	类别
2	56P1962	30	36	-	-	-	-	-	0	0.00%	-	-30	-	X215
3	56P2416	35	45	-	-	-	-	-	0	0.00%	-	-35	-	X215
4	56P1983	30	35	-	-	-	-	-	0	0.00%	-	-30	-	X215
5	56P1902	20	25	-	-	-	-	-	0	0.00%	-	-20	-	X215
6	56P1940	18	25	-	-	-	-	-	0	0.00%	-	-18	-	X215
7	56P1973	5	15	-	-	-	-	-	0	0.00%	-	-5	-	X215
8	56P1905	15	25						0	0.00%		-15		X215
9	56P2417	15	30	-	-	-	-	-	0	0.00%	-	-15	-	X215
10	56P1980	10	20	-	-	-	-	-	0	0.00%	-	-10	-	X215
11	56P1988	5	10	-	-	-	-	-	0	0.00%	-	-5	-	X215
12	56P1911	5	10	-	-	-	-	-	0	0.00%	-	-5	-	X215
13	56P1941	3	5	-	-	-	-	-	0	0.00%	-	-3	-	X215
14	56P1901	3	5	-	-	-	-	-	0	0.00%	-	-3	-	X215
15	56P1933	3	5	-	-	-	-	-	0	0.00%	-	-3	-	X215

Inventory Analysis / Inventory / Database Lexmark

分类汇总表（C表）

图 3-10

>>> 数据关联的思路

另外，我把数据关联的主要思路，分享给有函数基础并对此感兴趣的朋友。

①C表B:C列——用A列数据（备件型号）到A表进行匹配，返回对应的Min、Max值；（函数：Vlookup）

②C表D:I列——用A列数据（备件型号）分别与D:I标题数据（库房名称）组合，再与B表A、C列的组合匹配，返回对应的求和值；（函数：Sumif）

③C表J列——返回D:I列的求和值（库存总数）；（函数：Sum）

④C表K:N列——判断J列值（库存总数）是否小于B列Min值或大于C列Max值，计算缺货或待出货数量；（函数：If）

⑤C表O列——用A列数据（备件型号）到A表进行匹配，返回对应的备件类别；（函数：Vlookup）

⑥C表自动填充数值的单元格，都会根据数值的变化，智能显示设定的填充色和字体颜色，以此提醒读表者关注重点数据。（技能：条件格式）

>>> 只需1分钟

有了这份Min-Max表，生成客户需要的报告只需1分钟：

①下载系统数据（50秒）；

②复制数据，粘贴到源数据表（10秒）；

③汇总表自动获得（0秒）。

	A	B	C
1	Original Inventory	Qty	Warehouse
2	56P1962	50	成都
3	56P3087	4	成都
4	12G0077	2	成都
5	17L0301	0	成都
6	56P1983	0	成都
7	56P1962	3	成都
8	56P0800	7	成都
9	40X1280	3	成都
10	40X1281	3	成都
11	56P1309	10	成都
12	99A2029	1	成都
13	40X1297	1	成都
14	40X1284	1	成都
15	40X1279	1	成都

Inventory Analysis | Inventory | Database Lexmark

图 3-11

	A	B	C	D	E	F	G	H	I	J	K	L	M	N	O
1	P/N	Min	Max	北京	上海	广州	成都	武汉	哈尔滨	Total	Min	Max	缺货	待出货	类别
2	56P1962	30	36	1	-	-	53	-	-	54	-	150.00%	-	18	X215
3	56P2416	35	45	2	-	-	-	-	-	2	5.71%	-	-33	-	X215
4	56P1883	30	35	3	-	-	-	4	-	7	23.33%	-	-23	-	X215
5	56P1902	20	25	4	-	-	-	3	-	7	35.00%	-	-13	-	X215
6	56P1940	18	25	5	-	-	-	5	-	10	55.56%	-	-8	-	X215
7	56P1973	5	15	6	-	-	-	8	-	14	-	-	-	-	X215
8	56P1905	15	25	3	-	1	-	1	5	10	66.67%	-	-5	-	X215
9	56P2417	15	30	5	-	3	2	-	2	12	80.00%	-	-3	-	X215
10	56P1980	10	20	-	-	5	-	-	4	9	90.00%	-	-1	-	X215
11	56P1988	5	10	6	-	2	-	-	1	9	-	-	-	-	X215
12	56P1911	5	10	11	-	1	-	-	1	13	-	130.00%	-	3	X215
13	56P1941	3	5	9	-	1	-	-	-	10	-	200.00%	-	5	X215
14	56P1901	3	5	10	-	2	-	-	-	12	-	240.00%	-	7	X215
15	56P1933	3	5	-	-	6	-	-	-	6	-	120.00%	-	1	X215

Inventory Analysis | Inventory | Database Lexmark

图 3-12

>>> 造福“后来人”

Min-Max分析表模型对于该项目意义非凡。首先，在零成本的情况下（我很便宜），为客户提供了个性化的增值服务，既为公司省了钱，又提高了客户满意度；其次，建立了工作标准，最大限度地杜绝了人为因素造成的数据统计错误；最后，把一件不可能一日完成的任务，变为一键完成。

不仅如此，这份表格对企业管理也产生了深远的影响。企业最担心核心岗位员工辞职后的知识流失，虽然外企规定了严谨的交接程序，但也无法避免员工辞职对工作带来的影响。如果没有智能的Min-Max分析表模型，要为客户提供数据量如此庞大的分析表，接班人是很难立即上手的，甚至会完全摸不着头脑。这对公司和客户都是很痛苦的事情，因为在交接阶段，由于工作效率和品质都无法得到保证，很容易给客户留下不好的印象，从而影响双方好不容易建立起来的良好合作关系。

如果将工作智能化、规范化，并撰写成文（包括流程文档、流程图以及标准文档），就有了执行标准和参考依据，工作受员工个人素质影响的程度也会大大下降。所以在我离开DHL以后，这份Min-Max表依然服务于这个项目。更有趣的是，人力资源部为该项目招聘新人的时候，只需要问：“你会复制、粘贴吗？”

职场感悟——用美食叩开人际交往的大门

混迹职场，人际交往能力尤为重要。可有时候我们不善言辞，不胜酒力，不会唱卡拉OK，也没有特殊的才艺，要怎样才能给别人留下好印象呢？

民以食为天，没有人会拒绝美食。无论我们有没有特殊才能，各地都一定有特产，家里也总有几个拿手好菜。无论到外地出差，还是回家休假，返回公司的时候给同事带点儿特产，量不在多，心意到了就行；中午在公司用餐时，也可以分享自家秘制的腐乳、咸菜。俗话说：拿人手短，吃人嘴软。小小美食，三两下就能搞定你的同事。

我就是用四川泡菜，把ELOG的新加坡培训师涛涛，成功变成了一个铁哥们儿。而且我相信，在以前同事的印象中，我和牛肉干、豆腐干、泡菜、香肠、米花糖一定是画等号的。

如果你觉得在工作场合大张旗鼓地派发食物不合适，也可以借鉴一家外企的经验。这家外企的办公室里有一片区域称为pantry（食品储藏室），里面放着小饼干、牛奶、饮料、咖啡等，这样员工早上可以吃些点心，下午工作累了还能喝个咖啡。这家公司的员工出差回来，几乎都会给同事带特产，但由于办公室人比较多，上班时间不方便打扰别人，尤其是在单间的老板们，于是，他们就把特产交给行政人员。行政人员会在特产的包装上写：Thanks for ×××，然后放到储藏室显眼的位置。这样大家看到了可以自己取用，也知道这份心意来自谁。

条件格式

密密麻麻的数据，会让人眼花缭乱，一不小心两只眼睛对上了，可得不偿失。面对格式千篇一律的数据，我们往往不知道从哪儿看起，也不知道要找的数据在哪里。你可以试着找出图3-13中成绩小于60分的单元格。

是不是感到头晕了呢？运用条件格式，可以解决这个问题。条件格式是指，当满足某种或某几种条件时，让单元格显示为设定的格式。条件可以是公式、文本、数值。数值是使用得比较广泛也容易理解的，咱们就来学它。

任务：将数值小于60的单元格填充为红色底纹。

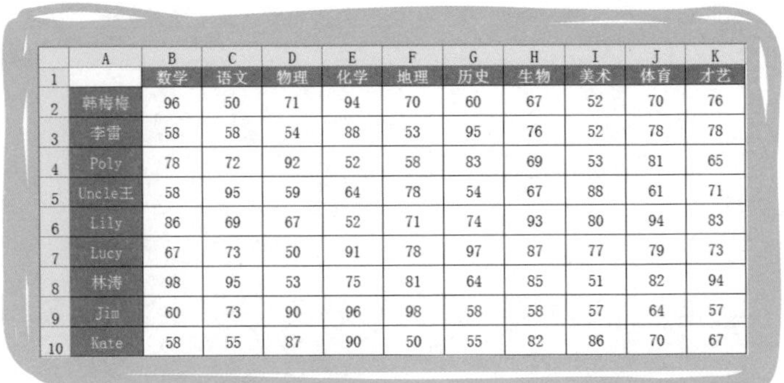

	A	B	C	D	E	F	G	H	I	J	K
1		数学	语文	物理	化学	地理	历史	生物	美术	体育	才艺
2	韩梅梅	96	50	71	94	70	60	67	52	70	76
3	李雷	58	58	54	88	53	95	76	52	78	78
4	Poly	78	72	92	52	58	83	69	53	81	65
5	Uncle王	58	95	59	64	78	54	67	88	61	71
6	Lily	86	69	67	52	71	74	93	80	94	83
7	Lucy	67	73	50	91	78	97	87	77	79	73
8	林涛	98	95	53	75	81	64	85	51	82	94
9	Jim	60	73	90	96	98	58	58	57	64	57
10	Kate	58	55	87	90	50	55	82	86	70	67

图 3-13

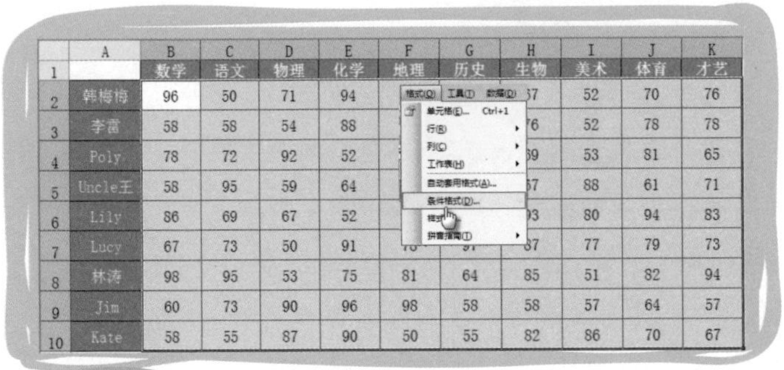

	A	B	C	D	E	F	G	H	I	J	K
1		数学	语文	物理	化学	地理	历史	生物	美术	体育	才艺
2	韩梅梅	96	50	71	94				52	70	76
3	李雷	58	58	54	88				52	78	78
4	Poly	78	72	92	52				53	81	65
5	Uncle王	58	95	59	64				88	61	71
6	Lily	86	69	67	52				80	94	83
7	Lucy	67	73	50	91				77	79	73
8	林涛	98	95	53	75	81	64	85	51	82	94
9	Jim	60	73	90	96	98	58	58	57	64	57
10	Kate	58	55	87	90	50	55	82	86	70	67

图 3-14

第一步：选中数据，调用“格式”菜单里的“条件格式”命令。

第二步：设置条件为单元格数值小于60。

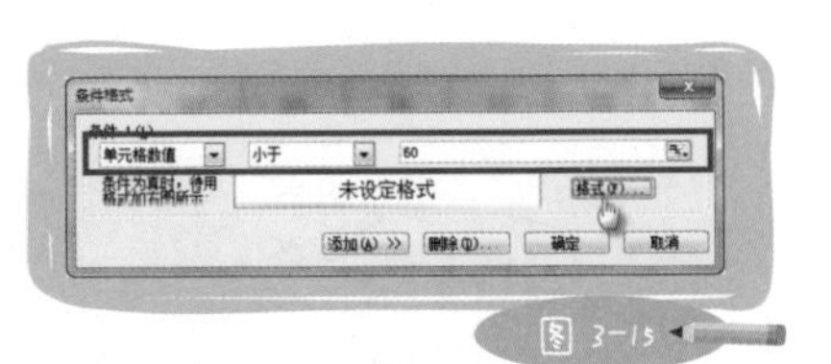

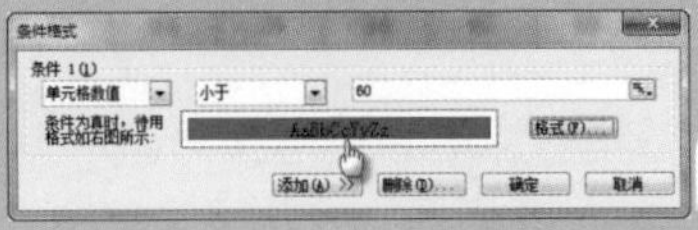

图 3-15

第三步：设置格式为红色单元格底纹，点“确定”。

图 3-16a

图 3-16b

完成后，符合条件的单元格，就会自动套用设定的格式。

	A	B	C	D	E	F	G	H	I	J	K
1		数学	语文	物理	化学	地理	历史	生物	美术	体育	才艺
2	韩梅梅	96	50	71	94	70	60	67	52	70	76
3	李雷	58	58	54	88	53	95	76	52	78	78
4	Poly	78	72	92	52	58	83	69	53	81	65
5	Uncle王	58	95	59	64	78	54	67	88	61	71
6	Lily	86	69	67	52	71	74	93	80	94	83
7	Lucy	67	73	50	91	78	97	87	77	79	73
8	林涛	98	95	53	75	81	64	85	51	82	94
9	Jim	60	73	90	96	98	58	58	57	64	57
10	Kate	58	55	87	90	50	55	82	86	70	67

图 3-17

运用条件格式，要注意两点：

1.条件格式是一种格式，不是用Ctrl+C，而是用格式刷进行复制；

2.条件格式的优先级大于普通格式，当满足条件时，设定的格式将覆盖单元格中原有的普通格式。

案例——采购情况表

为了加深对三表概念的印象，我们再看一个简单一点的例子。有一家电器大卖场，每个月要从各地供应商处进货，采购部需要详细记录进货明细，并定期进行分析。根据数据所拥有的属性，可以分析的角度很多，比如：按进货周期分析从各地进货的数量，按供应商级别分析同类家电进货数量的比例，按进货周期分析不同类家电的平均进货单价。我们先假设采购部只做最简单的进货总量分析，来看看这张采购情况表应该如何设计。

根据三表概念，依然是四个步骤：首先，明确做这件事只需要三张工作表；其次，确定数据身份，据此判定它们分别属于哪张工作表；然后，设计分类汇总表样式；最后，设置数据关联，根据参数和源数据自动获得分类汇总结果。

确定数据身份，采购部资料库里有所有供应商及所供应商品的详细信息，这些信息一般不会轻易变更，所以应该作为参数。这里有一个非常重要的细节，在管理规范上需要注意。在企业管理中，描述一个产品最好用代码而非文字。“无缝钢管A型优质”这样的文字描述，可以转化为代码WFGG-A-A：WFGG代表无缝钢管，A代表A型，另一个A代表优质。

对于生产企业，这样的代码一般被称为物料号，是物料的唯一识别码；对于电子产品，它叫S/N，即序列号，也是唯一的；对于我们，它就是身份证号或者护照号。为了准确匹配数据，在设计采购情况表之前，要先设定代码。我将BH定义为小家电，BG定义为白色家电，不同的数字区间定义为不同的产品。于是，每一个供应商的每一种产品在表格中都有了自己的“身份证号码”。

	A	B	C	D	E	F	G	H
1	物料号	供应商名称	供应商级别	地区	账期（天）	产品名称	产品大类	单价
2	BH-350	吴堡贸易	1	成都	60	照相机	小家电	3000.00
3	BH-200	魄力科技	2	上海	60	手机	小家电	1280.00
4	BH-010	翌科技	2	重庆	60	电饭煲	小家电	300.00
5	BG-200	好家庭家电	1	重庆	60	洗衣机	白色家电	2000.00
6	BH-001	龙之心贸易	1	成都	60	吹风机	小家电	100.00
7	BH-250	东方红电器	1	重庆	60	剃须刀	小家电	150.00
8	BH-150	唤醒科技	2	上海	60	收音机	小家电	100.00
9	BH-201	箫声贸易	1	上海	60	手机	小家电	1200.00
10	BG-050	魅力手机	2	重庆	60	冰箱	白色家电	4000.00

分类汇总表 参数表

参数表（A表）

图 3-18

源数据表中的数据，来源于每一次的采购动作，字段和记录顺序应该为：采购日期、采购商品、采购数量。由于之前设定了唯一的商品代码，源数据表中的其他明细数据，可以由代码自动匹配得到。

	A	B	C	D	E	F	G	H	I	J	K
1	日期	物料号	数量	经销商名称	经销商级别	地区	账期（天）	产品名称	产品大类	单价	总金额
2	2011/1/14	BH-010	10								
3											
4											
5											

分类汇总表 源数据表 参数表

源数据表（B表）

图 3-19a

	A	B	C	D	E	F	G	H	I	J	K
1	日期	物料号	数量	经销商名称	经销商级别	地区	账期（天）	产品名称	产品大类	单价	总金额
2	2011/1/14	BH-010	10	翌科技	2	重庆	60	电饭煲	小家电	300	3000
3											
4											
5											

源数据表（B表）

图 3-19b

最后，设计分类汇总表样式，这里采用的是最简单的进货总量统计表样式。

依然只用三张表，就完成了对采购情况表的设计。由于遵循参数表与源数据表数据匹配的概念，顺理成章地引出了为商品设定代码的动作。而这个看似不起眼的进步，却标志着企业向规范化管理迈进了一大步。

	A	B
1	冰柜	200
2	冰箱	300
3	吹风机	600
4	电饭煲	800
5	豆浆机	200
6	烤箱	400
7	空调	1000
8	收音机	2000
9	手机	5000
10	剃须刀	300
11	吸尘器	500
12	洗衣机	900
13	照相机	800
14	总计	13000
15		

分类汇总表（C表）

图 3-20

三表概念无疑是“荒谬”的，因为没有经过官方认证，但它又是极其靠谱的。事实证明，三表概念勾画出了Excel的精髓，点破了Excel也是系统的“秘密”，并且为我们的Excel工作提供了重要的思维模式。你信它，它就在。三表概念的下一个神奇，由你来创造。

小技巧

“天算”不如人算

写有公式的单元格过多时，一个数据的变化就会导致整个工作表重算。遇到配置稍差的电脑，每做一个动作，都需要跑三趟厕所后Excel才能响应，极大地影响工作连贯性。耐心差点的人，血压都容易因此而升高。那么，与其让“天算”，不如人来算。

Excel的计算方式被默认为自动重算，但通过设置可以变为手动重算（见图3-21）。启用手动重算后，任何单元格的数据变化都不会触发公式的计算。工作表计算量过大时，我们可以把所有需要填写或者修改的单元格一次操作完毕，然后按下F9。悠闲地喝口水，站起来活动一下，再回来时，Excel已经完成了计算。

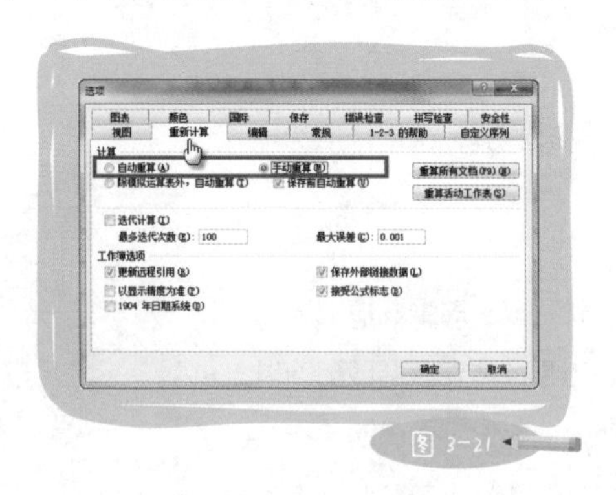

图3-21

但是需要注意，由于习惯了自动重算，偶尔使用手动重算时，可能会忘记按F9。到时候你会奇怪，为什么自己做了这么多操作，公式结果却没有变化。

第2节 左手企业系统，右手Excel

再聊聊Excel和企业系统之间的关系。

三表概念的理论基础是把Excel看作系统，那么它与企业系统关系如何？我经常和朋友或者客户探讨一个问题：有了企业系统，是否还需要Excel？有人说不需要了，工作都能在系统里完成；有人说需要，但是不重要了，用Excel处理系统无暇顾及的一些零碎数据就足够了；很少听到有人说需要，并且和系统同样重要。请注意，这里说的是同样重要。

随着管理规范化，工作标准化、流程化，企业全球化的新需求产生，现代企业必然要迈入信息化阶段。所谓“没有系统，不成方圆”，于是有了我们所熟知的ERP（企业资源计划系统）、CRM（客户关系管理系统）、WMS（库房管理系统）、OA（办公自动化系统）等企业系统。

从信息管理的角度，企业系统更多扮演的是规范前端——信息获取的角色，而在后端——对信息的个性化处理上，无论是便捷性还是灵活性，Excel都更占上风。从前面提到的，有了ELOG还用Excel解决项目问题的例子，以及财务人员Excel水平最高的事实就不难看出，Excel与企业系统是相辅相成、缺一不可的。企业系统提供规范、完整、及时的源数据，Excel则把它展现为个性化的各类汇总表。

>>>>>　>>>>>　>>>>>

汇总表之于公司，如同玉器之于中国传统文化。玉器在中国传统文化与礼俗中充当着特殊的角色，发挥着其他工艺美术品不能替代的作用。清朝乾隆年间，朝廷曾设立玉石官，负责采办和田玉。有了玉石官，玉的开采过程变得规范化、标准化、流程化、规模化。可是，新开采出来的只是璞玉，即包在石中尚未雕琢之玉，要成为玉器，还需要工匠精心的雕琢。

鼎盛的乾隆时期犹如当今的信息化时代，玉石官则犹如企业系统，因为有他，才规范了璞玉的获取途径。然而璞玉与企业信息一样，只有经过雕琢，才有生命和价值。Excel恰恰就是一台琢玉机，而我们这群与Excel较劲的“表”哥、“表”姐们，正是琢玉的工匠。没有我们，就没有精美的玉器，所以，我们的工作很伟大。

>>>>>　>>>>>　>>>>>

第3节 Excel决定企业存亡

李治说：PPT能改变个人命运。当我们在成都的“苍蝇”火锅店吃得不亦乐乎时，我告诉她一个更震撼的观点：Excel能决定企业存亡。我还清晰地记得，她回到北京后就写下一篇博客，说成都有一个家伙，比她的理论还玄。不是她不相信，是真的第一次听说，觉得很有意思。

虽然这个观点有夸张的成分，但也有很强的理论依据。信息时代有一个特色——用数据说话！无论做怎样的决策，都需要有数据支撑，大到国家统计数据，小到家庭账本，有了数据才有行动。尤其对于企业，现在几乎没人敢像十几年前一样，拍拍脑袋就做决定。现代企业拼的是数据，谁家的分析数据又快、又准、又全面，谁就能把握市场动向，先发制人，反之则被淘汰。

数据的获取途径，除了企业系统就是Excel，而后者往往能提供更个性化的经营决策数据。从某种意义上说，经过Excel深加工后的分析数据才真正有价值。所以，用不好Excel就得不到数据，也就无法决策。

既然Excel是决策信息的重要获得途径，如果信息管理对企业有重要意义，就能证明Excel对企业有重要意义。当然，这和学习Excel心法关系不大，但是能帮助我们从更高的角度，认识这个每日陪伴着我们的工具。

读字太累，让我们像小时候一样看图说话：

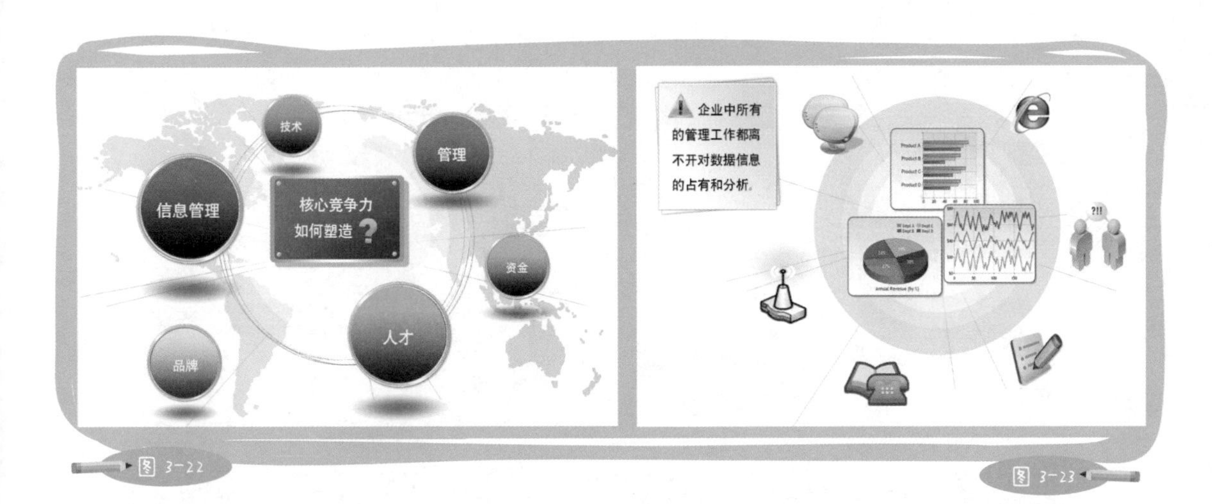

图 3-22

图 3-23

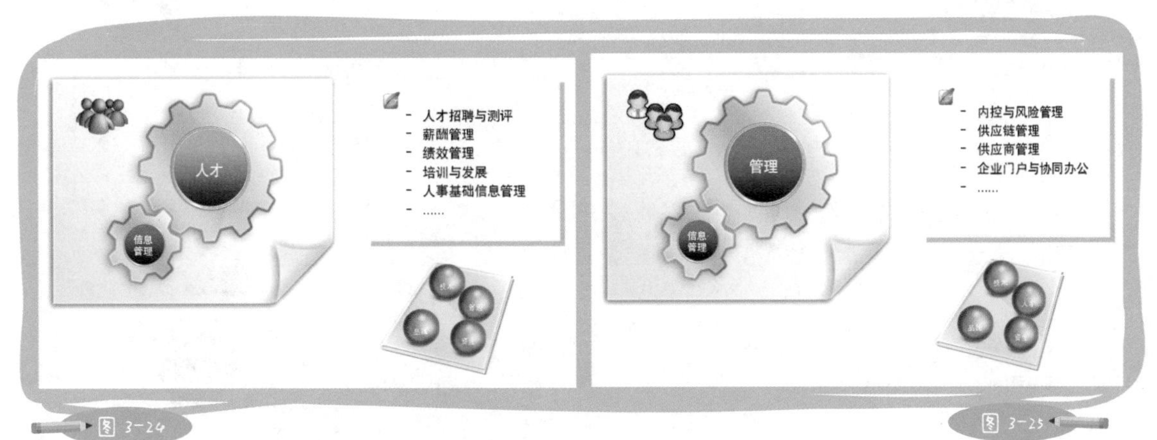

图 3-24

图 3-25

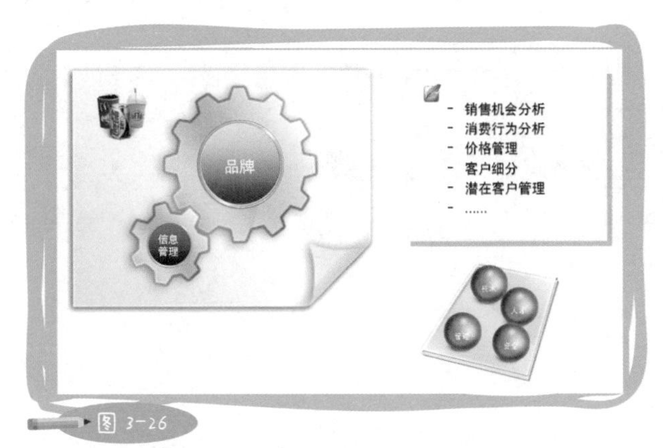

图 3-26

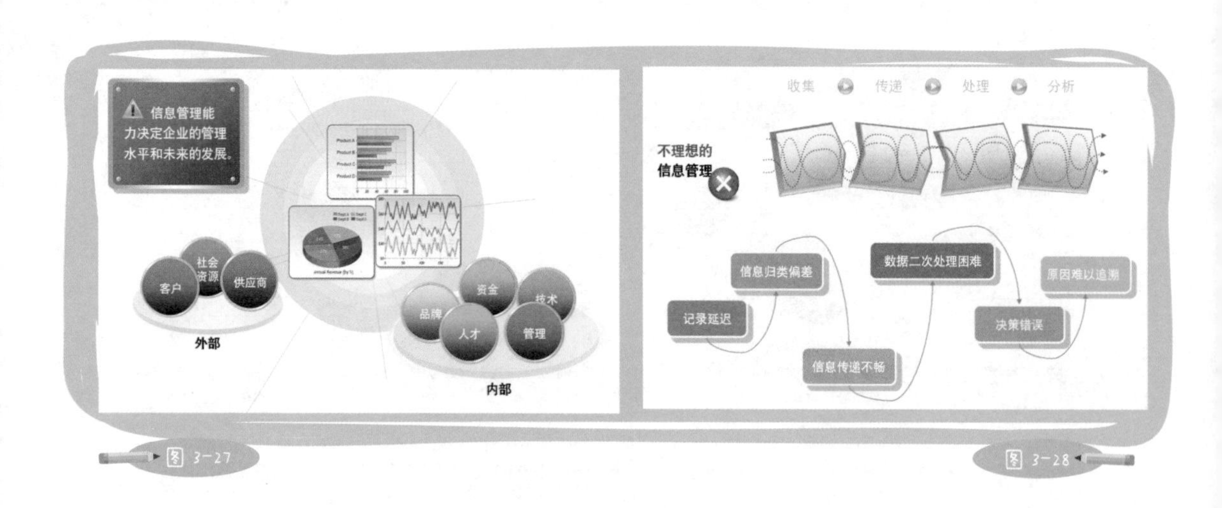

图 3-27

图 3-28

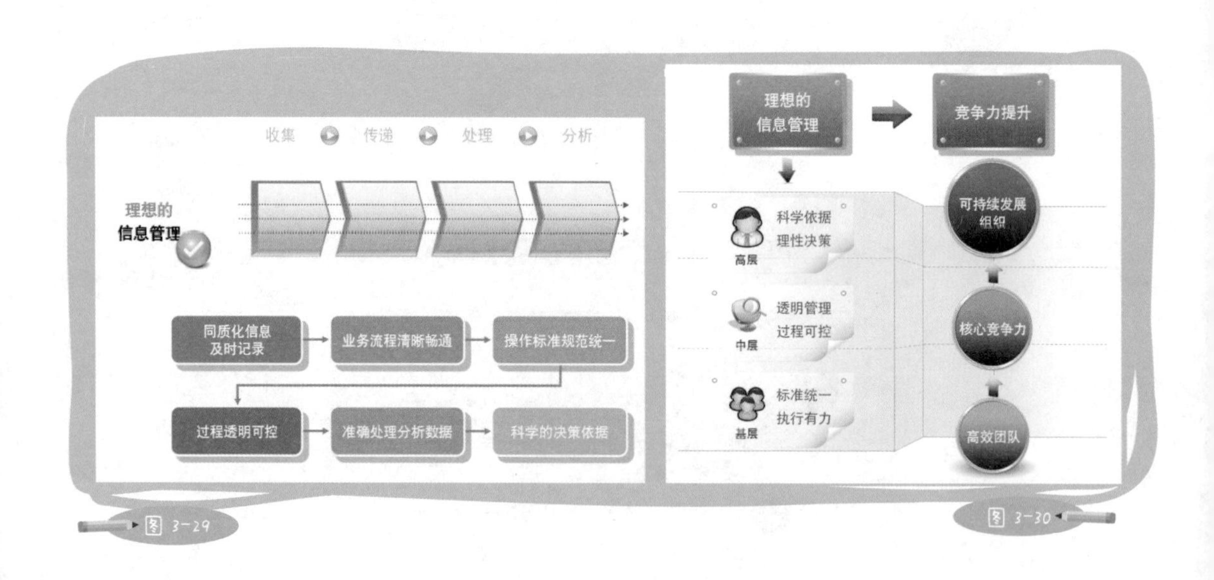

图 3-29

图 3-30

所以我常说："管理知识再多又如何？没有数据什么也干不了。"这句话在现实生活中处处被印证。

A、B两家做休闲服装的企业，在全国范围内同时上架30款春季新品。经过两周的促销，A企业在第一时间拿到了多份由Excel做出的深度分析报告，报告指明新品热卖款型、滞销款型、货物积压情况、各经销商待补货情况等。

于是，A企业立即行动起来，针对热卖款型向工厂增加订单，针对滞销款型进一步加大促销力度，货物积压的转向团购或者组合出售，需要补货的马上安排物流配送。

反观B企业，晚了整整一周才拿到同样的分析报告，数据还有不少差错。当B企业开始行动时，A企业已经完成了第一轮调整。消费者看到的是，A品牌的门店货源充足，颜色、尺码齐全，有更吸引人的促销活动；经销商感受到的是，A厂家物流配送及时，让他们有货可卖，有钱可赚。

长此以往，A品牌的优势积少成多，越来越受到市场的欢迎，而B品牌则渐渐淡出大家的视线。

敢问，B品牌输在执行力吗？当然不是，它输在没有指令可以执行。还有什么比这更无奈！这就如同一个人，如果脑子永远慢一步，手脚就不可能快过别人。可见，决策数据的及时获得，对企业来说生死攸关；一个小小的Excel，也可以影响一家企业的兴衰。

Excel的中文意思是“超越”。尽管从它诞生至今已有29年，但全球仍有无数玩家在变着花样把玩它，这本身就是一种超越。我们做任何事情，不仅要知其然，更要知其所以然。因为了解，才能融入，直到掌握。当你真正掌握了它，再接受实践的考验，你就会有自己的解读。

第4章

玩转透视表，工作的滋味甜过初恋

源数据表是Excel的灵魂，可是，如果只有灵魂，不就成鬼了？灵魂只有借助肉身，才能形成生命；有生命，才有意义。对管理来说，无论源数据表做得多好，它都是一张无法“读”的表。要读懂它，就要把它变换成各种各样的具体形态，这就是分类汇总表。这让我联想起小时候玩的一种智力拼图游戏——七巧板。

仅仅7块不同形状的板子，据说可以拼凑成多达1600多种的图案。

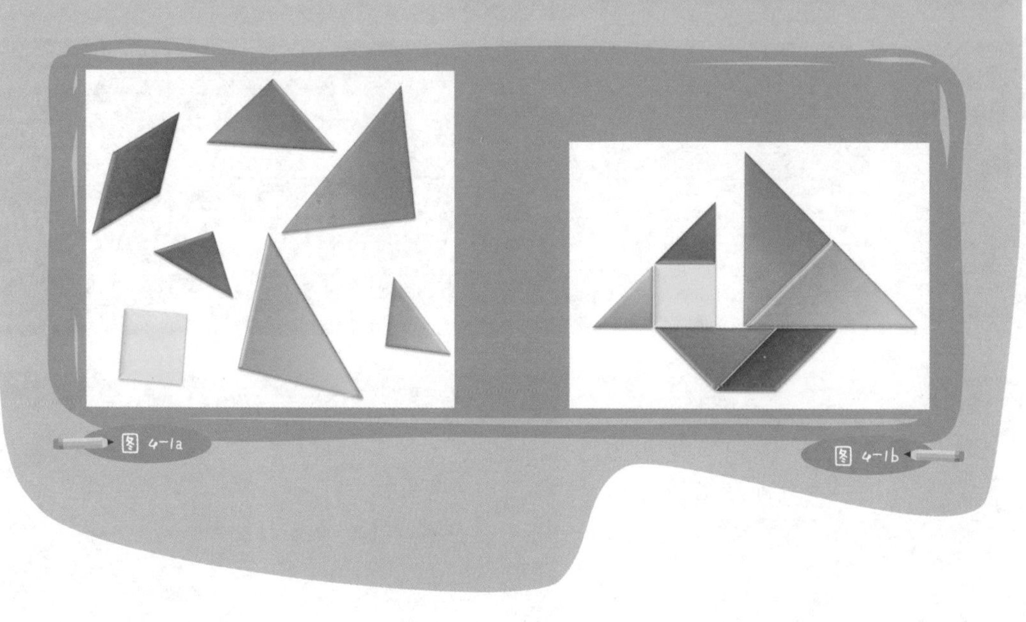

图 4-1a 图 4-1b

图 4-1c　图 4-1d

在Excel里，也有七巧板式的精彩。我们的源数据犹如散落的板子，当把不同的字段按照一定的规则组合以后，数据就会展现出各种具体形态，从而表达特定的含义。所不同的是，玩好真正的七巧板，需要有丰富的想象力和很强的动手能力，是“做”出来的。而组合源数据，只需要一拖一拽就能“变”出来。

第3章讲三表概念的时候，我是用函数做的分类汇总表，但事实上，大多数汇总表都不用“做”。

让我们告别“做”表的日子，像魔术师一样，“变”出精彩。在愉快的变化中，更加能够体会天下第一表的内涵。而这个魔术所依赖的“法宝”，就是数据透视表。

第1节 数据透视表初体验

如果要评选出最具代表性的Excel功能，我会举双手投给数据透视表。原因有二：首先，我们在前面反复提到的Excel工作目的和工作的重要意义，都与分类汇总表有关，而数据透视表正是搞定分类汇总表的专家；其次，我们一直强调简单、实用，不玩弄高深的技巧就能解决复杂的问题，数据透视表正是这么一个傻瓜工具，拖拽之间，变化万千，使用起来酣畅淋漓，欲罢不能。

你也许曾经用过数据透视表，却并未觉得好用，那是因为缺了一门心法。要记得，天下第一表的设计是心法，数据透视表的运用是招式，要成为“武林高手”，两者缺一不可。

数据透视表在哪里

在Excel 2003版本里，数据透视表的全称是“数据透视表和数据透视图”，它乖乖地待在“数据”菜单里听候差遣（见图4–2）；在2007版本里，“数据透视表”与“数据透视图”在第一级选项中就被区分开来，但是我们在“插入”选项卡中看到的功能名称，仍然为使用频率更高的“数据透视表”（见图4–3）。

>>>>> >>>>> >>>>>

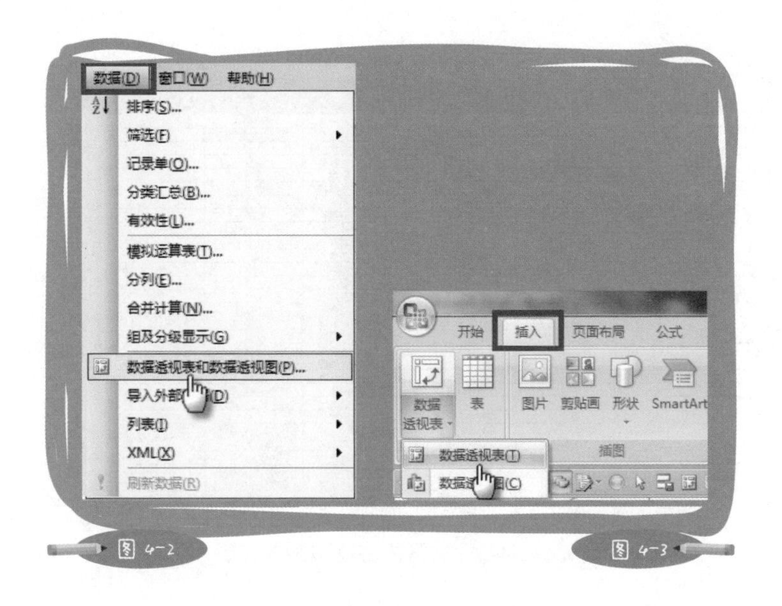

图 4-2　　图 4-3

数据透视表能做什么

数据透视表，顾名思义，就是把数据看透了，用成都话讲就是“把你看白了”。通常，当我们掌握着别人的家门钥匙、银行卡密码、初恋情书时，就可以对他说：我把你看透了。这等于告诉对方，你已经没有什么好隐瞒的，你所有的一切我都知道了。数据透视表的作用，就是帮助我们看透数据背后的意义，洞悉管理的真相。

官方对此的解释简单到位：使用数据透视表可轻松排列和汇总复杂数据，并可进一步查看详细情况。再换个角度讲，它是自动生成分类汇总表的工具，可以根据源数据表的数据内容及分类，按任意角度、任意多层级、不同的汇总方式，得到不同的汇总结果。

例如：有一份源数据表（见图4-4），记录了全国各省、各市、各乡镇所有企业的行业类型、年末从业人员数、营业状态等信息。

	A	B	C	D	E	F	G	H	I
1	所在省份（自治区/直辖市）	所在地（市/州/盟）	所在地区（乡/镇）	企业成立时间	行业	登记注册类型	执行会计制度类别	机构类型	年末从业人员数
2	四川省	内江市	威远县	2001/8/22	住宿业	国有	行政单位会计制度	社会团体	196
3	贵州省	遵义市	仁怀市	2003/10/30	铁路运输业	集体	行政单位会计制度	民办非企业单位	282
4	贵州省	遵义市	桐梓县	2008/10/3	食品制造业	集体	企业会计制度	企业	662
5	贵州省	六盘水市	钟山区	2000/1/3	食品加工业	股份合作	事业单位会计制度	企业	444
6	四川省	成都市	新都	2000/1/26	餐饮业	股份合作	企业会计制度	企业	6
7	四川省	南充市	营山县	1987/12/6	批发业	中外合资经营	行政单位会计制度	社会团体	279
8	四川省	自贡市	大安区	2009/5/2	零售业	集体	企业会计制度	企业	437
9	贵州省	遵义市	遵义县	2000/1/5	食品制造业	集体	企业会计制度	机关	85
10	云南省	昆明市	盘龙区	1994/12/23	餐饮业	中外合资经营	行政单位会计制度	民办非企业单位	527
11	云南省	昆明市	盘龙区	1993/12/21	房地产开发业	国有	企业会计制度	企业	253
12	四川省	德阳市	中江县	1991/10/4	土木工程建筑业	集体联营	企业会计制度	机关	143
13	四川省	南充市	西充县	2006/12/29	土木工程建筑业	国有	企业会计制度	企业	186
14	四川省	内江市	威远县	2003/6/1	造纸及纸制品业	中外合资经营	企业会计制度	企业	54
15	四川省	绵阳市	涪城区	2003/1/21	住宿业	股份合作	企业会计制度	企业	785
16	四川省	绵阳市	三台县	1994/1/28	餐饮业	股份合作	企业会计制度	社会团体	283
17	四川省	内江市	威远县	1998/2/15	物业管理业	集体	行政单位会计制度	社会团体	125
18	贵州省	遵义市	桐梓县	2007/6/7	食品制造业	国有	行政单位会计制度	企业	21
19	四川省	自贡市	自流井	1992/1/16	食品制造业	集体	事业单位会计制度	企业	97
20	四川省	广元市	青川县	2007/7/23	铁路运输业	中外合资经营	行政单位会计制度	社会团体	493
21	云南省	玉溪市	江川县	2001/1/23	公路运输业	国有	行政单位会计制度	企业	233
22	云南省	玉溪市	江川县	2004/1/28	零售业	集体联营	企业会计制度	民办非企业单位	548
23	贵州省	贵阳市	白云区	1993/1/25	批发业	国有	企业会计制度	民办非企业单位	570
24	四川省	遂宁市	船山区	2004/2/3	零售业	中外合资经营	企业会计制度	企业	59
25	四川省	自贡市	自流井	1989/6/21	房地产开发业	中外合资经营	行政单位会计制度	民办非企业单位	92
26	贵州省	贵阳市	乌当区	1999/6/17	汽车制造业	私营独资	企业会计制度	事业单位	367
27	四川省	绵阳市	三台县	1998/9/1	造纸及纸制品业	股份合作	企业会计制度	民办非企业单位	502
28	云南省	曲靖市	罗平县	1992/8/13	房地产开发业	股份合作	行政单位会计制度	民办非企业单位	353
29	贵州省	贵阳市	白云区	1987/10/22	批发业	国有	事业单位会计制度	民办非企业单位	346
30	四川省	遂宁市	船山区	2002/8/15	食品制造业	中外合资经营	企业会计制度	社会团体	56
31	贵州省	遵义市	仁怀市	2002/12/5	铁路运输业	集体	行政单位会计制度	民办非企业单位	315

企业信息明细

源数据表

图 4-4

源数据表数据量庞大，单行数据的属性也非常多，如果要“做”分类汇总表，想想都累得慌。可是通过数据透视表，仅仅一分钟，就能得到各省年末从业人员汇总表（见图4-5）、各省/市年末从业人员汇总表（见图4-6），以及各省/市/乡镇年末从业人员汇总表（见图4-7）三份汇总表。

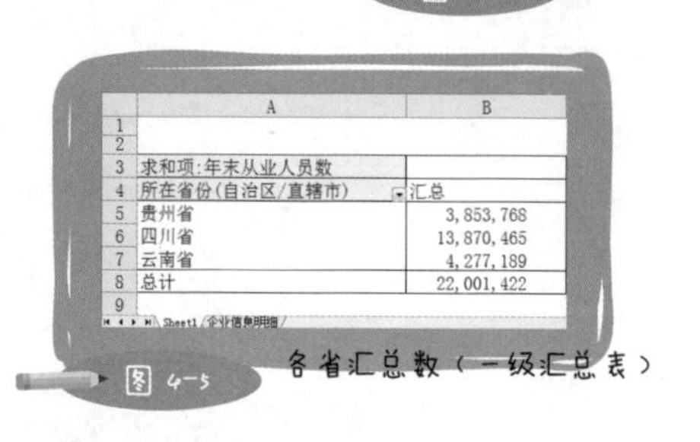

	A	B
1		
2		
3	求和项:年末从业人员数	
4	所在省份(自治区/直辖市)	汇总
5	贵州省	3,853,768
6	四川省	13,870,465
7	云南省	4,277,189
8	总计	22,001,422
9		

Sheet1 企业信息明细

图 4-5 各省汇总数（一级汇总表）

	A	B	C
1			
2			
3	求和项:年末从业人员数		
4	所在省份(自治区/直辖市)	所在地(市/州/盟)	汇总
5	贵州省	贵阳市	1,936,045
6		六盘水市	702,053
7		遵义市	1,215,670
8	四川省	成都市	3,574,257
9		德阳市	1,256,965
10		广元市	706,427
11		乐山市	810,415
12		泸州市	1,139,520
13		绵阳市	1,408,427
14		南充市	725,262
15		内江市	710,866
16		攀枝花市	973,471
17		遂宁市	600,292
18		宜宾市	794,756
19		自贡市	1,169,807
20	云南省	昆明市	1,501,843
21		曲靖市	1,540,828
22		玉溪市	1,234,518
23	总计		22,001,422

Sheet1 企业信息明细

图 4-6 各省/市汇总数（二级汇总表）

	A	B	C	D
1				
2				
3	求和项:年末从业人员数			
4	所在省份(自治区/直辖市)	所在地(市/州/盟)	所在地区(乡/镇)	汇总
5	贵州省	贵阳市	白云区	343,905
6			花溪区	297,270
7			南明区	282,737
8			清镇市	29,454
9			乌当区	270,137
10			小河区	432,742
11			云岩区	279,800
12		六盘水市	六枝特区	306,462
13			盘县	39,450
14			水城县	250,484
15			钟山区	105,657
16		遵义市	赤水市	144,915
17			红花岗区	220,306
18			汇川区	145,527
19			仁怀市	292,197
20			绥阳县	36,443
21			桐梓县	156,849
22			遵义县	219,433
23	四川省	成都市	成华	187,597
24			崇州市	186,267
25			大邑	185,906
26			都江堰	187,315
27			金牛	212,289

Sheet1 企业信息明细

各省/市/乡镇汇总数（三级汇总表）

图 4-7

数据透视表怎么做

轻松选中，调用功能

要调用数据透视表功能，首先要有源数据表。如果是一份正确的源数据表，只需选中数据区域任意单元格，点击“数据”→“数据透视表和数据透视图”即可。

	A	B	C	D	E	F	G	H	I
1	所在省份（自治区/直辖市）	所在地（市/州/盟）	所在地区（乡/镇）	企业成立时间	行业	登记注册类型	执行会计制度类别	机构类型	年末从业人员数
2	四川省	内江市	威远县	2001/8/22	住宿业	国有	行政单位会计制度	社会团体	196
3	贵州省	遵义市	仁怀市	2003/10/30	铁路运输业	集体	行政单位会计制度	民办非企业单位	282
4	贵州省	遵义市	桐梓县	2008/10/3	食品制造业	集体	企业会计制度	企业	662
5	贵州省	六盘水市	钟山区	2000/1/3	食品加工业	股份合作	事业单位会计制度	企业	444
6	四川省	成都市	新都	2000/1/26	餐饮业	股份合作	企业会计制度	企业	6
7	四川省	南充市	营山县	1987/12/6	批发业	中外合资经营	行政单位会计制度	社会团体	279
8	四川省	自贡市	大安区	2009/5/2	零售业	集体	企业会计制度	企业	437
9	贵州省	遵义市	遵义县	2000/1/5	食品制造业	集体	企业会计制度	机关	85
10	云南省	昆明市	盘龙区	1994/12/23	餐饮业	中外合资经营	行政单位会计制度	民办非企业单位	527
11	云南省	昆明市	盘龙区	1993/12/21	房地产开发业	国有	企业会计制度	企业	253
12	四川省	德阳市	中江县	1991/10/4	土木工程建筑业	集体联营	企业会计制度	机关	143
13	四川省	南充市	西充县	2006/12/29	土木工程建筑业	国有	企业会计制度	企业	186
14	四川省	内江市	威远县	2003/6/1	造纸及纸制品业	中外合资经营	企业会计制度	企业	54
15	四川省	绵阳市	涪城区	2003/1/21	住宿业	股份合作	企业会计制度	企业	785
16	四川省	绵阳市	三台县	1994/1/28	餐饮业	股份合作	企业会计制度	社会团体	283
17	四川省	内江市	威远县	1998/2/15	物业管理业	集体	行政单位会计制度	社会团体	125
18	贵州省	遵义市	桐梓县	2007/6/7	食品制造业	国有	行政单位会计制度	企业	21
19	四川省	自贡市	自流井	1992/1/16	食品制造业	集体	事业单位会计制度	企业	97
20	四川省	广元市	青川县	2007/7/23	铁路运输业	中外合资经营	行政单位会计制度	社会团体	493
21	云南省	玉溪市	江川县	2001/1/23	公路运输业	国有	行政单位会计制度	企业	233
22	云南省	玉溪市	江川县	2004/1/28	零售业	集体联营	企业会计制度	民办非企业单位	548
23	贵州省	贵阳市	白云区	1993/1/25	批发业	国有	企业会计制度	民办非企业单位	570
24	四川省	遂宁市	船山区	2004/2/3	零售业	中外合资经营	企业会计制度	企业	59
25	四川省	自贡市	自流井	1989/6/21	房地产开发业	中外合资经营	行政单位会计制度	民办非企业单位	92
26	贵州省	贵阳市	乌当区	1999/6/17	汽车制造业	私营独资	企业会计制度	事业单位	367
27	四川省	绵阳市	三台县	1998/9/1	造纸及纸制品业	股份合作	企业会计制度	民办非企业单位	502
28	云南省	曲靖市	罗平县	1992/8/13	房地产开发业	股份合作	行政单位会计制度	民办非企业单位	353
29	贵州省	贵阳市	白云区	1987/10/22	批发业	国有	事业单位会计制度	民办非企业单位	346
30	四川省	遂宁市	船山区	2002/8/15	食品制造业	中外合资经营	企业会计制度	社会团体	56
31	贵州省	遵义市	仁怀市	2002/12/5	铁路运输业	集体	行政单位会计制度	民办非企业单位	315

企业信息明细

图 4-8

图 4-9

设置参数，一步完成

此时会出现设置向导。看界面提示，需要三个步骤才能完成设置，可事实上，如果你有一份正确、完整的源数据表，直接点击“完成”即可。

“懒人”的宗旨永远是能省则省，多点一个按钮的事咱都不做。可要成为合格的“懒人”，必须先做有心人，所谓有因才有果嘛。

首先还是先了解一下，基本的三个步骤都需要做些什么。

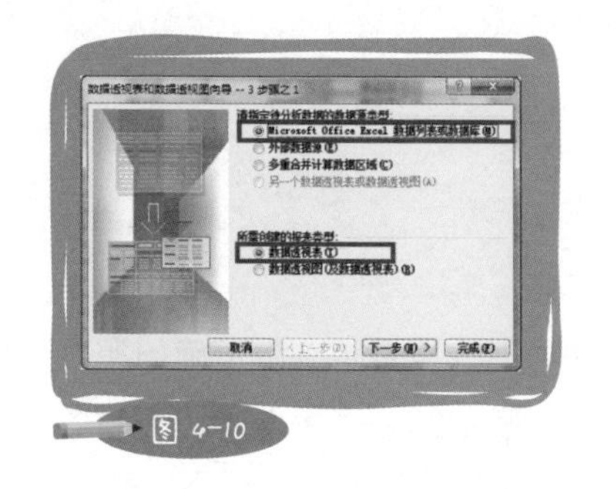

图 4-10

第一步：确认数据来源和待创建的报表类型。我们的数据是从Excel源数据表来的，所以使用默认选项“Microsoft Office Excel数据列表或数据库”；报表类型是分类汇总表而不是图表，所以使用默认选项“数据透视表”。

第二步：确认选定的数据区域。只要源数据表符合设计规范，Excel就能自动识别数据区域。在调用数据透视表功能时，它能判断与被选中单元格四个方向相邻并连续的单元格为同一数据区域，而不需要我们在调用之前，手工选中这些数据。这也正是源数据表中为什么不能出现手工合计行和分隔列的重要原因之一。

当然，如果要自定义数据源区域，可以点击“浏览”进行设置。但有一点要注意，无论选择的数据多与少，标题行都必须被包含在内。

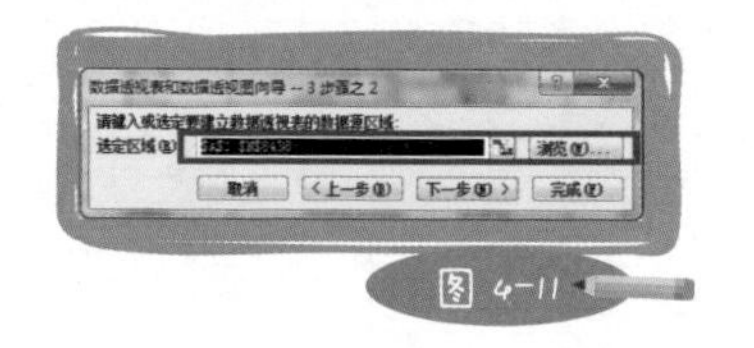

图 4-11

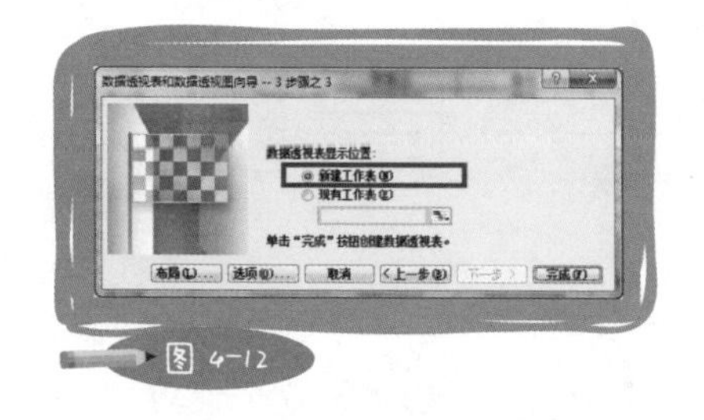

图 4-12

第三步：确认数据透视表的显示位置。前面一直强调，切忌破坏源数据表的完整性，不能在源数据表中做过多操作，也不要存放与源数据无关的其他数据。基于此，数据透视表的显示位置应该在“新建工作表”中，依然是默认选项。

进行到第三步并点击“完成”后，可能会出现“字段名无效”的错误提示（见图 4−13）。这是由于在选定的数据区域中，某列数据的标题字段为空所导致的（见图 4−14）。可见，当源数据表标题行有缺失时，Excel 最强大的功能也随之失效。还等什么，快把缺失的标题字段补上吧！

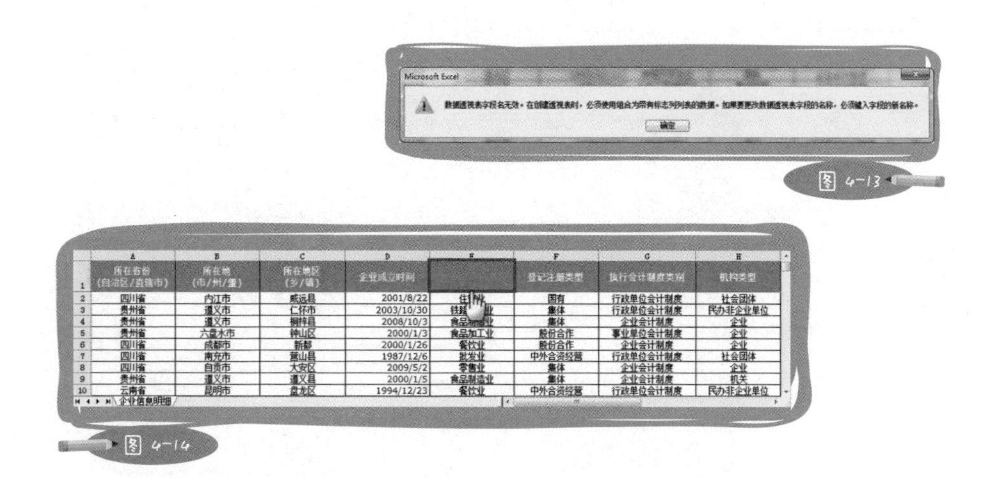

图 4-13

	A	B	C	D	E	F	G	H
1	所在省份（自治区/直辖市）	所在地（市/州/盟）	所在地区（乡/镇）	企业成立时间		登记注册类型	执行会计制度类别	机构类型
2	四川省	内江市	威远县	2001/8/22	住[illegible]业	国有	行政单位会计制度	社会团体
3	贵州省	遵义市	仁怀市	2003/10/30	铁路[illegible]业	集体	行政单位会计制度	民办非企业单位
4	贵州省	遵义市	桐梓县	2008/10/3	食品[illegible]业	集体	企业会计制度	企业
5	贵州省	六盘水市	钟山区	2000/1/3	食品加工业	股份合作	事业单位会计制度	企业
6	四川省	成都市	新都	2000/1/26	餐饮业	股份合作	企业会计制度	企业
7	四川省	南充市	蓬山县	1987/12/6	批发业	中外合资经营	行政单位会计制度	社会团体
8	四川省	自贡市	大安区	2009/5/2	零售业	集体	企业会计制度	企业
9	贵州省	遵义市	遵义县	2000/1/5	食品制造业	集体	企业会计制度	机关
10	云南省	昆明市	盘龙区	1994/12/23	餐饮业	中外合资经营	行政单位会计制度	民办非企业单位

企业信息明细

图 4-14

一般来说，对于标准的源数据表，以上三步设置均可采用默认选项。所以，做好了前期工作，在调用数据透视表功能时，可以跳过设置阶段，一步“完成”（见图4-15）。如果你嫌鼠标点得慢，点不准，那么请记住快捷方式：Alt+D→P→F。更妙的是，尽管数据透视表在2007版本里的调用路径不同，也依然可以使用同样的快捷键进行数据透视表的调用。版本的差异在“懒人”眼里，不过是浮云一片。不断发掘省力又省时的好方法，是“懒人”的本能。

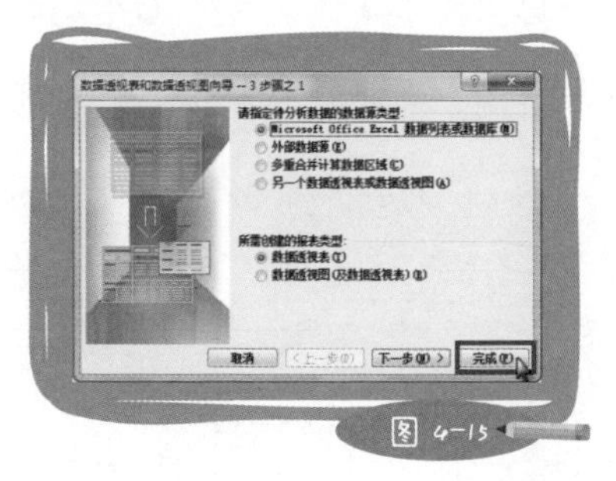

图 4-15

认识界面，熟悉“车间”

设置完成后，会进入“变”表界面，并出现“变”表工具。先来认识一下它们吧！

经典数据透视表布局

在2007及之后版本中设定，找到“数据透视表工具”菜单中“选项”下面的“选项”，在“显示”标签中勾选“经典数据透视表布局”，就可以回到与2003版相同的“变”表界面。

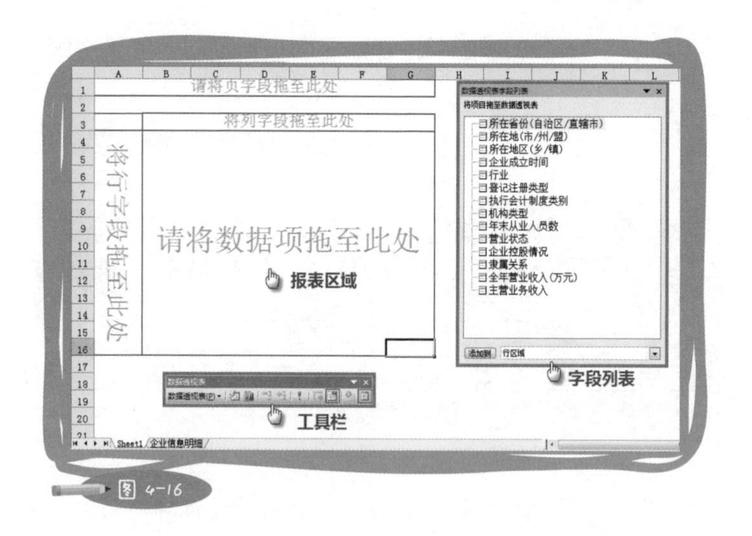

图 4-16

字段列表：源数据表的字段库，犹如七巧板的七块板子，不同的是，这里的板子可多可少。

报表区域：制造分类汇总表的生产车间，零部件在这里被组装成产品。

工具栏：提供更多个性化设置及数据刷新。

在制造产品之前，还要熟悉一下生产车间。

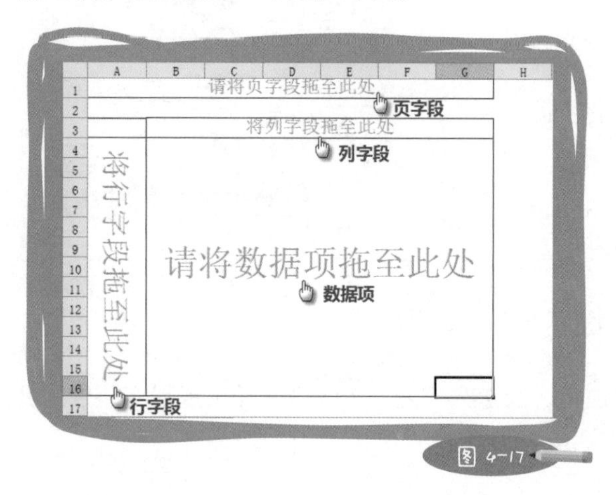

图 4-17

页字段：可以理解为汇总表的总表头，当页字段为月份时，汇总表显示为某月或某几个月的数据分类汇总情况；当页字段为产品种类时，汇总表显示为某种或者某几种产品的数据分类汇总情况。同时，设置页字段也是汇总表分页显示的前提条件。

列字段：汇总表显示在不同列上的字段，通俗地说，就是表上面的汇总字段。

行字段：汇总表显示在不同行上的字段，通俗地说，就是表左边的汇总字段。

数据项：待汇总的字段。

以图4-18为例，这是一张按照营业状态，汇总不同行业、不同省份年末从业人员数的分类汇总表。

	A	B	C	D	E
1	营业状态	停业			
2					
3	求和项:年末从业人员数	所在省份(自治区/直辖市)			
4	行业	贵州省	四川省	云南省	总计
5	餐饮业		214,890	229,586	444,476
6	房地产开发业		144,877	161,667	306,544
7	纺织业		171,277	93,693	264,970
8	公路运输业		136,001	152,501	288,502
9	零售业	24,515	178,153	182,813	385,481
10	批发业	158,646	166,560		325,206
11	汽车制造业	171,883	106,287		278,170
12	食品加工业	236,997	171,160		408,157
13	食品制造业	173,594	121,799		295,393
14	铁路运输业	41,637	214,489		256,126
15	土木工程建筑业		156,725		156,725
16	物业管理业		178,555		178,555
17	医疗器械制造业		169,679		169,679
18	医药制造业		159,388		159,388
19	造纸及纸制品业		174,161		174,161
20	住宿业		274,650		274,650
21	总计	807,272	2,738,651	820,260	4,366,183
22					

页字段　列字段　数据项　行字段

图4-18

“营业状态”为页字段，所以该表反映了在“停业”状态下的汇总数据；

“所在省份”为列字段，所以各省份按列一字排开，在列上面按省份进行汇总；

“行业”为行字段，所以各行业按行一字排开，在行上面按行业进行汇总；

“年末从业人员数”为数据项，汇总方式默认为求和，所以字段的行/列交叉点显示为某省某行业的年末从业人员总数。

拖拽之间，“变”化万千

认识了透视表的界面，马上来看看表是如何“变”出来的。每当进入数据透视表拖拽阶段时，就代表我们的工作进入尾声，之前的辛勤劳动就要看到成果了。我最享受的正是这个时刻：喝着咖啡，轻松惬意地“变”出各类汇总表。

在数据透视表里“变”表，只用鼠标，不用键盘，所有的操作仅仅是把字段拖进去或者拽出来。在“生产车间”里，Excel会自动分析并组装数据，然后显示为正确的汇总表样式，以及准确的汇总结果。

比如“变”一张统计各省/市/乡镇年末从业人员总数的三级汇总表（见图4-19），总共只需以下四步鼠标操作。

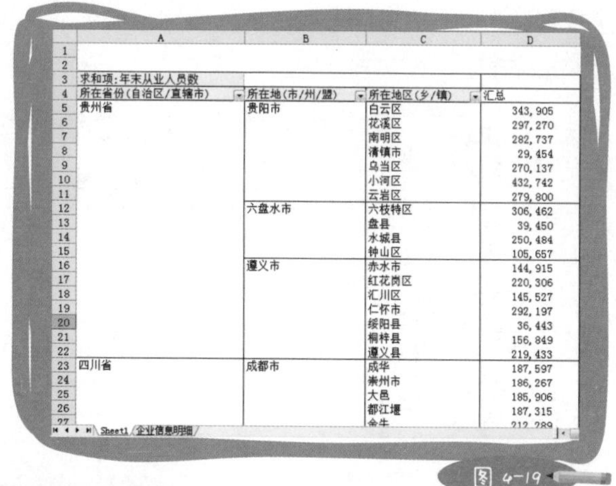

	A	B	C	D
1				
2				
3	求和项:年末从业人员数			
4	所在省份(自治区/直辖市)	所在地(市/州/盟)	所在地区(乡/镇)	汇总
5	贵州省	贵阳市	白云区	343,905
6			花溪区	297,270
7			南明区	282,737
8			清镇市	29,454
9			乌当区	270,137
10			小河区	432,742
11			云岩区	279,800
12		六盘水市	六枝特区	306,462
13			盘县	39,450
14			水城县	250,484
15			钟山区	105,657
16		遵义市	赤水市	144,915
17			红花岗区	220,306
18			汇川区	145,527
19			仁怀市	292,197
20			绥阳县	36,443
21			桐梓县	156,849
22			遵义县	219,433
23	四川省	成都市	成华	187,597
24			崇州市	186,267
25			大邑	185,906
26			都江堰	187,315
27			金牛	212,289

图 4-19

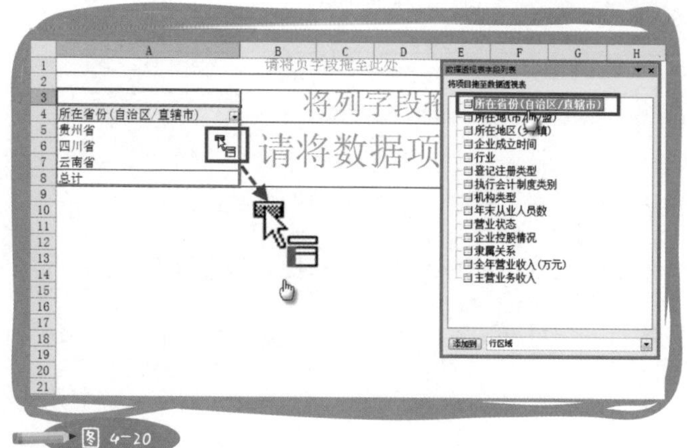

图 4-20

第一步：将字段列表里的“所在省份”拖为行字段，拖动时，鼠标下方的微型视图会帮助我们确定字段是否进入了正确的区域。

第二步：将字段列表里的“所在地”拖为行字段，位于“所在省份”右侧。

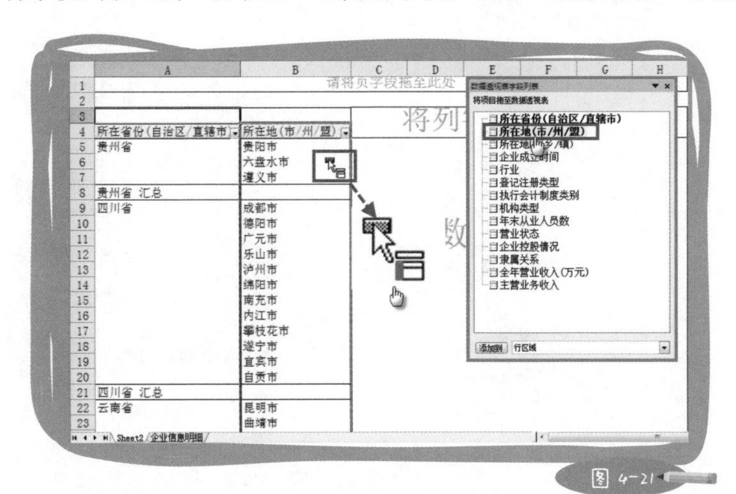

图 4-21

第三步：将字段列表里的“所在地区”拖为行字段，位于“所在地”右侧。

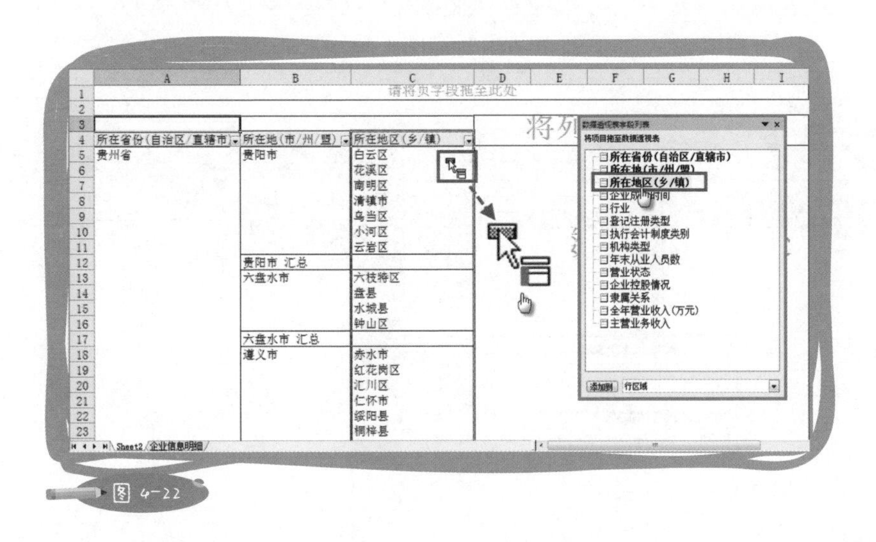

图 4-22

第四步：将字段列表里的“年末从业人员数”拖入数据项，即完成了这张三级汇总表。由于数据透视表默认的汇总方式是求和，与该表的汇总要求一致，所以不用另行设置。

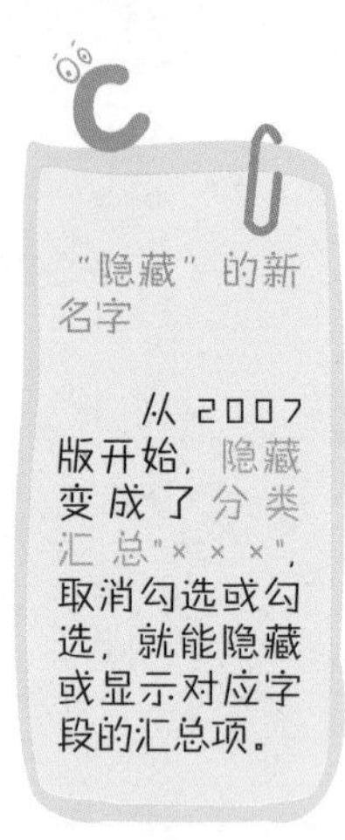

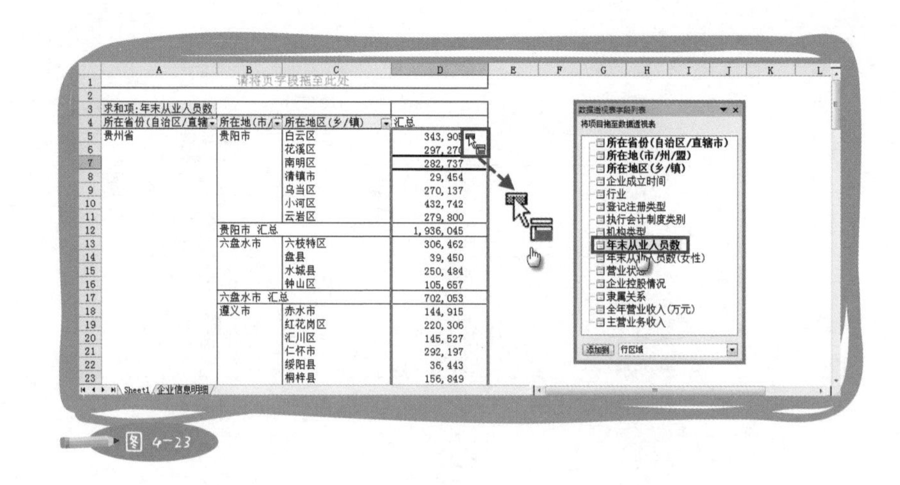

图 4-23

如果不喜欢汇总表行间的汇总项，可以把它们隐藏起来。只要选中其中一个汇总项，调出右键菜单并选择"隐藏"就可以了。对于同一字段，一次操作可以隐藏该字段所有的汇总项。

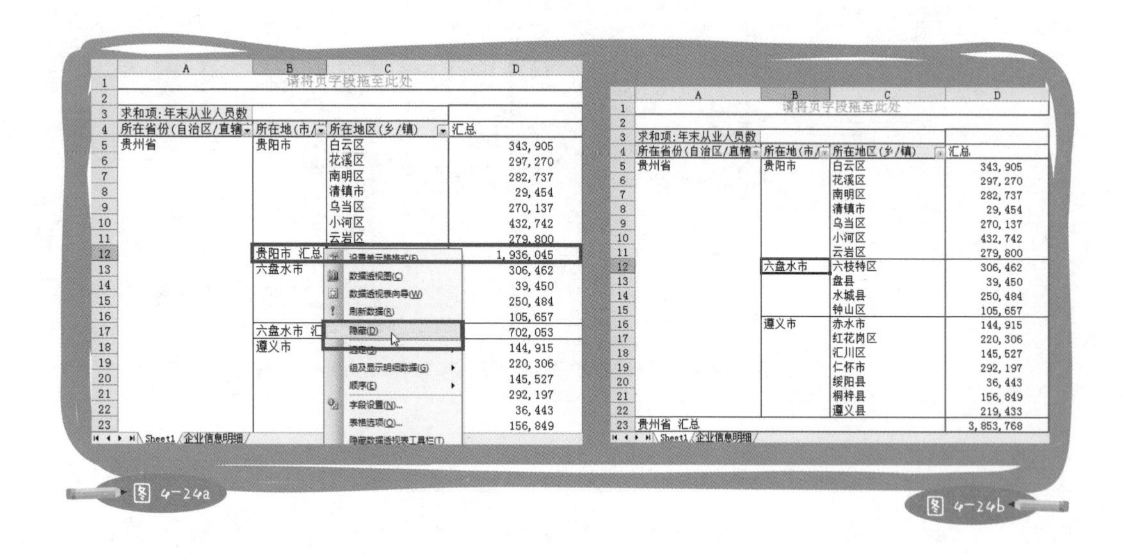

图 4-24a

图 4-24b

我们也可以随时删除汇总表的任何字段，添加用拖，删除用拽。只需将“生产车间”里不再需要的零件拽到大门外，就能轻松搞定。微型视图会用一把大红叉提示你该何时松手。

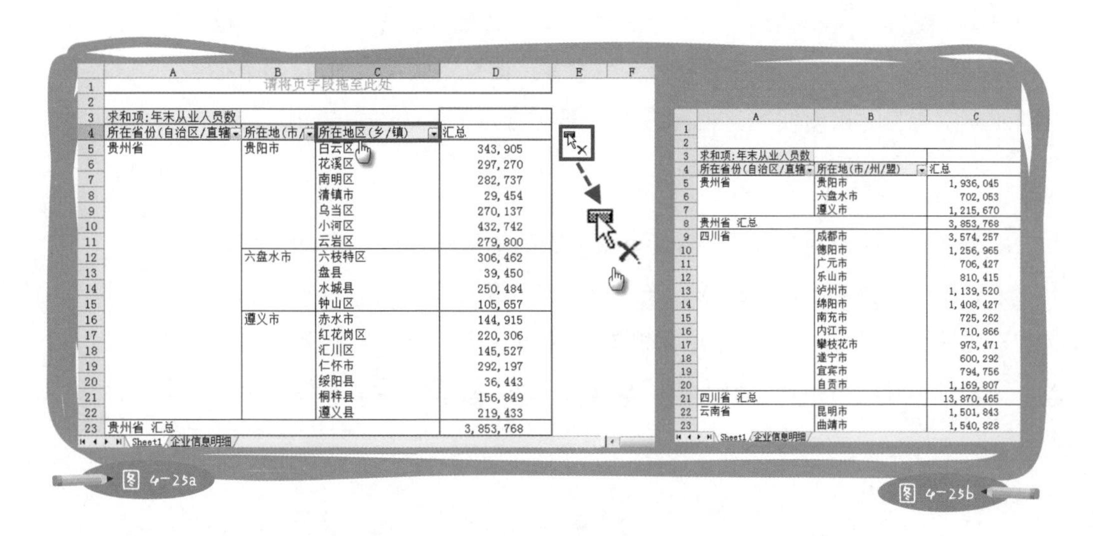

	A	B	C	D
1	请将页字段拖至此处			
2				
3	求和项:年末从业人员数			
4	所在省份(自治区/直辖	所在地(市/	所在地区(乡/镇)	汇总
5	贵州省	贵阳市	白云区	343,905
6			花溪区	297,270
7			南明区	282,737
8			清镇市	29,454
9			乌当区	270,137
10			小河区	432,742
11			云岩区	279,800
12		六盘水市	六枝特区	306,462
13			盘县	39,450
14			水城县	250,484
15			钟山区	105,657
16		遵义市	赤水市	144,915
17			红花岗区	220,306
18			汇川区	145,527
19			仁怀市	292,197
20			绥阳县	36,443
21			桐梓县	156,849
22			遵义县	219,433
23	贵州省 汇总			3,853,768

图 4-25a

	A	B	C
1			
2			
3	求和项:年末从业人员数		
4	所在省份(自治区/直辖	所在地(市/州/盟)	汇总
5	贵州省	贵阳市	1,936,045
6		六盘水市	702,053
7		遵义市	1,215,670
8	贵州省 汇总		3,853,768
9	四川省	成都市	3,574,257
10		德阳市	1,256,965
11		广元市	706,427
12		乐山市	810,415
13		泸州市	1,139,520
14		绵阳市	1,408,427
15		南充市	725,262
16		内江市	710,866
17		攀枝花市	973,471
18		遂宁市	600,292
19		宜宾市	794,756
20		自贡市	1,169,807
21	四川省 汇总		13,870,465
22	云南省	昆明市	1,501,843
23		曲靖市	1,540,828

图 4-25b

怎么样？“变”表的感觉很好吧！如此多的字段组合，如此神奇的表格“变”化，如此便捷的操作方法。到了此时此刻，你依然选择害怕分类汇总，还是彻底爱上它呢？至少，我已经是无法自拔了。设想一下，源数据表如果有10个字段，两两组合，或三三组合，或四四组合，甚至五五组合……究竟能生成多少份分类汇总表呢？没有一千也有八百吧。所谓得天下第一表和数据透视表者得天下，拖拽之间“变”化万千，这可不是吹的。

>>>>> >>>>> >>>>>

说到这里，我又要分享一个“歪理”，供大家一笑。前面我们谈了很多Excel对于工作和企业的意义，其实对于家庭，Excel也有重要意义，家庭是否和睦，有时候与Excel还真有点儿关系。

>>>>> >>>>> >>>>>

老张和老王在同一家公司，做同样的工作，可两人的生活状态却截然不同。老张Excel玩得很溜，无论工作是否繁忙，都能轻松应对。由于他做报表又快又准，公司领导对他很信任，常常把重要的数据统计工作交给他，理所当然，他也就成为领导办公室的常客。而且老张很少加班，8个小时就能完成工作，准时回家。他每天晚上都要给儿子讲故事，陪儿子玩游戏，周末还一家人开着车四处郊游。

反观老王，兢兢业业对待工作，可由于真的不懂Excel，一份报表要做上一个星期。如果赶上做表旺季，连续一个月加班加点，每日深夜回家，这些都是家常便饭。所以领导总觉得老王能力有限，交代的事情做得很慢，效果也不好。渐渐地，他失去了领导的重视，常常一个人默默地出入办公室。

有一天，当老王凌晨一点回到家，老婆终于忍不住发火了："你看你，每天这么晚才回家，儿子你也管不了，你知道他现在都已经习惯了没有爸爸的日子吗？我上班也很忙，还要接孩子。你辛苦我知道，可你回家倒头就睡，咱们话都说不上几句，这日子过得……唉！听说你们公司的老张年底拿了8000块的奖金，你怎么才800……（此处略去一万个字）"

一切都是Excel惹的祸。

当然，这个故事只是笑谈，可话丑理不歪，做不好工作一定会影响家庭和睦。常常不回家吃饭，没时间陪伴家人，在公司又表现不好的人，仅靠一点自嘲自愉的精神是解决不了根本问题的。学好本领，改变现状，才是应该做的事。没有必要时，就不要加班，上班时间做好本职工作，下班时间尽情享受生活。

还我汇总项

学会了隐藏汇总项，就必须知道如何取消隐藏。多数Excel菜单功能的反向操作都在同一个位置，比如如果设置了“保护工作表”，同样位置的功能就变为“撤消工作表保护”。

数据透视表里的隐藏与取消隐藏却有所不同，当我们把所有按部门汇总的数据隐藏过后，在A列数据区域点击鼠标右键，菜单功能依然是“隐藏”，而没有变为“取消隐藏”。

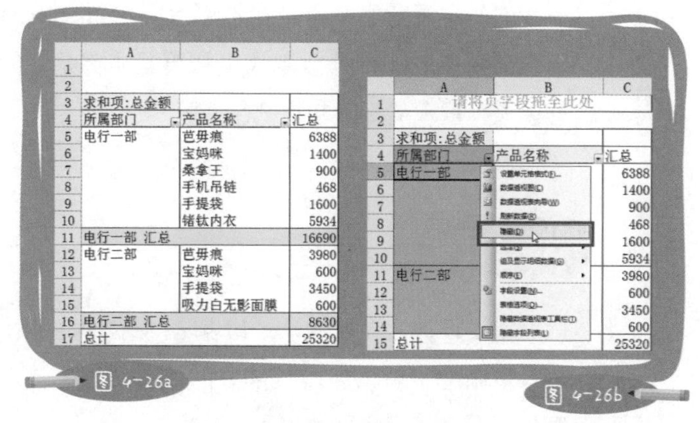

	A	B	C
1			
2			
3	求和项:总金额		
4	所属部门	产品名称	汇总
5	电行一部	芭毋痕	6388
6		宝妈咪	1400
7		桑拿王	900
8		手机吊链	468
9		手提袋	1600
10		锗钛内衣	5934
11	电行一部 汇总		16690
12	电行二部	芭毋痕	3980
13		宝妈咪	600
14		手提袋	3450
15		吸力白无影面膜	600
16	电行二部 汇总		8630
17	总计		25320

图 4-26a　图 4-26b

如果要取消一级行字段隐藏的汇总项，则需选中一级行字段所在区域的任意单元格（即图4-27a蓝色区域），点击鼠标右键，选中“字段设置”，将分类汇总的选项从“无”改为“自动”（见图4-27b）。只要选中相应区域的单元格，用同样的方法，就可以显示其他被隐藏的汇总项。

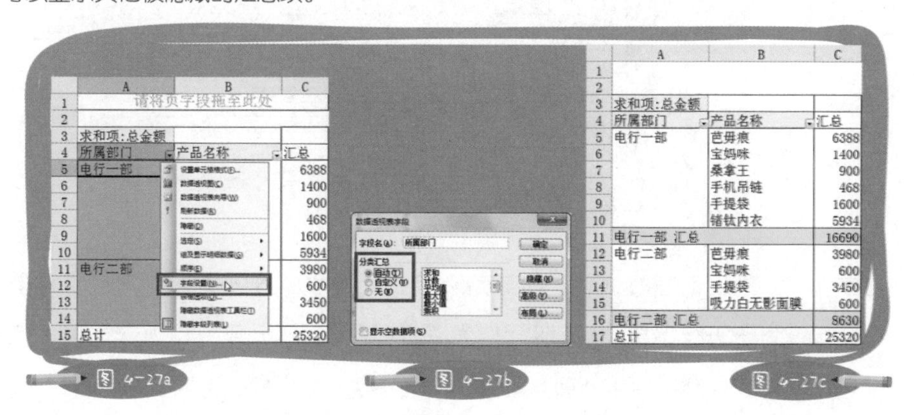

	A	B	C
1			
2			
3	求和项:总金额		
4	所属部门	产品名称	汇总
5	电行一部	芭毋痕	6388
6		宝妈咪	1400
7		桑拿王	900
8		手机吊链	468
9		手提袋	1600
10		锗钛内衣	5934
11	电行一部 汇总		16690
12	电行二部	芭毋痕	3980
13		宝妈咪	600
14		手提袋	3450
15		吸力白无影面膜	600
16	电行二部 汇总		8630
17	总计		25320

图 4-27a　图 4-27b　图 4-27c

第2节 早知如此，何必当初

第2章介绍了源数据表的“十宗罪”。之所以出现错误的表格设计，并非我们的主观意愿，而是在不熟悉Excel的规范和功能时，为了更好地完成工作所采取的一种补救方式。初衷其实都是好的。那么，就让我们用数据透视表，重现美好的初衷吧。

“拖”出合计行

错误设计之提前合计，初衷是得到按某字段汇总的合计行，以便“读”表者清晰地了解该字段各部分的汇总数据。该设计的错误在于，不应该在源数据表中进行此操作。

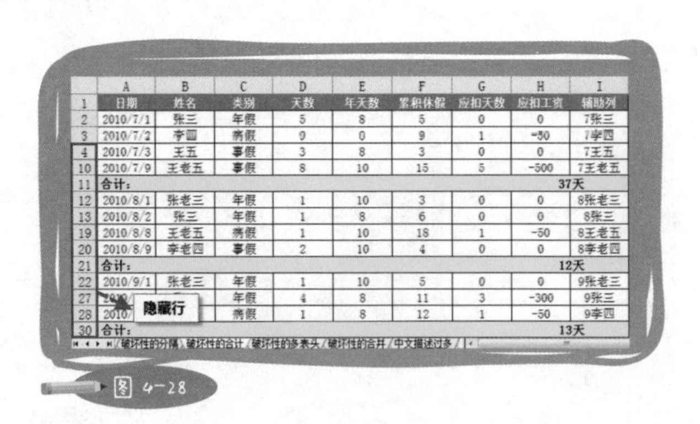

	A	B	C	D	E	F	G	H	I
1	日期	姓名	类别	天数	年天数	累积休假	应扣天数	应扣工资	辅助列
2	2010/7/1	张三	年假	5	8	5	0	0	7张三
3	2010/7/2	李四	病假	9	0	9	1	-50	7李四
4	2010/7/3	王五	事假	3	8	3	0	0	7王五
10	2010/7/9	王老五	事假	8	10	15	5	-500	7王老五
11	合计：							37天	
12	2010/8/1	张老三	年假	1	10	3	0	0	8张老三
13	2010/8/2	张三	年假	1	8	6	0	0	8张三
19	2010/8/8	王老五	病假	1	10	18	1	-50	8王老五
20	2010/8/9	李老四	事假	2	10	4	0	0	8李老四
21	合计：							12天	
22	2010/9/1	张老三	年假	1	10	5	0	0	9张老三
27	[illegible]	[illegible]	年假	4	8	11	3	-300	9张三
28	2010/[illegible]	[illegible]	病假	1	8	12	1	-50	9李四
30	合计：							13天	

图 4-28

根据源数据表，如果用数据透视表来重现初衷，只需把“月份”“拖”为一级行字段，“日期”作为二级行字段，“天数”作为数据项，进行求和计算，就可以得到同样的结果。

	A	B	C	D	E	F	G	H	I	J	K
1	日期	姓名	类别	天数	年天数	累积休假	应扣天数	应扣工资	辅助列	月份	部门
2	2010/7/1	张三	年假	5	8	5	0	0	7张三	7月	公关部
3	2010/7/2	李四	病假	9	8	9	1	-50	7李四	7月	物流部
4	2010/7/3	王五	事假	3	8	3	0	0	7王五	7月	销售部
5	2010/7/4	王老五	事假	4	10	4	0	0	7王老五	7月	市场部
6	2010/7/5	李老四	年假	2	10	2	0	0	7李老四	7月	财务部
7	2010/7/6	张老三	年假	2	10	2	0	0	7张老三	7月	销售部
8	2010/7/7	王五	病假	1	8	4	0	0	7王五	7月	销售部
9	2010/7/8	王老五	事假	3	10	7	0	0	7王老五	7月	市场部
10	2010/7/9	王老五	事假	8	10	15	5	-500	7王老五	7月	市场部
11	2010/8/1	张老三	年假	1	10	3	0	0	8张老三	8月	销售部
12	2010/8/2	张三	年假	1	8	6	0	0	8张三	8月	公关部
13	2010/8/3	李四	年假	1	8	10	1	-100	8李四	8月	物流部
14	2010/8/4	王五	病假	2	8	6	0	0	8王五	8月	销售部
15	2010/8/5	王老五	事假	2	10	17	2	-200	8王老五	8月	市场部

图 4-29a

	A	B	C
1	请将页字段拖至此处		
2			
3	求和项:天数		
4	月份	日期	汇总
5	7月	2010/7/1	5
10		2010/7/6	2
11		2010/7/7	1
12		2010/7/8	3
13		2010/7/9	8
14	7月 汇总		37
15	8月	2010/8/1	1
20		2010/8/6	1
21		2010/8/7	1
22		2010/8/8	1
23		2010/8/9	2
24	8月 汇总		12
25	9月	2010/9/1	1
26		2010/9/2	1

将项目拖至数据透视表
天数
年天数
累积休假
应扣天数
应扣工资
辅助列
月份
部门
添加到 行区域
Sheet1 / 2010年员工请假明细

图 4-29b

“变”出汇总表

错误设计之越俎代庖，初衷是得到分类汇总表。该设计的错误在于，不应该手工制作汇总表。

越俎代庖有两种情况，最令人揪心的是只有分类汇总表，没有源数据表（见图4-30）。这是一种无法弥补的过错，就工作本身而言，操作者前期所做的努力因此被彻底抹杀；而对于企业，没有源数据如同没有过去，而不知道过去，就无法预知未来。

2010年员工请假情况分析表

		李老四	李四	王老五	王五	张老三	张三	总计
7月	病假		9		1			10
	年假	2				2	5	9
	事假			15	3			18
汇总		2	9	15	4	2	5	37
8月	病假			1	2			3
	年假		1		1	2	1	5
	事假	2		2				4
汇总		2	1	3	3	2	1	12
9月	病假		2					2
	年假					4	5	9
	事假				2			2
汇总			2		2	4	5	13
总计		4	12	18	9	8	11	62

图 4-30

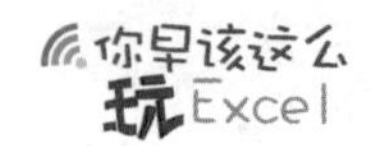

根据源数据表，如果用数据透视表来重现初衷，将“月份”作为一级行字段，“类别”作为二级行字段，“姓名”作为列字段，“天数”作为数据项，进行求和计算，就可以得到同样的结果。不一样的是，这张分类汇总表来源于源数据表，并创建于新的工作表，而源数据始终安全、完整地待在它应该在的地方。

	A	B	C	D	E	F	G	H	I
1	请将页字段拖至此处								
2									
3	求和项:天数		姓名						
4	月份	类别	李老四	李四	王老五	王五	张老三	张三	总计
5	7月	病假		9		1			10
6		年假	2				2	5	9
7		事假			15	3			18
8	7月 汇总		2	9	15	4	2	5	37
9	8月	病假			1	2			3
10		年假		1		1	2	1	5
11		事假	2		2				4
12	8月 汇总		2	1	3	3	2	1	12
13	9月	病假		2					2
14		年假					4	5	9
15		事假				2			2
16	9月 汇总			2		2	4	5	13
17	总计		4	12	18	9	8	11	62

图 4-31

拆分源数据的“偏方”

错误设计之源数据分表记录，初衷是让表格看起来更直观，并且方便查询。该设计的错误在于，不应该将源数据分别记录，这样会造成数据难以合并，也影响了对源数据整体的查找、筛选、排序及汇总。轻者，数据被分为十几张工作表；重者，多达上百张工作表。初衷和结果，有时失之毫厘，谬以千里。

	A	B	C	D	E	F	G	H	I
1	日期	姓名	类别	天数	年天数	累积休假	应扣天数	应扣工资	辅助列
2	2010/7/1	张三	年假	5	8	5	0	0	7张三
3	2010/7/2	李四	病假	9	8	9	1	-50	7李四
4	2010/7/3	王五	事假	3	8	3	0	0	7王五
5	2010/7/4	王老五	事假	4	10	4	0	0	7王老五
6	2010/7/5	李老四	年假	2	10	2	0	0	7李老四
7	2010/7/6	张老三	年假	2	10	2	0	0	7张老三
8	2010/7/7	王五	病假	1	8	4	0	0	7王五
9	2010/7/8	王老五	事假	3	10	7	0	0	7王老五
10	2010/7/9	王老五				15	5	-500	7王老五
11									

7月 / 8月 / 9月

图 4-32

如果用数据透视表来重现初衷，则既能拥有完整的源数据表，又能将数据分页显示，而页字段在其中发挥了关键作用。但要注意一点：数据透视表分页显示的概念是将分类汇总表分页，而非将源数据分页。所以，我们需要运用一些方法，让分页显示的效果看上去是源数据被拆分。

首先，将需要分页的“月份”拖入页字段。然后，按照源数据表的顺序，将各个字段依次拖入行字段，并隐藏所有汇总项（见图4-33）。

	A	B	C	D	E	F	G	H	I
1	月份	(全部)							
2									
3									
4	日期	姓名	类别	天数	年天数	累积休假	应扣天数	应扣工资	辅助列
5	2010/7/1	张三	年假	5	8	5	0	0	7张三
6	2010/7/2	李四	病假	9	8	9	1	-50	7李四
7	2010/7/3	王五	事假	3	8	3	0	0	7王五
8	2010/7/4	王老五	事假	4	10	4	0	0	7王老五
9	2010/7/5	李老四	年假	2	10	2	0	0	7李老四
10	2010/7/6	张老三	年假	2	10	2	0	0	7张老三
11	2010/7/7	王五	病假	1	8	4	0	0	7王五
12	2010/7/8	王老五	事假	3	10	7	0	0	7王老五
13	2010/7/9	王老五	事假	8	10	15	5	-500	7王老五
14	2010/8/1	张老三	年假	1	10	3	0	0	8张老三
15	2010/8/2	张三	年假	1	8	6	0	0	8张三
16	2010/8/3	李四	年假	1	8	10	1	-100	8李四
17	2010/8/4	王五	病假	2	8	6	0	0	8王五
18	2010/8/5	王老五	事假	2	10	17	2	-200	8王老五
19	2010/8/6	张老三	年假	1	10	4	0	0	8张老三
20	2010/8/7	王五	年假	1	8	7	0	0	8王五
21	2010/8/8	王老五	病假	1	10	18	1	-50	8王老五

页字段

Sheet1 / 2010年员工请假明细

图4-33

接下来，调出数据透视表工具栏，打开“数据透视表”下拉菜单，点击“分页显示”（见图4-34）。由于只有一个页字段，所以分页显示的字段选项也只有一个。于是，选中“月份”并确定，数据就这样被Excel智能拆分（见图4-35）。

用分页显示功能拆分源数据算是“偏方”，它最正统的用法是拆分汇总表，以便他人查阅或者将其批量打印。例如：将全年总的请假分析表分成12页，显示为每个月的汇总表。

显示报表筛选页

从 2007 版开始，“分页显示”变成了“显示报表筛选页”，它藏在“数据透视表工具”菜单中“选项”下面的“选项”下拉菜单中。好好找找吧。

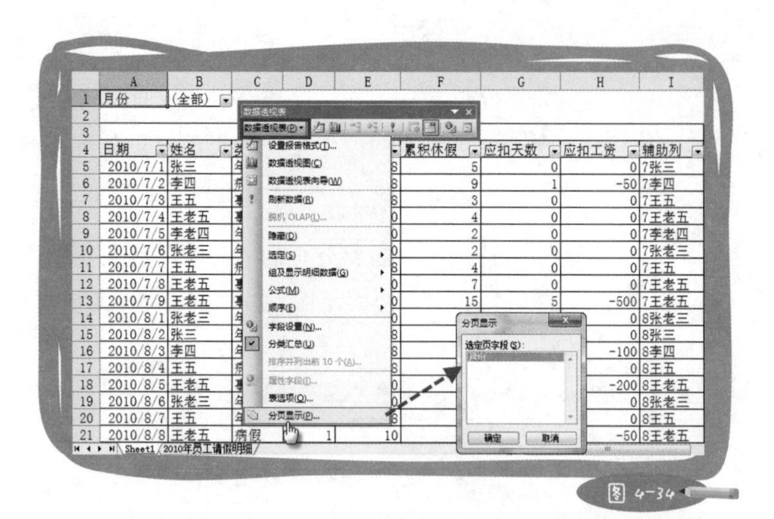

图 4-34

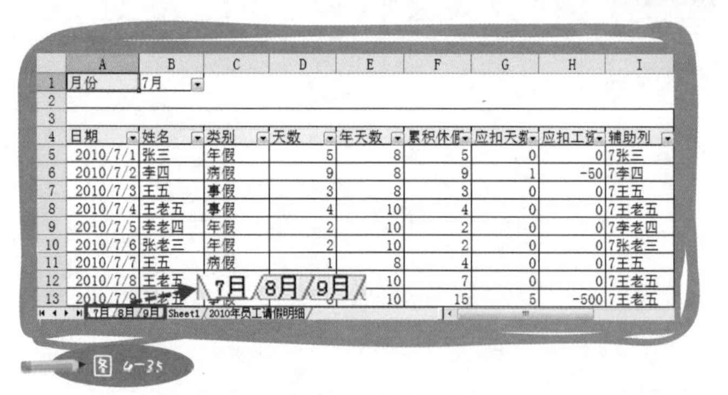

	A	B	C	D	E	F	G	H	I
1	月份	7月							
2									
3									
4	日期	姓名	类别	天数	年天数	累积休假	应扣天数	应扣工资	辅助列
5	2010/7/1	张三	年假	5	8	5	0	0	7张三
6	2010/7/2	李四	病假	9	8	9	1	-50	7李四
7	2010/7/3	王五	事假	3	8	3	0	0	7王五
8	2010/7/4	王老五	事假	4	10	4	0	0	7王老五
9	2010/7/5	李老四	年假	2	10	2	0	0	7李老四
10	2010/7/6	张老三	年假	2	10	2	0	0	7张老三
11	2010/7/7	王五	病假	1	8	4	0	0	7王五
12	2010/7/8	王老五	[illegible]	[illegible]	10	7	0	0	7王老五
13	2010/7/9	王老五	[illegible]	[illegible]	10	15	5	-500	7王老五

图 4-35

这里我为大家来完成第一步，最后由你来画点睛之笔。

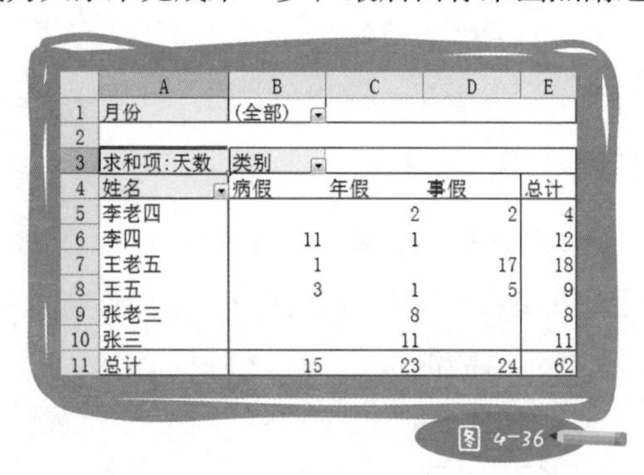

	A	B	C	D	E
1	月份	(全部)			
2					
3	求和项:天数	类别			
4	姓名	病假	年假	事假	总计
5	李老四		2	2	4
6	李四	11	1		12
7	王老五	1		17	18
8	王五	3	1	5	9
9	张老三		8		8
10	张三		11		11
11	总计	15	23	24	62

图 4-36

职场感悟 —— 羡慕甜不如学习苦

数据透视表使用起来确实很爽，但是如果没有正确的源数据表支持，它是不能充分发挥作用的。我们与其羡慕使用数据透视表时的爽，不如多学习在这之前细致而辛苦的准备工作。

职场上很多事情也是一样。当我们看到别人小有成就时，应该多多思考和借鉴他成功的原因，看他是如何一步一步走过来的。学习别人的苦胜过羡慕别人的甜，否则我们就会活在无尽的攀比之中，永远无法改变现状。吃不到葡萄咱不说葡萄酸，谁吃着葡萄了，咱就虚心向他请教方法去。

第3节 汇总报表，拖拽有“理”

同样是通过数据透视表“变”出来的汇总表，可读性有时却相去甚远。有的汇总表我们横看竖看都看不顺眼，怎么读也读不懂它想表达的意思；有的却清清楚楚，将数据背后的意义展现得淋漓尽致。

造成差异的根本原因，是我们在“变”表时采用了不同的字段排列顺序。可别小看它，它和我们着装的顺序一样有讲究。一个身着白衬衣、黑西装、系紫色领带的帅哥，的确是帅哥，但如果他把西裤套在头上，西服围在腰间，白背心外穿，白衬衣打底，领带系腿上，这位帅哥就会被医生带走。

分类汇总表一定要别人读得懂，看得明白，所以字段的拖拽，有一些规则需要遵循。

“躺着”不如“站着”

有的汇总表非常宽，迫使我们在阅读的时候必须从A列看到Z列，感觉很不方便，也不舒服（见图4-37）。现代人的阅读习惯不同于古代，如果你把汇总表做成清明上河图，只会让你的同事和老板无从下“眼”。

	A	B	C	D	E	F	G	H	I
1									
2									
3	求和项:年末	所在地(市/州/							
4	所在省份(	成都市	德阳市	广元市	贵阳市	昆明市	乐山市	六盘水市	泸州市	绵阳市
5	贵州省				1,936,045			702,053		
6	四川省	3,574,257	1,256,965	706,427			810,415		1,139,520	1,408
7	云南省					1,501,843				
8	总计	3,574,257	1,256,965	706,427	1,936,045	1,501,843	810,415	702,053	1,139,520	1,408
9										
10										

Sheet1 / 企业信息明细

图 4-37

所以，在制作汇总表时，分类多的字段，应该尽量作为行字段；分类少的字段，才可以作为列字段（见图4-38）。这样比较有利于在一个页面上显示更多的数据内容，也符合一般人的阅读习惯。形象地说，我们在拖拽字段时，一定不要让汇总表“躺着”，而要让它“站起来”。根据Excel默认的数据结构，工作表中的行数比列数多出几百倍，整个工作表是姚明般的身材。我们做汇总表，当然也要与Excel的审美标准保持一致才行。

	A	B	C	D	E
1					
2					
3	求和项:年末从业人员数	所在省份(自治区/直			
4	所在地(市/州/盟)	贵州省	四川省	云南省	总计
5	成都市		3,574,257		3,574,257
6	德阳市		1,256,965		1,256,965
7	广元市		706,427		706,427
8	贵阳市	1,936,045			1,936,045
9	昆明市			1,501,843	1,501,843
10	乐山市		810,415		810,415
11	六盘水市	702,053			702,053
12	泸州市		1,139,520		1,139,520
13	绵阳市		1,408,427		1,408,427
14	南充市		725,262		725,262
15	内江市		710,866		710,866
16	攀枝花市		973,471		973,471
17	曲靖市			1,540,828	1,540,828
18	遂宁市		600,292		600,292
19	宜宾市		794,756		794,756
20	玉溪市			1,234,518	1,234,518
21	自贡市		1,169,807		1,169,807
22	遵义市	1,215,670			1,215,670
23	总计	3,853,768	13,870,465	4,277,189	22,001,422
24					

Sheet1 / 企业信息明细

图 4-38

按“天”汇总要不得

虽然日期是源数据的一个属性，但通常情况下，不建议按照日进行汇总。很少有企业需要管理每一天的经营状况，并制订以天为单位的工作计划。按日汇总，无异于提供了一份无法决策的报表，也就失去了制作它的必要。

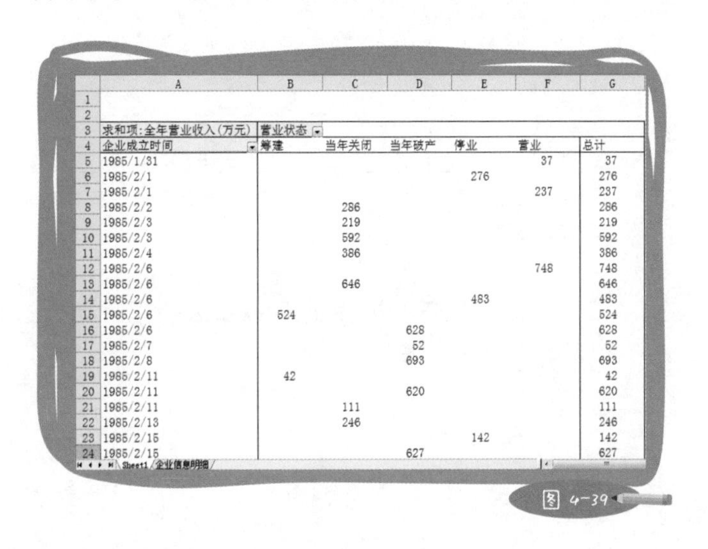

	A	B	C	D	E	F	G
1							
2							
3	求和项:全年营业收入(万元)	营业状态					
4	企业成立时间	筹建	当年关闭	当年破产	停业	营业	总计
5	1985/1/31					37	37
6	1985/2/1				276		276
7	1985/2/1					237	237
8	1985/2/2		286				286
9	1985/2/3		219				219
10	1985/2/3		592				592
11	1985/2/4		386				386
12	1985/2/6					748	748
13	1985/2/6		646				646
14	1985/2/6				483		483
15	1985/2/6	524					524
16	1985/2/6			628			628
17	1985/2/7			52			52
18	1985/2/8			693			693
19	1985/2/11	42					42
20	1985/2/11			620			620
21	1985/2/11		111				111
22	1985/2/13		246				246
23	1985/2/15				142		142
24	1985/2/15			627			627

Sheet1 / 企业信息明细

图4-39

当然，有几类企业比较例外，如生产企业和快递企业。生产企业可以使用透视表得到每日各生产线各类产品的排产计划汇总表，以便合理组织生产力；快递企业可以得到每日全国各站点已派发件及滞留件的汇总情况，以此评估派送能力，并及时做出调整。

而对于一般的企业，只需按月进行统计和分析，关注一年12个月的经营趋势就足够了。这也就要求在源数据表里要有月份字段。它可以通过month函数（提取日期中的月份），由日期自动获得；也可以在填写源数据的时候手工添加。无论采用什么方法，都要保证我们最终能得到按月汇总的汇总表（见图4-40）。

	A	B	C	D	E	F	G
1							
2							
3	求和项:全年营业收入(万元)	营业状态					
4	企业成立时间	筹建	当年关闭	当年破产	停业	营业	总计
5	1月	74, 900	60, 061	70, 524	74, 842	83, 490	363, 817
6	2月	61, 435	66, 275	72, 449	60, 455	69, 762	330, 375
7	3月	64, 666	64, 774	61, 225	70, 892	90, 810	352, 367
8	4月	66, 751	67, 064	72, 118	61, 168	85, 149	352, 248
9	5月	69, 595	71, 881	70, 637	74, 911	74, 259	361, 282
10	6月	60, 810	62, 514	77, 522	54, 059	76, 185	331, 090
11	7月	66, 397	60, 503	61, 706	62, 869	88, 088	339, 564
12	8月	75, 107	65, 707	72, 189	62, 963	75, 174	351, 141
13	9月	61, 465	63, 813	63, 860	62, 036	78, 795	329, 968
14	10月	76, 451	73, 481	67, 877	60, 913	82, 183	360, 905
15	11月	67, 021	66, 117	66, 245	64, 122	93, 839	357, 345
16	12月	71, 019	55, 654	71, 146	83, 589	85, 914	367, 321
17	总计	815, 617	777, 844	827, 498	792, 819	983, 647	4, 197, 425
18							

图 4-40

其实，还有一种更牛的方法处理日期，这在后面的内容中会详细介绍。

不超过两个列字段

当汇总表的列字段超过两个，我们就无法正常理解数据的意义了。数据透视表的逻辑是，先展开第一级字段，在第一级字段的每一个分类下，展开第二级字段，以此类推。

如图4−41所示，在贵州省下面，显示了贵州省的所有行业，然后在每个行业下面又显示所有的营业状态。这不仅造成一页的信息量非常少，而且让人看不明白各字段之间的关系，这类汇总表阅读起来异常困难。

\>>>>>　>>>>>　>>>>>

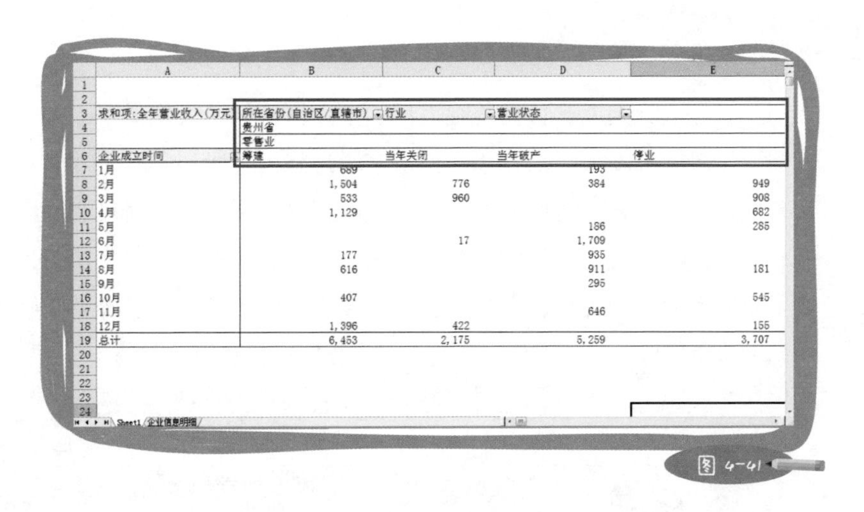

求和项:全年营业收入(万元)	所在省份(自治区/直辖市)	行业	营业状态	
	贵州省			
	零售业			
企业成立时间	筹建	当年关闭	当年破产	停业
1月	689		193	
2月	1,504	776	384	949
3月	533	960		908
4月	1,129			682
5月			186	285
6月		17	1,709	
7月	177		935	
8月	616		911	181
9月			295	
10月	407			545
11月			646	
12月	1,396	422		155
总计	6,453	2,175	5,259	3,707

图 4-41

做汇总表时，两个列字段是极限，一个列字段是标准。建议大家在任何时候，都尽可能只设置一个列字段，其余想要汇总的字段，可以按顺序添加在行字段。

只要把这张表换个方向，感觉就会好很多。

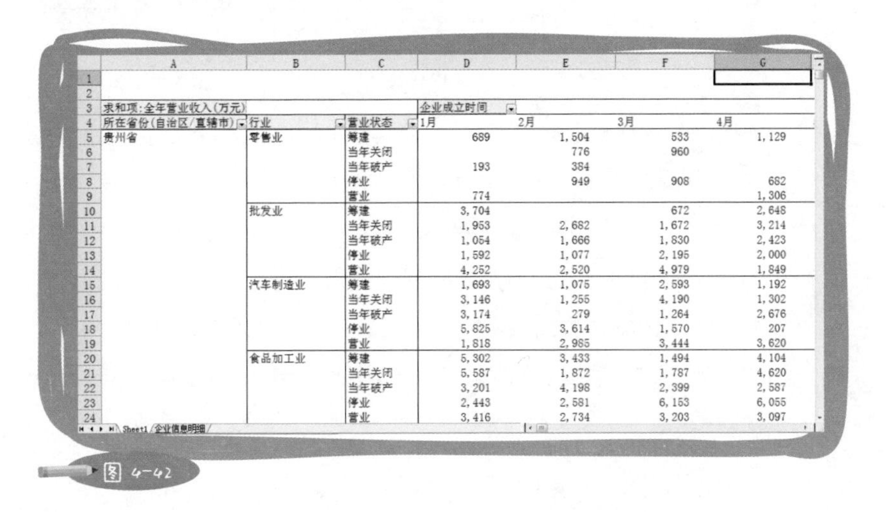

求和项:全年营业收入(万元)			企业成立时间			
所在省份(自治区/直辖市)	行业	营业状态	1月	2月	3月	4月
贵州省	零售业	筹建	689	1,504	533	1,129
		当年关闭		776	960	
		当年破产	193	384		
		停业		949	908	682
		营业	774			1,306
	批发业	筹建	3,704		672	2,648
		当年关闭	1,953	2,682	1,672	3,214
		当年破产	1,054	1,666	1,830	2,423
		停业	1,592	1,077	2,195	2,000
		营业	4,252	2,520	4,979	1,849
	汽车制造业	筹建	1,693	1,075	2,593	1,192
		当年关闭	3,146	1,255	4,190	1,302
		当年破产	3,174	279	1,264	2,676
		停业	5,825	3,614	1,570	207
		营业	1,818	2,985	3,444	3,620
	食品加工业	筹建	5,302	3,433	1,494	4,104
		当年关闭	5,587	1,872	1,787	4,620
		当年破产	3,201	4,198	2,399	2,587
		停业	2,443	2,581	6,153	6,055
		营业	3,416	2,734	3,203	3,097

图 4-42

汇总跟着文字走

我常听人说，数据透视表里的字段拖不好，大家似乎不知道应该先添加什么，再添加什么，添加到行字段还是列字段。的确，要制作分析角度准确的汇总表，需要操作者有很强的逻辑思维能力，而且在制表前必须想清楚什么是第一关注点，什么是第二关注点，谁是谁的从属关系，以及该如何表达这种关系。其实，我们想要表达的意思往往已经到了嘴边，只要手和嘴保持一致，一份准确的汇总表就能轻松获得。

	A	B	C	D	E	F	G	
1								
2								
3	求和项:全年营业收入(万元)			营业状态				
4	所在省份(自治区/直辖市)	执行会计制度类别	行业	筹建	当年关闭	当年破产	停业	营业
5	贵州省	行政单位会计制度	零售业	1,494	494	1,515	336	
6			批发业	8,023	9,940	8,075	9,366	1
7			汽车制造业	8,219	11,689	5,856	15,883	
8			食品加工业	12,256	15,227	11,372	14,248	1
9			食品制造业	10,376	10,080	9,289	9,610	
10			铁路运输业	4,457	2,920	1,855	3,048	
11		企业会计制度	零售业	4,120	960	2,873	1,194	
12			批发业	10,313	6,464	6,485	5,474	1
13			汽车制造业	7,319	6,424	8,064	9,075	
14			食品加工业	17,240	8,795	12,028	13,447	2
15			食品制造业	4,388	7,841	6,143	9,463	1
16			铁路运输业	1,799	3,585	3,134	3,277	
17		事业单位会计制度	零售业	840	721	872	2,177	
18			批发业	9,804	6,990	9,641	10,866	1
19			汽车制造业	10,720	3,941	9,806	7,429	
20			食品加工业	18,506	16,296	11,393	16,114	1
21			食品制造业	6,628	14,331	9,731	11,929	1
22			铁路运输业	2,035	3,599	4,301	4,651	
23	四川省	行政单位会计制度	餐饮业	13,399	5,727	11,637	6,234	1
24			房地产开发业	9,058	10,156	9,821	10,412	

Sheet1 / 企业信息明细

图 4-43

说到一致性，我想起一件事。曾经有一个朋友在写公式时遇到麻烦，他想不明白他要的结果如何用正确的公式来表达。有一天我们刚好约着吃饭，他带上了笔记本，指给我看：“我想在D这个单元格，得到A单元格和B单元格的和减去C单元格的值，我该怎么写这个公式？”我确信当时我呆住了，这个问题……

回过神来，我叫他做了一件事，让他把刚才说的话再慢慢地说一遍。于是他说：“我想在D这个单元格，得到A单元格和B单元格的和减去C单元格的值。”我告诉他：“你已经知道答案了。”然后，就没有再和他讨论这件事情。两分钟过后，他自己解决了这道“难题”。

	A	B	C
1	A 94	B 102	
2	C 73	59	D
3	97	66	
4	50	58	
5	67	126	
6	61	53	
7	64	60	

	A	B	C
1	94	102	
2	73	59	=A1+B1-A2
3	97	66	
4	50	58	
5	67	126	
6	61	53	
7	64	60	

图 4-44

回到本例，这张汇总表用中文应该这样翻译：求，不同省份、不同会计制度类别、不同行业在不同营业状态下的全年营业收入总和。这是我做分类汇总表时使用的标准描述方式，句子中字段名称出现的先后顺序即添加字段的顺序。

我先说不同省份，那么省份就是一级行字段，然后是执行会计制度类别，再然后是行业。句子中间会出现一个“在”字，它后面的字段是列字段。前面我们说了，列字段最好只有一个，所以“在”字后面也只有一个字段名称。

另外还有一个“的”字，它后面的字段是数据项，也就是需要汇总的数据字段。句子最末的“总和”，说明了该汇总表的汇总方式为求和。这种方法屡试不爽，不仅能有效地帮助我们分析字段，还确保了字段添加顺序、添加位置以及汇总方式的准确性。

我们来做一个试验：这里有一份字段列表，照上面的方法说两句话，看看能得到怎样的汇总表。

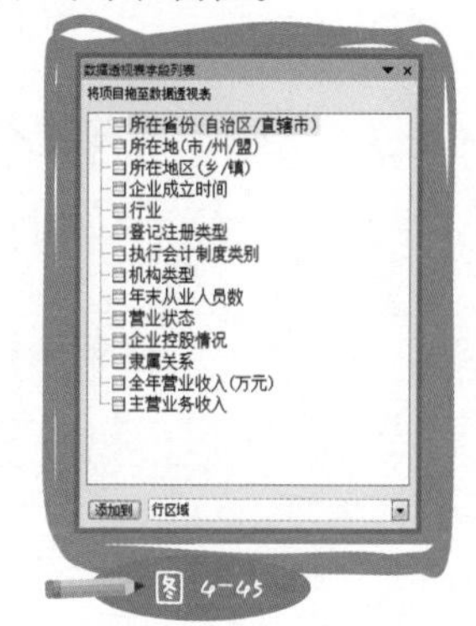

图 4-45

求，不同省份、不同城市、不同行业在不同机构类型的主营业务收入总和。

一级行字段：所在省份。

二级行字段：所在地。

三级行字段：行业。

一级列字段：机构类型。

数据项字段：主营业务收入。

汇总方式：求和。

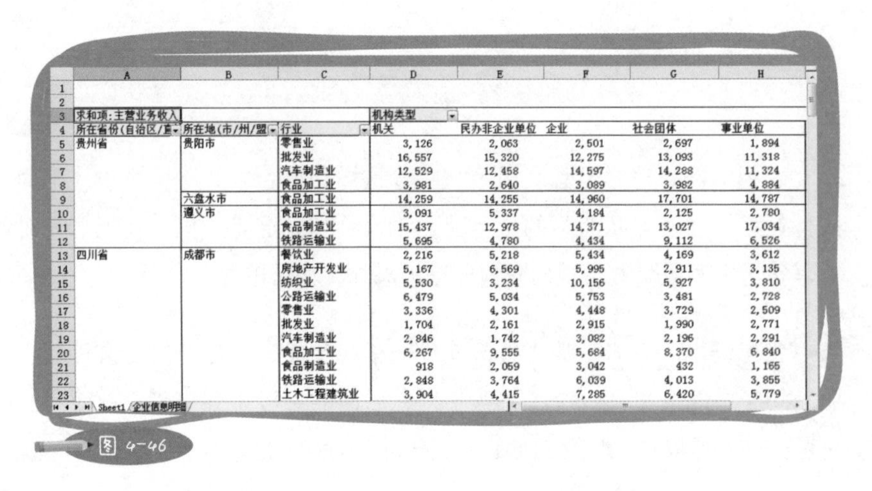

求和项:主营业务收入			机构类型				
所在省份(自治区/直	所在地(市/州/盟	行业	机关	民办非企业单位	企业	社会团体	事业单位
贵州省	贵阳市	零售业	3,126	2,063	2,501	2,697	1,894
		批发业	16,557	15,320	12,275	13,093	11,318
		汽车制造业	12,529	12,458	14,597	14,288	11,324
		食品加工业	3,981	2,640	3,089	3,982	4,884
	六盘水市	食品加工业	14,259	14,255	14,960	17,701	14,787
	遵义市	食品加工业	3,091	5,337	4,184	2,125	2,780
		食品制造业	15,437	12,978	14,371	13,027	17,034
		铁路运输业	5,695	4,780	4,434	9,112	6,526
四川省	成都市	餐饮业	2,216	5,218	5,434	4,169	3,612
		房地产开发业	5,167	6,569	5,995	2,911	3,135
		纺织业	5,530	3,234	10,156	5,927	3,810
		公路运输业	6,479	5,034	5,753	3,481	2,728
		零售业	3,336	4,301	4,448	3,729	2,509
		批发业	1,704	2,161	2,915	1,990	2,771
		汽车制造业	2,846	1,742	3,082	2,196	2,291
		食品加工业	6,267	9,555	5,684	8,370	6,840
		食品制造业	918	2,059	3,042	432	1,165
		铁路运输业	2,848	3,764	6,039	4,013	3,855
		土木工程建筑业	3,904	4,415	7,285	6,420	5,779

图 4-46

求，不同企业成立月份、不同省份在不同营业状态下的年末从业人员数总和。

一级行字段：企业成立时间。

二级行字段：所在省份。

一级列字段：营业状态。

数据项字段：年末从业人员数。

汇总方式：求和。

>>>>> >>>>> >>>>>

求和项:年末从业人员数		营业状态					
企业成立时间	所在省份(自治区	筹建	当年关闭	当年破产	停业	营业	总计
1月	贵州省	75,331	62,806	64,853	94,895	79,648	377,533
	四川省	277,314	170,938	211,769	239,684	222,806	1,122,511
	云南省	86,241	98,115	88,765	98,694	64,304	436,119
2月	贵州省	64,956	58,110	58,521	56,423	85,681	323,691
	四川省	238,282	223,203	287,797	202,212	241,701	1,193,195
	云南省	71,999	55,013	67,492	115,281	30,121	339,906
3月	贵州省	33,654	58,349	37,706	73,408	64,075	267,192
	四川省	250,518	202,630	251,398	233,115	255,242	1,192,903
	云南省	54,441	68,161	87,218	80,337	60,691	350,848
4月	贵州省	66,543	84,833	43,659	73,469	69,939	338,443
	四川省	194,406	209,701	245,497	210,997	284,669	1,145,270
	云南省	56,384	57,067	82,584	44,603	82,184	322,822
5月	贵州省	54,393	67,518	54,716	50,331	58,670	285,628
	四川省	207,352	192,803	274,716	267,098	229,131	1,171,100
	云南省	105,929	52,406	75,016	72,619	47,947	353,917
6月	贵州省	64,532	99,389	71,161	48,999	100,585	384,666
	四川省	217,952	207,424	239,313	186,363	178,557	1,029,609
	云南省	46,699	71,518	88,924	43,718	46,154	297,013
7月	贵州省	84,021	40,956	82,932	52,834	82,105	342,848

Sheet1 / 企业信息明细

图 4-47

是不是非常清晰？所以，制作汇总表，跟着文字走准没错。

字段主次要分明

在分类汇总表的结构里，行字段和列字段没有主次关系，不会影响汇总表的关注焦点。但是行字段之间却有非常明显的主次关系，它们的顺序决定了分类汇总表所传递的信息侧重点所在，也因此为企业管理提供了不同角度的决策数据。

图4-48以省份为一级行字段，重点关注不同省份的数据变化，之后才细化到每个省份不同的行业有怎样的数据表现。从功用上讲，它可以做各省份的横向评估，聚焦全国各省的企业主营业务收入对比，以此定义发达地区与欠发达地区，并由此制定地区发展规划。

如果结合营业状态综合评估，则可以确定某地区各行业的活跃性，推断出该地区经济处于快速发展期，还是衰退期，然后制定相应的经济政策，重点扶持高速发展的行业，并加大力度帮助夕阳产业尽快转型。

	A	B	C	D	E	F	G	H
1								
2								
3	求和项:主营业务收入		营业状态					
4	所在省份(自治区/直辖市)	行业	筹建	当年关闭	当年破产	停业	营业	总计
5	贵州省	零售业	3,618	671	3,158	1,703	3,132	12,28
6		批发业	14,340	10,114	13,193	13,801	17,115	68,56
7		汽车制造业	14,465	10,488	12,243	12,115	15,885	65,19
8		食品加工业	26,054	23,166	14,781	23,495	24,556	112,05
9		食品制造业	12,454	14,963	11,870	16,728	16,832	72,84
10		铁路运输业	4,120	6,432	4,350	6,204	9,443	30,54
11	贵州省 汇总		75,051	65,833	59,594	74,046	86,962	361,48
12	四川省	餐饮业	19,396	11,335	15,743	18,449	24,704	89,62
13		房地产开发业	14,014	9,727	12,827	15,546	17,710	69,82
14		纺织业	12,053	14,591	15,727	11,957	16,850	71,17
15		公路运输业	15,105	9,754	14,057	12,478	15,824	67,21
16		零售业	15,758	17,732	15,046	12,794	24,929	86,25
17		批发业	8,935	16,090	12,285	15,009	17,563	69,88
18		汽车制造业	11,982	13,721	11,063	12,352	15,038	64,15
19		食品加工业	21,924	19,332	24,030	20,527	24,634	110,44
20		食品制造业	13,295	12,259	16,578	9,769	18,116	70,01
21		铁路运输业	13,176	17,793	19,532	13,652	21,456	85,60
22		土木工程建筑业	18,882	15,512	17,963	14,587	26,762	93,70
23		物业管理业	20,607	22,151	20,103	14,524	27,949	105,33

Sheet1 / 企业信息明细

图 4-48

如果调整汇总表行字段的顺序，数据意义就会发生本质的变化。如图4-49，当把行业作为一级行字段时，关注的重点就不再是地区发展了。从这张报表的数据内容来看，我们更容易联想到国民产业结构、行业发展、国民消费等问题。是不是某些行业完全主导了国民经济的发展，应该如何避免泡沫的产生？关联行业的数据是否比例正确，其中出现了什么问题？国民消费的流向如何，在消费集中的行业，企业的营业状态如何，是否需要提高或降低准入门槛以及规范市场？

	A	B	C	D	E	F	G
1							
2							
3	求和项:主营业务收入		营业状态				
4	行业	所在省份(自治区/直辖市)	筹建	当年关闭	当年破产	停业	营业
5	餐饮业	四川省	19,396	11,335	15,743	18,449	24,704
6		云南省	23,941	15,138	17,167	17,491	11,636
7	餐饮业 汇总		43,337	26,473	32,909	35,940	36,340
8	房地产开发业	四川省	14,014	9,727	12,827	15,546	17,710
9		云南省	11,905	11,721	12,551	15,394	14,009
10	房地产开发业 汇总		25,919	21,448	25,378	30,940	31,719
11	纺织业	四川省	12,053	14,591	15,727	11,957	16,850
12		云南省	13,532	14,978	16,193	11,067	17,764
13	纺织业 汇总		25,585	29,570	31,920	23,024	34,614
14	公路运输业	四川省	15,105	9,754	14,057	12,478	15,824
15		云南省	11,942	15,810	19,600	12,575	14,254
16	公路运输业 汇总		27,047	25,563	33,656	25,053	30,078
17	零售业	贵州省	3,618	671	3,158	1,703	3,132
18		四川省	15,758	17,732	15,046	12,794	24,929
19		云南省	15,946	19,481	20,483	16,366	11,322
20	零售业 汇总		35,322	37,884	38,686	30,863	39,383
21	批发业	贵州省	14,340	10,114	13,193	13,801	17,115
22		四川省	8,935	16,090	12,285	15,009	17,563
23	批发业 汇总		23,275	26,203	25,478	28,810	34,678

Sheet1 / 企业信息明细

图 4-49

瞧，只是简单地将两个行字段换位，就得到了截然不同的分析结果以及行动方针。可见，字段的主次关系对于数据分析结果有多么重要的意义。这其中的奥妙，还需你在实践中细细揣摩。

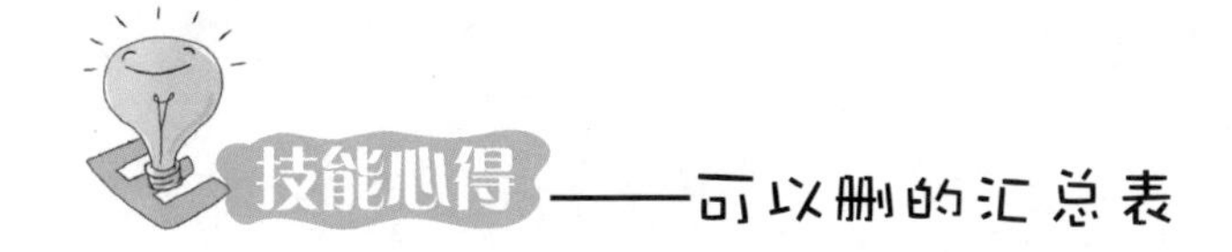

手工制作一份复杂的分类汇总表，犹如建造一栋摩天大楼，需要夜以继日地辛勤工作，一砖一瓦地堆砌而成，任谁都不会忍心让自己的心血毁于一旦。因此，电脑里就存放着各式各样的过渡报表、最终报表、报表版本123、报表年份ABC、报表月份甲乙丙。随着工作年限逐渐增加，文档库会越变越大，分类会越来越细，到最后，找一份报表都将成为一项工作。就企业而言，核心员工调岗后，大量的报表交接也会令新人无所适从，从而产生一系列的工作问题。

但如果这栋“摩天大楼”只是孙悟空的一根猴毛变出来的，我们就不用太紧张它了。只要猴哥在，猴毛无限多，源数据表与汇总表的关系正该如此。删表只是一个概念，本身并不重要。重要的是由于可以删表，代表我们已经掌握了正确的方法，能够快速、准确地制表，这种能力将为我们个人提供更多的机会。

像往常一样，你抱着笔记本进了老板的办公室。在汇报过程中，老板提出N个问题，他希望不仅仅看到一个角度的分析数据，可是他没有提前告诉你。换作从前，你也许会默默记下他所有的要求，并答复：“好的，我尽快统计，预计要五个工作日，下周三之前向您汇报。”现在，你可以直接打开源数据表，当场“变”给你的老板看，并和他一同分析数据。这样不仅表现了你出色的工作能力，也缩短了老板决策的时间，同时争取到更多与老板相处的机会。不知不觉中，你和老板的距离就被悄悄地拉近了。

第4节 巧妙组合日期

在用透视表做分类汇总表时，有一个特殊的字段值得单独说一说，它就是日期。原则上，任何数据分析都应该基于特定的时间范围，否则数据就没有意义。如果我告诉你我奢侈了一把，花了整整一万块钱，你的第一个问题一定是："多长时间花的？"一年花一万，不多；一分钟花掉一万，奢侈。

可实际上，这样的理解也不完全正确，你还应该问我一个问题："通常你一年花多少？""3000！"那么，对我而言，一年花一万真的已经非常多了。所以，在分析数据时，除了要按时间范围进行汇总，一般还要对比相同时间范围内的数据变化情况。

不管怎么说，日期都是汇总表不可或缺的组成部分。下面，我们就以这张办公用品领用表（见图4-50）为例，聊聊日期的事儿。

	A	B	C	D	E
1	日期	科室	领用用品	数量	用品单位
2	2010/1/2	投资处	订书机	5	个
3	2010/1/3	核算处	订书机	9	个
4	2010/1/4	财务处	圆珠笔	8	支
5	2010/3/31	综合处	回形针	5	盒
6	2010/3/31	投资处	笔记本	10	本
7	2010/3/31	交通处	订书机	6	个
8	2010/3/31	核算处	圆珠笔	9	支
9	2010/3/31	综合处	回形针	15	盒
10	2010/3/31	交通处	铅笔	2	支
11	2010/6/5	投资处	A4纸	1	包
12	2010/6/5	交通处	A4纸	2	包
13	2010/6/5	综合处	A4纸	1	包
14	2010/6/5	投资处	A4纸	2	包
15	2010/6/5	信管处	圆珠笔	4	支

图 4-50

日期字段怎么放

作为页字段

如果不需要对比每个月的领用情况，就可以将日期放入页字段。不做特殊处理的话，此类汇总表只能显示单月或者全年的汇总情况，而不能显示某几个月的汇总数（2007版可以）。

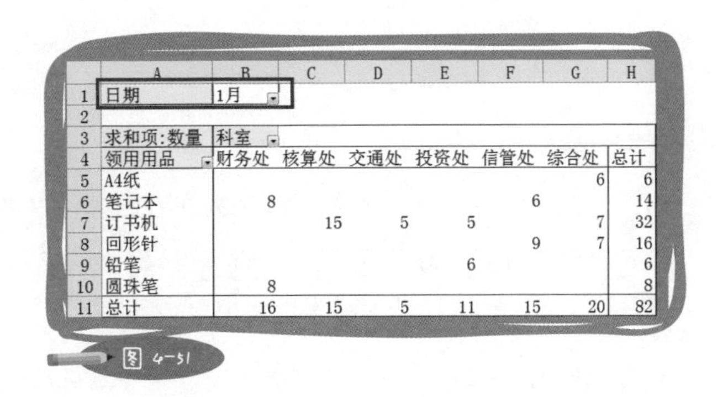

	A	B	C	D	E	F	G	H
1	日期	1月						
2								
3	求和项:数量	科室						
4	领用用品	财务处	核算处	交通处	投资处	信管处	综合处	总计
5	A4纸						6	6
6	笔记本	8				6		14
7	订书机		15	5	5		7	32
8	回形针					9	7	16
9	铅笔				6			6
10	圆珠笔	8						8
11	总计	16	15	5	11	15	20	82

图4-51

我们前面介绍过分页显示功能，这种布局支持透视表将每个月的领用情况分别显示，一键打印，常用于需要以纸张形式对每月数据进行存档的情况。

作为行字段

如果以日期作为一级行字段（见图4-52），汇总表关注的是每个月领用的整体情况。这种分析不为指导明年的办公用品预算，也不关注具体品类的领用状况，它的意义是站在更高的管理层面，对领用情况进行概括性的展示而已。这就好像我们看自己一年的信用卡账单，不看吧，不知道今年整体状况如何；看了吧，也不意味着明年就要对消费习惯做出调整。

	A	B	C	D	E	F	G	H	I
1									
2									
3	求和项:数量		科室						
4	日期	领用用品	财务处	核算处	交通处	投资处	信管处	综合处	总计
5	1月	A4纸						6	6
6		笔记本	8				6		14
7		订书机		15	5	5		7	32
8		回形针					9	7	16
9		铅笔				6			6
10		圆珠笔	8						8
11	1月 汇总		16	15	5	11	15	20	82
12	2月	订书机			9	7			16
13		圆珠笔		9	7			5	21
14	2月 汇总			9	16	7		5	37
15	3月	A4纸		2					2
16		笔记本	4		5	10	5		24
17		订书机		6	6		9	20	41
18		回形针	9	7				20	36
19		铅笔			2				2
20		圆珠笔		9		14			23

图 4-52

在外企里写邮件，经常用到一个英文缩写——FYI（for your information），中文意思是“告知”。这意味着发件人不需要收件人在看到邮件后做任何动作，有时甚至都不需要回复，只是告诉收件人有这么个事，这叫知情权。对老板而言，知情权是他最重要的权利之一，所以，上面这种概括性的报告也要记得“告知”他。

如果以日期作为二级行字段，汇总表的关注重点就转变为同类办公用品不同时期的领用趋势。由此，我们可以对明年同期的各类办公用品采购数量做粗略的估算。

	A	B	C	D	E	F	G	H	I
1									
2									
3	求和项:数量		科室						
4	领用用品	日期	财务处	核算处	交通处	投资处	信管处	综合处	总计
5	A4纸	1月						6	6
6		3月		2					2
7		4月			5				5
8		5月						8	8
9		6月			2	3		1	6
10		8月		8				9	17
11		12月						8	8
12	A4纸 汇总			10	7	3		32	52
13	笔记本	1月	8				6		14
14		3月	4		5	10	5		24
15		5月			8	14		7	29
16		7月					5		5
17		8月	8	11				13	32
18		11月	8				15		23
19		12月		9	5			7	21
20	笔记本 汇总		28	20	18	24	31	27	148

图 4-53

作为列字段

将日期作为列字段，好像更符合通常的阅读习惯。如下面这张汇总表，如果单纯关注日期的作用，它完全不同于之前三张表，既可以让我们直观又完整地感受到全年的办公用品领用状况，又能提供最佳的阅读体验。让老板的眼睛舒服，也是我们的责任。

	A	B	C	D	E	F	G	H	I	J	K	L	M
1													
2													
3	求和项:数量		日期										
4	科室	领用用品	1月	2月	3月	4月	5月	6月	7月	8月	11月	12月	总计
5	财务处	笔记本	8		4					8	8		28
6		订书机					8			8			16
7		回形针			9				8		9	16	42
8		圆珠笔	8				6	4		5		7	30
9	财务处 汇总		16		13		14	4	8	21	17	23	116
10	核算处	A4纸			2					8			10
11		笔记本								11		9	20
12		订书机	15		6		7	2		5	5	17	57
13		回形针			7		15		6		15	5	48
14		圆珠笔		9	9			17				9	44
15	核算处 汇总		15	9	24		22	19	6	24	20	40	179
16	交通处	A4纸				5		2					7
17		笔记本			5		8					5	18
18		订书机	5	9	6						8		28
19		回形针					16			7		7	30
20		铅笔			2								2

图4-54

以上三种日期字段的处理方式，没有对与错，只有合适与不合适。具体采用哪一种方式，取决于我们的工作目的。只要搞清楚它们各自表达的重点，就能做出最恰当的汇总表。

日期很特殊

有朋友可能要说："时间范围很广泛，可以是年、季度、月、日、小时、分钟，甚至秒。如果要按照不同的时间范围制作汇总表，我的源数据表可就不好处理了。"这说得一点都没有错。

遵循要分析什么就要有什么字段的原则，如果要根据月份进行统计，就要有一列记录月份；根据季度进行统计，就要有一列记录季度；根据年进行统计，就要有一列记录年。那么，就算我们知道如何运用month/ceiling/roundup/year等函数，可以将日期自动转换成相应的时间数据，在源数据表中也需要有专门的N列来记录它们（见图4−55）。然而，我们却不知道这些字段何年何月才能派上用场。更何况，如果真要统计到小时、分钟、秒，又该怎么办?

	A	B	C	D	E	F	G	H	I
1	日期	天	月份	季度	年	科室	领用用品	数量	用品单位
2	2010/1/2	2	1	1	2010	投资处	订书机	5	个
3	2010/1/3	3	1	1	2010	核算处	订书机	9	个
4	2010/1/4	4	1	1	2010	财务处	圆珠笔	8	支
5	2010/3/31	31	3	1	2010	综合处	回形针	5	盒
6	2010/3/31	31	3	1	2010	投资处	笔记本	10	本
7	2010/3/31	31	3	1	2010	交通处	订书机	6	个
8	2010/3/31	31	3	1	2010	核算处	圆珠笔	9	支
9	2010/3/31	31	3	1	2010	综合处	回形针	15	盒
10	2010/3/31	31	3	1	2010	交通处	铅笔	2	支
11	2010/6/5	5	6	2	2010	投资处	A4纸	1	包
12	2010/6/5	5	6	2	2010	交通处	A4纸	2	包
13	2010/6/5	5	6	2	2010	综合处	A4纸	1	包
14	2010/6/5	5	6	2	2010	投资处	A4纸	2	包
15	2010/6/5	5	6	2	2010	信管处	圆珠笔	4	支
16	2010/6/5	5	6	2	2010	财务处	圆珠笔	4	支
17	2010/6/5	5	6	2	2010	核算处	圆珠笔	5	支
18	2010/6/5	5	6	2	2010	核算处	圆珠笔	6	支
19	2010/6/5	5	6	2	2010	核算处	圆珠笔	6	支

图 4−55

这似乎不是轻松工作的方式，反而加大了工作难度。“一定有好办法可以解决”，我当初就是凭着这股信念，四处寻找解决方法。信念的来源是对Excel的信任，相信它有这个能力。我常常对学员讲：“有的问题虽然一点就通，但如果你不敢去想，就不可能去学，如此一来，你就永远学不到。遇到数据问题，要相信Excel能解决，至于具体技能和操作步骤，满大街都是。”

Excel是真的考虑到了我们要按照不同时间范围进行统计的个性化需求。于是，在数据透视表里出现了一项功能，叫作“组合”。只需经过简单设置，就能出现不可思议的画面。

“组合”指的是把几个部分的数据组织成整体。这项功能，虽然对其他字段也适用，但却需要手工设置，我并不推荐。而对于日期字段，它是全自动运行的。之所以日期特殊，是因为日期有标准，2010/1/10在全世界任何地方都代表2010年、1季度、1月、10日。于是，Excel可以自动拆解日期中所包含的属性，而不需要我们手工区别，所以对于源数据表，有一个日期列就足够了。

	A	B	C	D	E
1	日期	科室	领用用品	数量	用品单位
2	2010/1/2	投资处	订书机	5	个
3	2010/1/3	核算处	订书机	9	个
4	2010/1/4	财务处	圆珠笔	8	支
5	2010/3/31	综合处	回形针	5	盒
6	2010/3/31	投资处	笔记本	10	本
7	2010/3/31	交通处	订书机	6	个
8	2010/3/31	核算处	圆珠笔	9	支
9	2010/3/31	综合处	回形针	15	盒
10	2010/3/31	交通处	铅笔	2	支
11	2010/6/5	投资处	A4纸	1	包
12	2010/6/5	交通处	A4纸	2	包
13	2010/6/5	综合处	A4纸	1	包
14	2010/6/5	投资处	A4纸	2	包
15	2010/6/5	信管处	圆珠笔	4	支
16	2010/6/5	财务处	圆珠笔	4	支
17	2010/6/5	核算处	圆珠笔	5	支
18	2010/6/5	核算处	圆珠笔	6	支
19	2010/6/5	核算处	圆珠笔	6	支

图 4-56

日期怎么组合，各位看官睁大眼睛瞧好了。

首先，进入数据透视表的操作界面（Alt+D→P→F），当我们把日期字段拖入行字段区域后，会得到一个密密麻麻按日期汇总的报表。

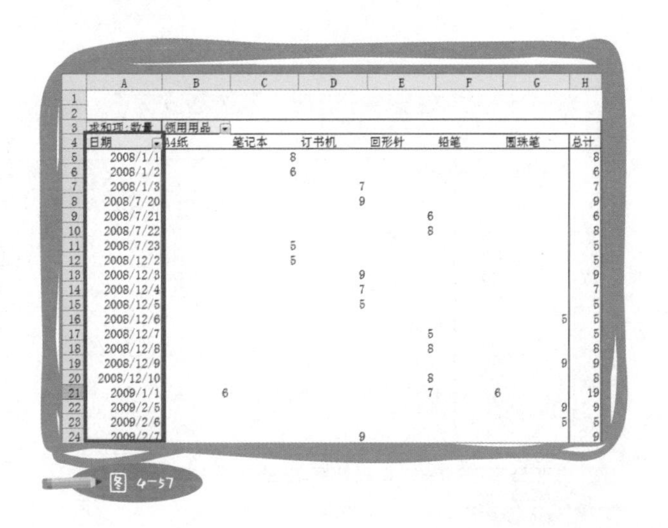

	A	B	C	D	E	F	G	H
1								
2								
3	求和项:数量	领用用品						
4	日期	A4纸	笔记本	订书机	回形针	铅笔	圆珠笔	总计
5	2008/1/1		8					8
6	2008/1/2		6					6
7	2008/1/3			7				7
8	2008/7/20			9				9
9	2008/7/21				6			6
10	2008/7/22				8			8
11	2008/7/23		5					5
12	2008/12/2		5					5
13	2008/12/3			9				9
14	2008/12/4			7				7
15	2008/12/5			5				5
16	2008/12/6						5	5
17	2008/12/7				5			5
18	2008/12/8				8			8
19	2008/12/9						9	9
20	2008/12/10				8			8
21	2009/1/1	6			7	6		19
22	2009/2/5						9	9
23	2009/2/6						5	5
24	2009/2/7			9				9

图 4-57

接下来，只用两步就能得到不一样的汇总表。

第一步：在日期字段数据区域的任意单元格，点鼠标右键选中“组及显示明细数据”下的“组合”（从2007版开始，直接在右键菜单中叫作“组合”，或者“创建组”）。

图 4-58

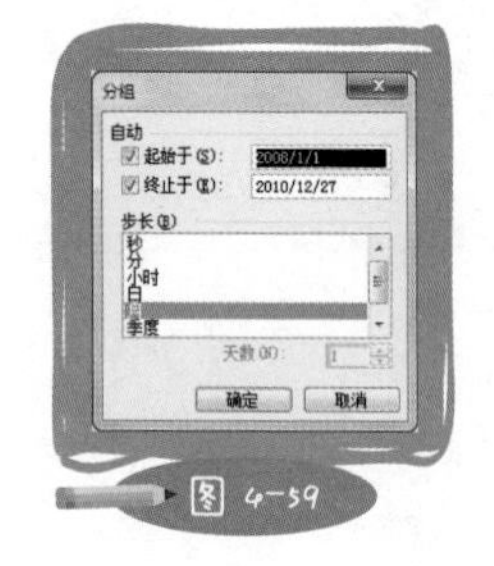

图 4-59

第二步：设置期望的汇总时间范围（可以多选），点击“确定”即完成。

如果设置了按月进行汇总，就会得到忽略年份的月领用情况。

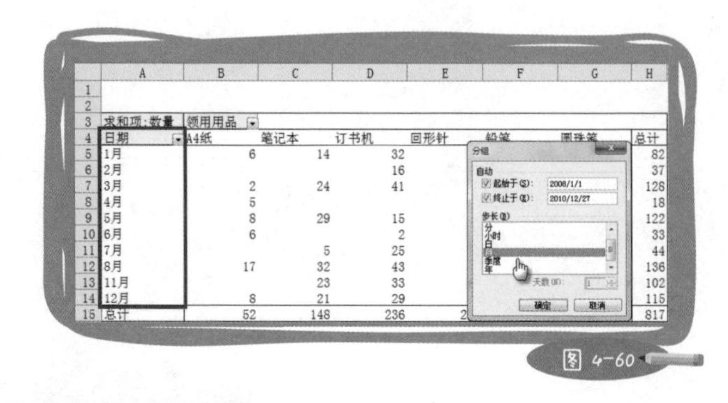

图 4-60

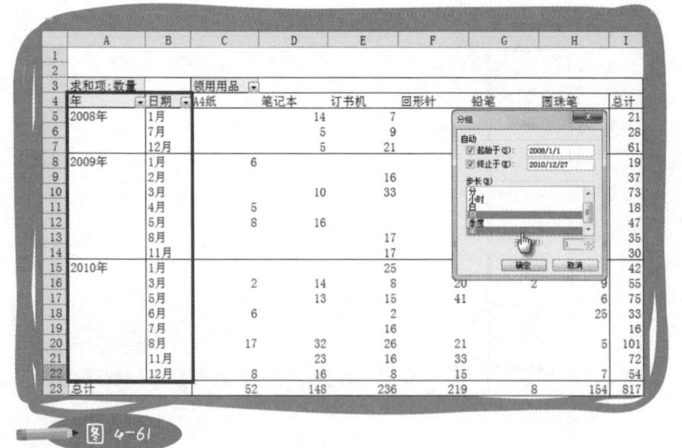

图 4-61

如果设置为按年/月进行汇总，就会得到不同年份不同月的领用情况。

还可以按年/季度进行汇总，得到不同年份不同季度的领用情况。

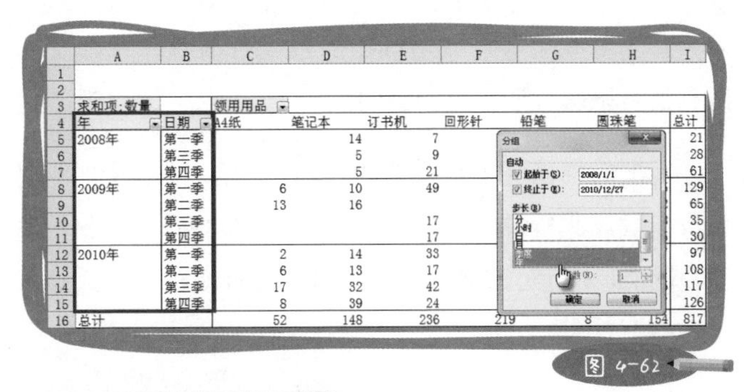

图 4-62

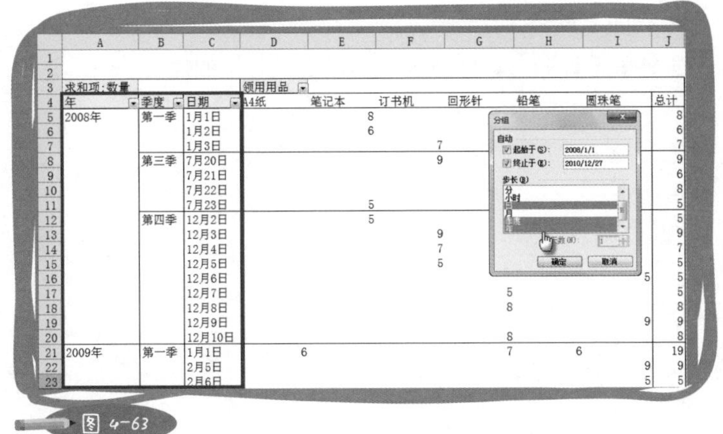

或者按年/季度/日进行汇总，得到不同年份不同季度每一天的领用情况。

图 4-63

看看它，再回想当初做这么多份报表时，是多么的痛苦，甚至绝望。可是现在，两个步骤，轻松搞定。细心的朋友还会发现，汇总的时间范围竟然可以小到小时、分、秒，谁敢说“组合”不牛？如此工作，心情如何，谁用谁知道。

正确的日期才特殊

“组合”好用，可是也有前提——日期格式必须正确。

日期的录入原本只应是一个小技巧，可是，一旦录入错误，上面提到的福利我们就无法享受到。所以，我在此非常隆重地为日期再写一小节。

在为好几个客户做培训前的报表咨询时，我都发现一个简单却严重的问题：他们几乎所有报表里的日期都是错误的。

日期的错误并不是指把2010/1/10录入为2010/2/10，数据内容是否正确，我管不着，也没法管。我所说的日期错误是，对Excel而言，他们录入的压根儿就不是日期，这就严重了。既然Excel无法判定录入的内容为日期，也就无法为其拆分属性，从而无法智能得到组合后的汇总表。

我们说过，原则上，所有汇总表都应该基于某一个时间范围来制作。如果Excel不能识别日期，就意味着所有的汇总表都要手工打造，难怪做表成为很多人心中的痛。

日期常见的错误录入方式有以下几种：

点型——以“.”为分隔符号录入的日期，如：2011.1.10；

空格型——以“ ”为分隔符号录入的日期，如：2011 1 10；

外星型——以地球以外的语言为分隔符号录入的日期，如：2011@1@10、2010&1&10。

正确的录入方式虽然有很多种，常见的却只有两种：

减号型——以“-”为分隔符号录入的日期，如：2011-1-10；

正斜杠型——以“/”为分隔符号录入的日期，如：2011/1/10。

其他格式的正确日期，通过设置单元格格式就能找到。

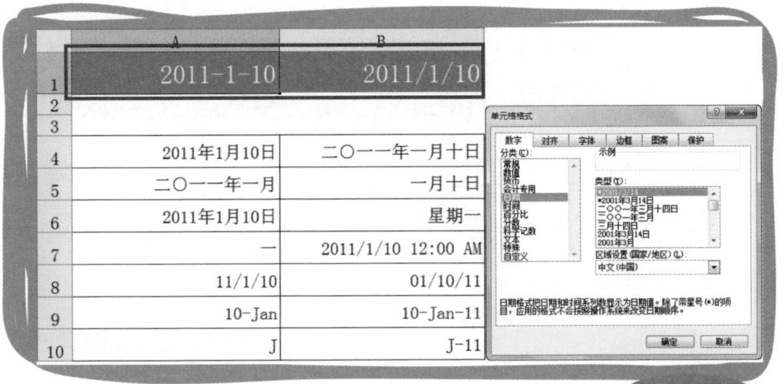

	A	B
1	2011-1-10	2011/1/10
2		
3		
4	2011年1月10日	二〇一一年一月十日
5	二〇一一年一月	一月十日
6	2011年1月10日	星期一
7	一	2011/1/10 12:00 AM
8	11/1/10	01/10/11
9	10-Jan	10-Jan-11
10	J	J-11

图 4-64

检验日期是否正确的方法很简单：将单元格格式设置为常规，如果日期变成了一组数字，就是正确的日期；如果日期仍然是日期，就是错误的日期。例如：单元格内容为2011/1/10，设置为常规后，变成了40553，代表日期是正确的；单元格内容为2011.1.10，设置为常规后，依然是2011.1.10，代表该日期是错误的。

这是什么道理？这里就涉及Excel中日期的本质，我简单为大家介绍一下：Excel默认的起始日期为1900/1/1，在系统里，它代表第一天，用数字1表示。之后每增加一天，数字就增加1，2011/1/10距离1900/1/1有40552天，40552+1=40553，于是40553就代表了2011/1/10。正因如此，两个日期才可以做减法，得到的结果为它们相隔的天数。

一个日期包含很多字符，一个个地输入可不是办法。输入2011/1/10要敲击键盘9+1次，这还没算上喝了酒、没睡醒、心情不好输错重来的次数。咱们学一个快捷键，只用1+1次就能准确输入当前的计算机日期，让效率提高5倍：“Ctrl+；”，再按“回车”搞定。有的工作需要记录当前时间，别再看手表或者系统时钟了，看的时候20：16，输入单元格时就已经变成20：17了，不但不准确，还很麻烦。还是用1+1个动作准确输入“Ctrl+Shift+；”，再按“回车”搞定。

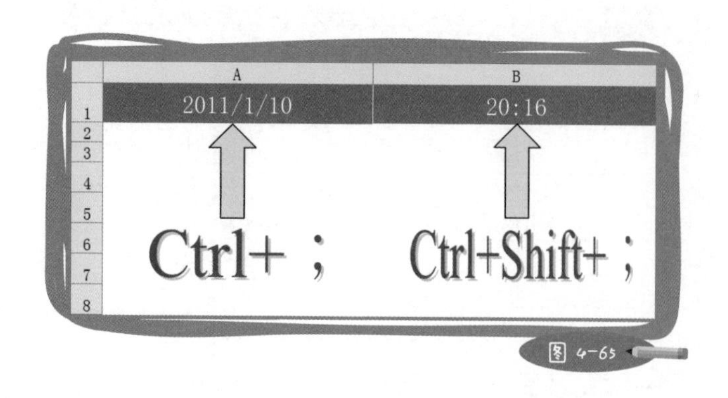

图 4-65

如果你正在使用的源数据表已经存在大量的错误日期，不用担心，只要将错误的分隔符替换为“-”或“/”就可以修复了。替换就不用再讲了吧，你懂的。

第5节 追根溯“源”

做汇总数据的人有两大难事：第一难是做出一张像样的汇总表，第二难是接受老板对数据提出的质疑以及新的分析要求。对于第一难，学会运用数据透视表，制作汇总表这件事情已经不足挂齿。但是，我相信大家有过这样的经验：当我们向老板汇报的时候，他会质疑某一些数据，并且要求看到明细。如果汇报前准备不充分，被问到时，要么胡乱说一通，要么过后认真地查清楚了再反馈，经验不足的人干脆呆立当场，听候训斥。

为什么我们做的汇总表永远能够被老板挑刺？那是因为我们和老板所处的位置不同、责任不同、看问题的角度不同而造成的。有的时候，就算我们再认真努力，也无法真正了解老板想要什么。

对我们来说，处理一个数字也许仅仅是工作；但对决策者来说，一个数字可能就决定了一件事的成败，当然错不得。这也就是为什么上级总能发现我们的错误，而我们自己却浑然不知的原因。

在这个问题上，没有对错，只是各司其职罢了，但却苦了我们这些做表的人。有时候被问得哑口无言，脸红心跳，下去后还要加班加点整理数据，准备第二天向老板交差。更辛苦的是，老板通常不会一次罢休，今天质疑了这个汇总结果，要求看明细，明天又突发奇想，质疑其他的汇总结果，再一次要求看明细。如此反复多次，汇报者的心情不好，老板的心情同样也不好，更关键的是影响了决策的时间。

但我们是幸运的，因为数据透视表提供了查看明细这项功能，并且操作简单。我们要为老板提供明细，只需动动鼠标就能轻松获得；老板要看更多的明细，只需花10秒钟教会他，我们就不必再伺候左右，他想怎么看就怎么看。如此一来，皆大欢喜。

具体的操作方法，请看下面这个例子。

首先根据这张员工信息表，按部门和文化程度来统计相应的员工人数。

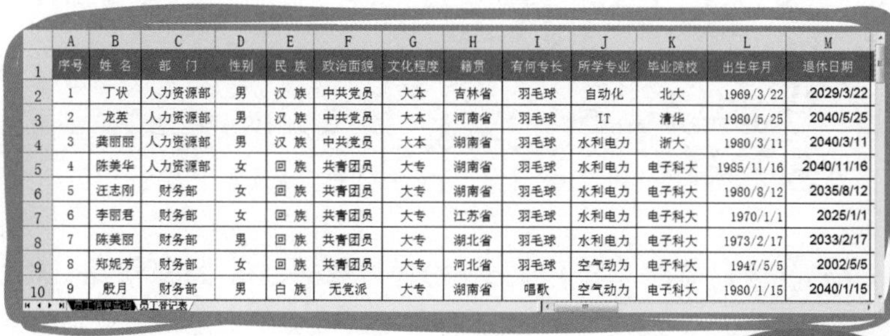

	A	B	C	D	E	F	G	H	I	J	K	L	M
1	序号	姓 名	部　门	性别	民 族	政治面貌	文化程度	籍贯	有何专长	所学专业	毕业院校	出生年月	退休日期
2	1	丁状	人力资源部	男	汉 族	中共党员	大本	吉林省	羽毛球	自动化	北大	1969/3/22	2029/3/22
3	2	龙英	人力资源部	男	汉 族	中共党员	大本	河南省	羽毛球	IT	清华	1980/5/25	2040/5/25
4	3	龚丽丽	人力资源部	男	汉 族	中共党员	大本	湖南省	羽毛球	水利电力	浙大	1980/3/11	2040/3/11
5	4	陈美华	人力资源部	女	回 族	共青团员	大专	湖南省	羽毛球	水利电力	电子科大	1985/11/16	2040/11/16
6	5	汪志刚	财务部	女	回 族	共青团员	大专	湖南省	羽毛球	水利电力	电子科大	1980/8/12	2035/8/12
7	6	李丽君	财务部	女	回 族	共青团员	大专	江苏省	羽毛球	水利电力	电子科大	1970/1/1	2025/1/1
8	7	陈美丽	财务部	男	回 族	共青团员	大专	湖北省	羽毛球	水利电力	电子科大	1973/2/17	2033/2/17
9	8	郑妮芳	财务部	女	回 族	共青团员	大专	河北省	羽毛球	空气动力	电子科大	1947/5/5	2002/5/5
10	9	殷月	财务部	男	白 族	无党派	大专	湖南省	唱歌	空气动力	电子科大	1980/1/15	2040/1/15

员工信息查询 员工登记表

图 4-66

统计结果出来以后（见图4-67），如果想要知道财务部和技术部高中学历的员工是谁，全公司大专学历的是哪几位，并不用再回到源数据表辛辛苦苦地筛选、复制、粘贴，只需用鼠标左键双击汇总数，就能得到结果。

	A	B	C	D	E
1					
2					
3	计数项:序号	文化程度			
4	部　门	大本	大专	高中	总计
5	保卫科	3			3
6	财务部		6	1	7
7	仓管部	6			6
8	技术部	6		1	7
9	人力资源部	3	1		4
10	销售部	7			7
11	总计	25	7	2	34

图 4-67

数据透视表提供的查看明细功能非常简单，想看什么数据的明细，就双击它。Excel会自动新建一张工作表，逐项罗列出所有相关数据，瞬间定位，一目了然。看完不用了，删除新建的工作表即可。下表即双击汇总表里大专的总计数“7”后，得到的明细数据。

但要千万注意以下一点，否则会泄露商业机密。

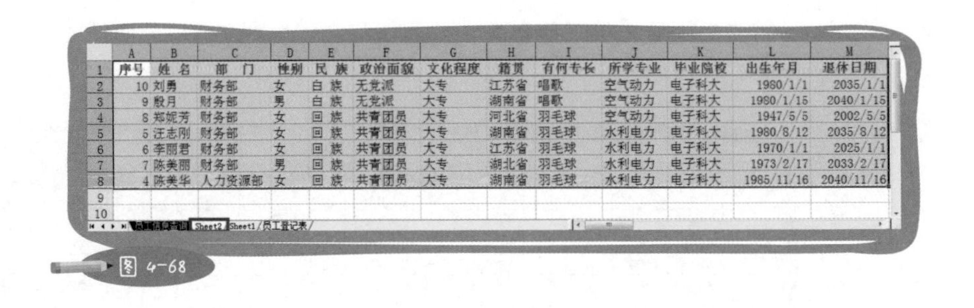

	A	B	C	D	E	F	G	H	I	J	K	L	M
1	序号	姓 名	部　门	性别	民 族	政治面貌	文化程度	籍贯	有何专长	所学专业	毕业院校	出生年月	退休日期
2	10	刘勇	财务部	女	白 族	无党派	大专	江苏省	唱歌	空气动力	电子科大	1980/1/1	2035/1/1
3	9	殷月	财务部	男	白 族	无党派	大专	湖南省	唱歌	空气动力	电子科大	1980/1/15	2040/1/15
4	8	郑妮芳	财务部	女	回 族	共青团员	大专	河北省	羽毛球	空气动力	电子科大	1947/5/5	2002/5/5
5	5	汪志刚	财务部	女	回 族	共青团员	大专	湖南省	羽毛球	水利电力	电子科大	1980/8/12	2035/8/12
6	6	李丽君	财务部	女	回 族	共青团员	大专	江苏省	羽毛球	水利电力	电子科大	1970/1/1	2025/1/1
7	7	陈美丽	财务部	男	回 族	共青团员	大专	湖北省	羽毛球	水利电力	电子科大	1973/2/17	2033/2/17
8	4	陈美华	人力资源部	女	回 族	共青团员	大专	湖南省	羽毛球	水利电力	电子科大	1985/11/16	2040/11/16
9													
10													

Sheet2 / Sheet1 / 员工登记表

图 4-68

数据透视表很神奇，当我们把一份通过数据透视表得到的汇总表复制到新的工作簿时，只要双击任意汇总数，就可以在没有源数据表的情况下，显示完整的数据明细。你可以理解为：透视表中集成了源数据，汇总表走到哪里，这些源数据就跟到哪里。

企业的汇总表也许可以公布，但是数据明细一定要保密。拿本例来讲，看看企业的学历组成情况无伤大雅，但如果通过双击后看到明细，员工的个人资料就会全部泄露。后果可想而知，挖墙脚的、推销保险的、卖假发票的、相亲的、寻找仇人多年的，可就缠上这些人了。

所以，如果是通过数据透视表生成的汇总表，将它发送给其他人之前，务必先确认对方是否需要看到数据明细。如果答案为否，就辛苦一点，用选择性粘贴把汇总表粘贴为数值再发送。千万记住一点，未经处理的通过透视表生成的汇总表，不可以随意传播，切记切记！！！

第6节 关联数据齐步走

手工打造汇总表的时代，还有一件令人头痛的事，那就是汇总表与源数据表数据的同步问题。每当源数据有添加、删除、修改时，汇总数据都要重新统计，然后人工更新。制表者的工作量因此严重增加，在成千上万行的数据面前，大海捞针般地更正数据并重复统计令人郁闷。

使用数据透视表的刷新数据功能，就没有这个烦恼了。由于汇总表是根据源数据表自动获得的，所以在它们之间本来就有数据关联。因此，当源数据发生变化时，只要点击数据透视表工具栏中的“刷新数据”按钮，汇总数据就会自动更新。要问“刷新数据”按钮长什么样，大红色的“!”是也。

还是这张某企业员工学历汇总表。

	A	B	C	D	E
1					
2					
3	计数项:序号	文化程度			
4	部　门	大本	大专	高中	总计
5	保卫科	3			3
6	财务部		6	1	7
7	仓管部	6			6
8	技术部	6		1	7
9	人力资源部	3	1		4
10	销售部	7			7
11	总计	25	7	2	34

图 4-69

在源数据表中，将所有“大专”替换为“高中”。

	A	B	C	D	E	F	G	H	I	J	K	L	M
1	序号	姓　名	部　门	性别	民　族	政治面貌	文化程度	籍贯	有何专长	所学专业	毕业院校	出生年月	退休日期
2	1	丁状	人力资源部	男	汉　族	中共党员	大本	吉					2029/3/22
3	2	龙英	人力资源部	男	汉　族	中共党员	大本	河					2040/5/25
4	3	龚丽丽	人力资源部	男	汉　族	中共党员	大本	湖					2040/3/11
5	4	陈美华	人力资源部	女	回　族	共青团员	高中	湖					2040/11/16
6	5	汪志刚	财务部	女	回　族	共青团员	高中	湖					2035/8/12
7	6	李丽君	财务部	女	回　族	共青团员	高中	江苏省	羽毛球	水			2025/1/1
8	7	陈美丽	财务部	男	回　族	共青团员	高中	湖北省	羽毛球	水			2033/2/17
9	8	郑妮芳	财务部	女	回　族	共青团员	高中	河北省	羽毛球	空			2002/5/5
10	9	殷月	财务部	男	白　族	无党派	高中	湖南省	唱歌	空			2040/1/15

查找和替换
查找(D)　替换(P)
查找内容(N)：大专
替换为(E)：高中
选项(T) >>
全部替换(A)　替换(R)　查找全部(I)　查找下一个(F)　关闭

Microsoft Excel
Excel 已经完成搜索并进行了 7 处替换。
确定

Sheet2　Sheet1　员工登记表

图 4-70

返回数据透视表界面，选中数据区域任意单元格，点击工具栏中的“!”，即可得到同步更新的汇总表。此时可以看到，大专学历的员工数已经减少为0，而高中学历的员工数则增加为9。

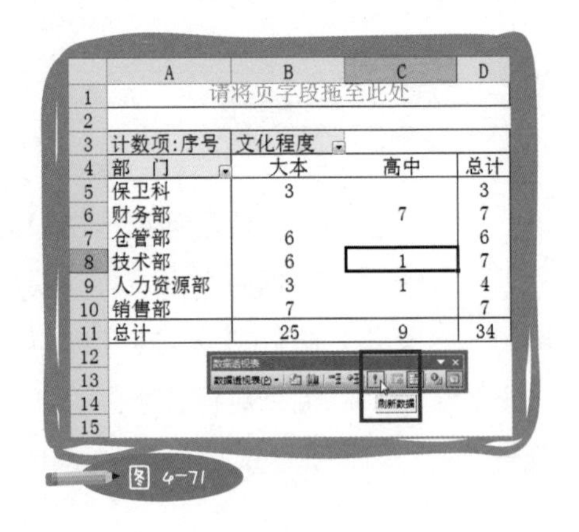

	A	B	C	D
1	请将页字段拖至此处			
2				
3	计数项:序号	文化程度		
4	部　门	大本	高中	总计
5	保卫科	3		3
6	财务部		7	7
7	仓管部	6		6
8	技术部	6	1	7
9	人力资源部	3	1	4
10	销售部	7		7
11	总计	25	9	34
12				
13				
14				
15				

数据透视表
刷新数据

图 4-71

使用“刷新数据”功能时，有一点需要注意：虽然一份源数据表可以新建N张汇总表，但每次只能刷新一张汇总表，而非批量刷新所有由该源数据表自动生成的汇总表。要实现批量刷新，则需借助Excel二次开发工具VBA，有兴趣的朋友可以在网络上找到源代码。好消息是，从2007版开始，数据透视表就提供了“全部刷新”按钮。

不过，对于大多数人来说，逐个刷新汇总表未必是件坏事，因为对每一个工作结果认真负责是正确的态度。我反而建议“懒人”们在这里放慢脚步，仔细观察每一份汇总表的数据变化，在更新数据的同时，于心里记下变化背后的意义。这样一来，在提交报告时，不用复习也能做到心中有数。快和慢并不是绝对的，应该视情况而定，有时欲速则不达。

预约源数据

前面说了数据修改时的更新，现在咱们再来说说数据添加时的更新。添加数据，意味着源数据区域扩大，也意味着数据透视表选定的数据源区域要扩大。那么，数据透视表的选定区域能否随着源数据的添加而自动扩大呢？答案是：不能！但是，我们可以通过预约选定区域的方式来解决这个问题。

由于预约的区域是空白数据区域，没有数据时，10加0依然等于10，丝毫不影响汇总结果；当有新的数据添加进来后，10加1就变成了11，添加的数据被同步更新到汇总结果中。预约操作在数据透视表设置向导的第二步里完成，只要将选定区域放大即可。

如下表，源数据区域本来只在$A$1:$BF$8有数据，现在扩大选定区域范围至$A$1:$BF$3000。当源数据表3000行以内（含）有新的数据添加时，只需点击“!”，汇总数据就会自动变更，实现同步更新。

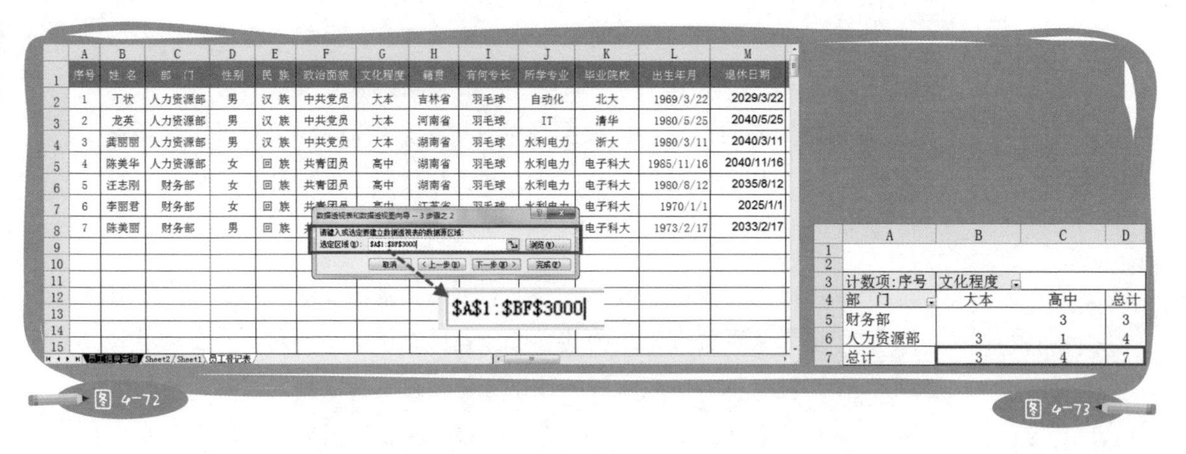

	A	B	C	D	E	F	G	H	I	J	K	L	M
1	序号	姓 名	部 门	性别	民 族	政治面貌	文化程度	籍贯	有何专长	所学专业	毕业院校	出生年月	退休日期
2	1	丁状	人力资源部	男	汉 族	中共党员	大本	吉林省	羽毛球	自动化	北大	1969/3/22	2029/3/22
3	2	龙英	人力资源部	男	汉 族	中共党员	大本	河南省	羽毛球	IT	清华	1980/5/25	2040/5/25
4	3	龚丽丽	人力资源部	男	汉 族	中共党员	大本	湖南省	羽毛球	水利电力	浙大	1980/3/11	2040/3/11
5	4	陈美华	人力资源部	女	回 族	共青团员	高中	湖南省	羽毛球	水利电力	电子科大	1985/11/16	2040/11/16
6	5	汪志刚	财务部	女	回 族	共青团员	高中	湖南省	羽毛球	水利电力	电子科大	1980/8/12	2035/8/12
7	6	李丽君	财务部	女	回 族						电子科大	1970/1/1	2025/1/1
8	7	陈美丽	财务部	男	回 族						电子科大	1973/2/17	2033/2/17

图 4-72

	A	B	C	D
1				
2				
3	计数项:序号	文化程度		
4	部 门	大本	高中	总计
5	财务部		3	3
6	人力资源部	3	1	4
7	总计	3	4	7

图 4-73

本例由于预约了源数据，蓝色部分新增的5名员工信息，就自动添加进了汇总表。

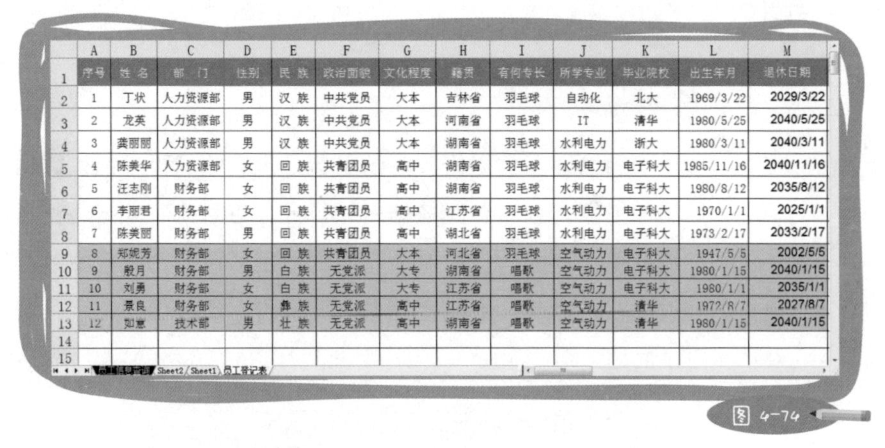

	A	B	C	D	E	F	G	H	I	J	K	L	M
1	序号	姓 名	部 门	性别	民 族	政治面貌	文化程度	籍贯	有何专长	所学专业	毕业院校	出生年月	退休日期
2	1	丁状	人力资源部	男	汉 族	中共党员	大本	吉林省	羽毛球	自动化	北大	1969/3/22	2029/3/22
3	2	龙英	人力资源部	男	汉 族	中共党员	大本	河南省	羽毛球	IT	清华	1980/5/25	2040/5/25
4	3	龚丽丽	人力资源部	男	汉 族	中共党员	大本	湖南省	羽毛球	水利电力	浙大	1980/3/11	2040/3/11
5	4	陈美华	人力资源部	女	回 族	共青团员	高中	湖南省	羽毛球	水利电力	电子科大	1985/11/16	2040/11/16
6	5	汪志刚	财务部	女	回 族	共青团员	高中	湖南省	羽毛球	水利电力	电子科大	1980/8/12	2035/8/12
7	6	李丽君	财务部	女	回 族	共青团员	高中	江苏省	羽毛球	水利电力	电子科大	1970/1/1	2025/1/1
8	7	陈美丽	财务部	男	回 族	共青团员	高中	湖北省	羽毛球	水利电力	电子科大	1973/2/17	2033/2/17
9	8	郑妮芳	财务部	女	回 族	共青团员	大本	河北省	羽毛球	空气动力	电子科大	1947/5/5	2002/5/5
10	9	殷月	财务部	男	白 族	无党派	大专	湖南省	唱歌	空气动力	电子科大	1980/1/15	2040/1/15
11	10	刘勇	财务部	女	白 族	无党派	大专	江苏省	唱歌	空气动力	电子科大	1980/1/1	2035/1/1
12	11	景良	财务部	女	彝 族	无党派	高中	江苏省	唱歌	空气动力	清华	1972/8/7	2027/8/7
13	12	如意	技术部	男	壮 族	无党派	高中	湖南省	唱歌	空气动力	清华	1980/1/15	2040/1/15

图 4-74

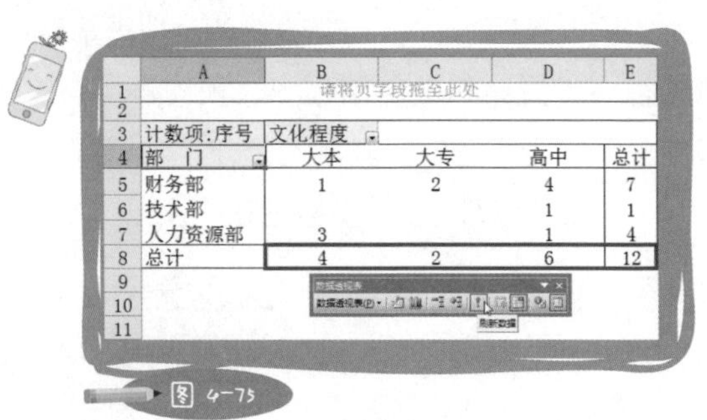

	A	B	C	D	E
1	请将页字段拖至此处				
2					
3	计数项:序号	文化程度			
4	部 门	大本	大专	高中	总计
5	财务部	1	2	4	7
6	技术部			1	1
7	人力资源部	3		1	4
8	总计	4	2	6	12

图 4-75

新建明细数据≠源数据

前面说过，双击汇总表任意数字，即可以查看数据明细，它们显示在新建的工作表中。可是要注意，该明细的意义并不完全等同于真正的源数据，它的变化不能导致汇总表的数据变化。因为，与汇总表关联的数据只来源于源数据表中的选定区域。所以，如果希望汇总表同步更新，应该在源数据表中做添加、删除、修改操作（见图4−76），而非在查看数据明细的工作表里（见图4−77）。

	A	B	C	D	E	F	G	H	I	J	K	L	M
1	序号	姓 名	部 门	性别	民 族	政治面貌	文化程度	籍贯	有何专长	所学专业	毕业院校	出生年月	退休日期
2	1	丁状	人力资源部	男	汉 族	中共党员	大本	吉林省	羽毛球	自动化	北大	1969/3/22	2029/3/22
3	2	龙英	人力资源部	男	汉 族	中共党员	大本	河南省	羽毛球	IT	清华	1980/5/25	2040/5/25
4	3	龚丽丽	人力资源部	男	汉 族	中共党员	大本	湖南省	羽毛球	水利电力	浙大	1980/3/11	2040/3/11
5	4	陈美华	人力资源部	女	回 族	共青团员	高中	湖南省	羽毛球	水利电力	电子科大	1985/11/16	2040/11/16
6	5	汪志刚	财务部	女	回 族	共青团员	高中	湖南省	羽毛球	水利电力	电子科大	1980/8/12	2035/8/12
7	6	李丽君	财务部	女	回 族	共青团员	高中	江苏[illegible]	羽毛球	水利电力	电子科大	1970/1/1	2025/1/1
8	7	陈美丽	财务部	男	[illegible]	[illegible]	[illegible]中	[illegible]省	羽毛球	水利电力	电子科大	1973/2/17	2033/2/17
9	8	郑妮芳	财务部	[illegible]	[illegible]	[illegible]	[illegible]本	河北省	羽毛球	空气动力	电子科大	1947/5/5	2002/5/5

员工登记表

图 4−76

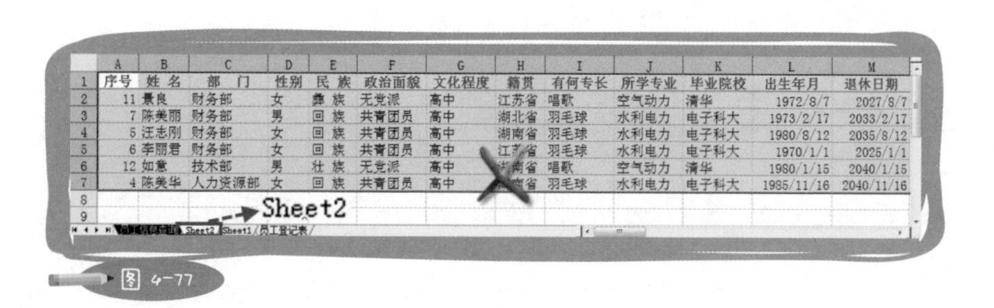

	A	B	C	D	E	F	G	H	I	J	K	L	M
1	序号	姓 名	部 门	性别	民 族	政治面貌	文化程度	籍贯	有何专长	所学专业	毕业院校	出生年月	退休日期
2	11	景良	财务部	女	彝 族	无党派	高中	江苏省	唱歌	空气动力	清华	1972/8/7	2027/8/7
3	7	陈美丽	财务部	男	回 族	共青团员	高中	湖北省	羽毛球	水利电力	电子科大	1973/2/17	2033/2/17
4	5	汪志刚	财务部	女	回 族	共青团员	高中	湖南省	羽毛球	水利电力	电子科大	1980/8/12	2035/8/12
5	6	李丽君	财务部	女	回 族	共青团员	高中	江[illegible]省	羽毛球	水利电力	电子科大	1970/1/1	2025/1/1
6	12	如意	技术部	男	壮 族	无党派	高中	[illegible]南省	唱歌	空气动力	清华	1980/1/15	2040/1/15
7	4	陈美华	人力资源部	女	回 族	共青团员	高中	[illegible]南省	羽毛球	水利电力	电子科大	1985/11/16	2040/11/16
8													
9													

图 4−77

找得到的工具栏

有时候，我们会找不到数据透视表的工具栏，而如果没有工具栏，就不能执行诸如分页显示、刷新数据等命令。我知道有的朋友会选择从第一步开始，把数据透视表功能再调用一次，这样工具栏就会默认出现了。其实不用这么麻烦，只需记住一句话：Excel界面应该有的东西，都在视图菜单进行管理。去找找看吧！

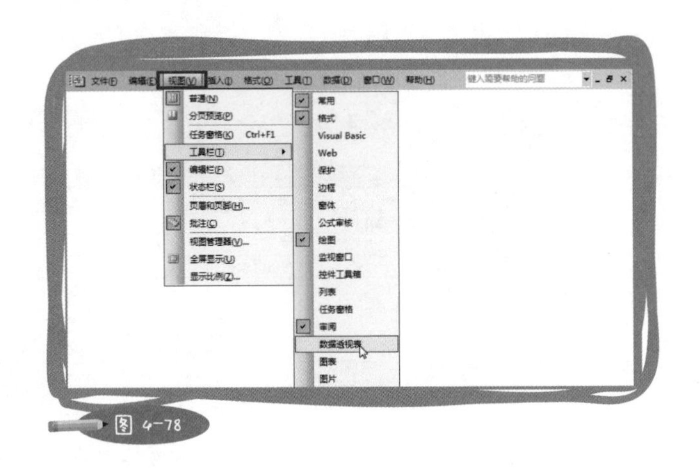

图 4-78

关键时刻要备份

同步更新固然方便，可别忘了关键时刻对源数据进行备份。因为源数据一旦被改变，就无法追回。我曾经见过有人如此更新他的汇总表：先把之前的源数据完全删除，再把从系统中导出的最新数据粘贴到源数据表，最后刷新透视表。他没有对源数据做任何备份，永远都在唯一的一张源数据表中大做文章，这样操作风险很大。

即使是系统数据，也并非100%的准确，如果有人无意间修改了系统中的历史数据，还要用以往下载的数据反向追查。所以，面对大范围的源数据变动，做好备份是有必要的。备份文档一般按照源数据所属的日期范围进行命名，方便以后查找。这并不是每天的日常工作，根据报表性质不同，可以一个月一次，也可以半年、一年才做一回。

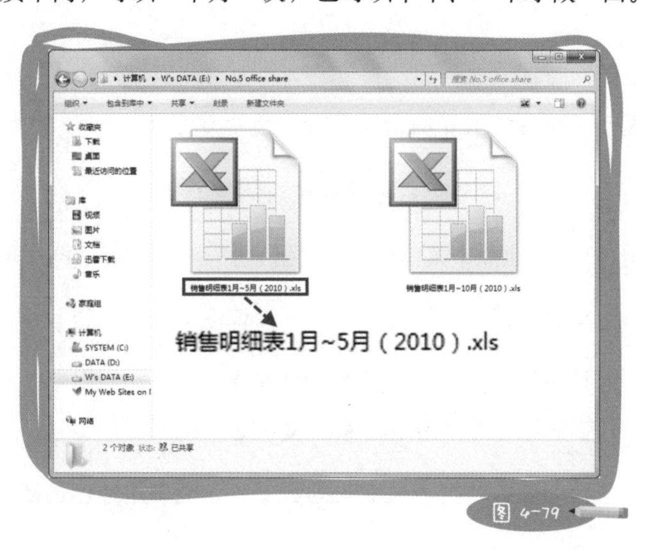

图 4-79

第7节 你还应该知道这几招

去掉数据的“分身”

Excel应用中被问到比较多的问题是去重统计，一般是指，统计同一列数据有多少个不重复项。

用通俗的话来说，就是要去掉数据的“分身”。这种需求很常见，比如：从本月采购明细表中得到采购的商品种类，从本季度请假明细表中得到请假员工的人数，从本年经销商订货明细表中得到经销商数量等。因为明细数据的记录方式会造成同一名称多次重复出现，而不同的名称重复的次数又不同，所以，去重统计难倒了不少人，一时间成为Excel的典型问题之一。

>>>>>　>>>>>　>>>>>

去重统计的解决方法有以下几种：

函数法——1/Countif，求单个名称重复次数倒数的和；

版本法——用2007及以上版本菜单自带的“删除重复项”功能，再计算剩余数据的行数；

透视法——运用数据透视表，拖拽去重，再计算汇总表的行数。

函数法很妙，但是写函数很麻烦；版本法很方便，但要安装相应版本；透视法最简单，没有以上要求，新老版本均可用，操作起来也很方便。

看下面这个例子：即使源数据表只有一列数据，也能调用数据透视表功能。

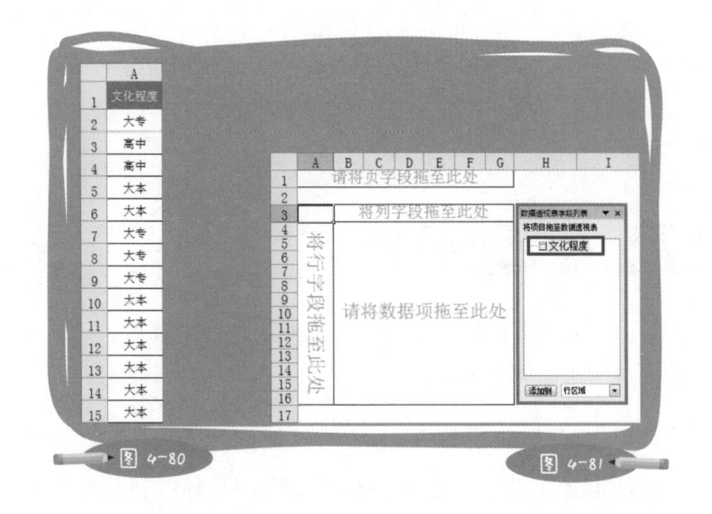

图 4-80　图 4-81

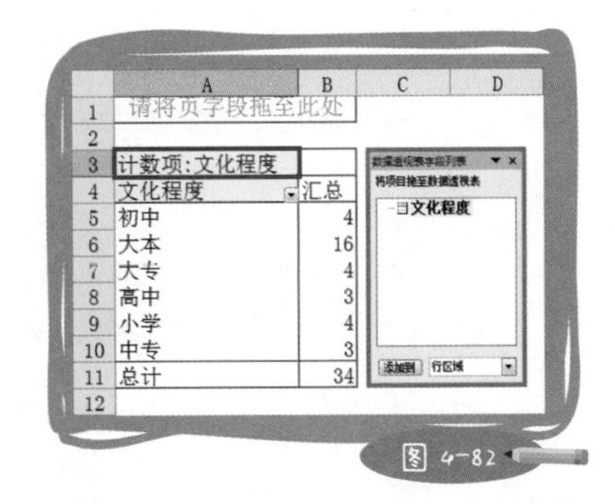

图 4-82

针对这一个字段，咱们做两次处理：首先把它拖为行字段，然后再把它从字段列表中拖入数据项区域。

这样生成的汇总表，不仅完成了去重统计，还显示了每个项目重复的次数。

你也许会问，为什么全是文本的字段可以作为数据项呢？为什么同一个字段可以被拖动两次呢？

在数据透视表的汇总方式里，有一种方式叫作“计数”（见图4–83、图4–84）。它的概念是计算数据出现的次数，与数据是文本还是数值无关，所以文本字段也可以作为数据项。对Excel来说，只要被计数的单元格不为空，则计一次。

我们在讲到源数据表的设计时强调过，数据区域中不能留空白单元格，正是以透视表的计数统计方式为依据的。一旦某列数据不完整，统计对应字段出现的次数时就会得到错误的结果。更糟糕的是，由于这种错误很隐蔽，不容易被发现，于是，我们就会在不知不觉中用错误的分析数据做决策。

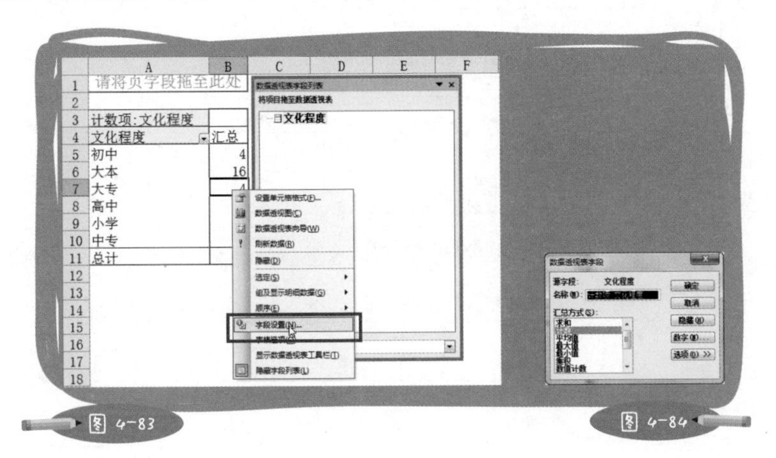

图 4-83

图 4-84

至于同一个字段可以被拖动多次的问题，Excel就这么规定的，记下就好。正因为有这个规定，才有接下来要讲到的并列汇总。

汇总数排排站

既然汇总表是为决策服务的，有时就需要同时显示更多的数据信息。例如：一份现金流量汇总表，除了关注总金额，还需要同时关注单笔最大金额、单笔最小金额、平均金额。这就要求同一字段被多次添加，在汇总表中并列显示汇总数。

要做到并列显示，有一个前提：汇总表无列字段。否则，你的表格会变得很宽很混乱，失去阅读和决策的价值。

这是我们想要得到的汇总表：

	A	B	C	D	E	F	G
1				数据			
2	大类	流向	子类	求和项:金额	最大值项:金额2	最小值项:金额3	平均值项:金额4
3	筹资活动产生的现金流量	流入	借款所收到的现金	616	616	616	616
4			吸收投资所收到的现金	242	242	242	242
5	经营活动产生的现金流量	流出	购买商品、接受劳务支付的现金	457	352	105	229
6			支付的各项税费	1765	624	235	441
7			支付的其他与经营活动有关的现金	482	212	4	121
8			支付给职工以及为职工支付的现金	8949	6700	293	1790
9		流入	收到的税费返还	1261	738	523	631
10			销售商品、提供劳务收到的现金	2063	829	308	516
11	投资活动产生的现金流量	流出	投资所支付的现金	2062	871	486	687
12			支付的其他与投资活动有关的现金	943	943	943	943
13		流入	取得投资收益所收到的现金	1200	1200	1200	1200

现金流量表(自动生成，1年1份) Sheet1 现金流量基础数据表

图 4-85

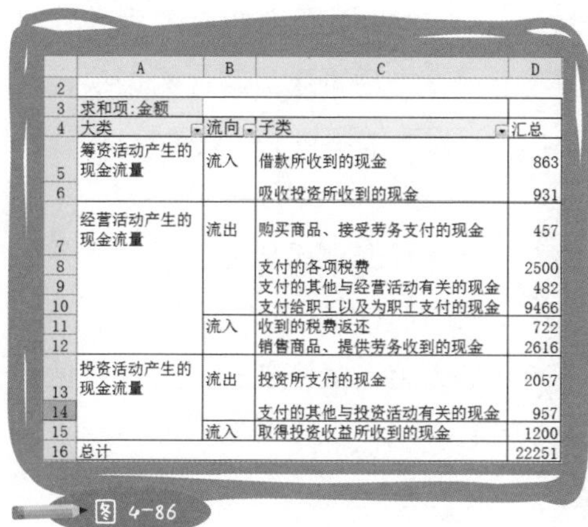

	A	B	C	D
2				
3	求和项:金额			
4	大类	流向	子类	汇总
5	筹资活动产生的现金流量	流入	借款所收到的现金	863
6			吸收投资所收到的现金	931
7	经营活动产生的现金流量	流出	购买商品、接受劳务支付的现金	457
8			支付的各项税费	2500
9			支付的其他与经营活动有关的现金	482
10			支付给职工以及为职工支付的现金	9466
11		流入	收到的税费返还	722
12			销售商品、提供劳务收到的现金	2616
13	投资活动产生的现金流量	流出	投资所支付的现金	2057
14			支付的其他与投资活动有关的现金	957
15		流入	取得投资收益所收到的现金	1200
16	总计			22251

图 4-86

从源数据表开始，首先，进入数据透视表界面，依次拖入行字段及第一数据项（见图4-86）。

重点来了，当我们再次把“金额”拖为数据项时，汇总数据会变成上下结构（见图4-87）。

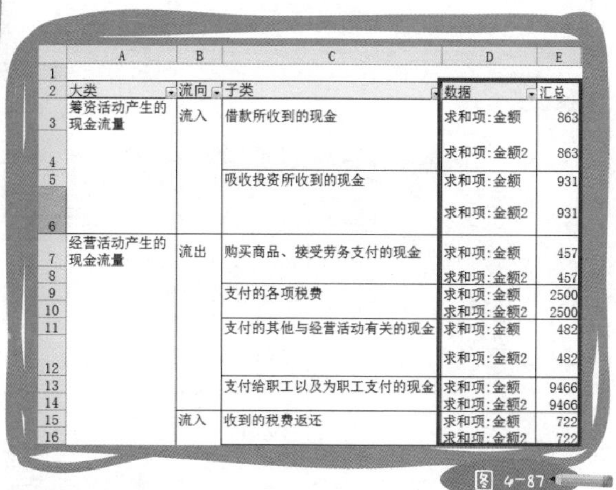

	A	B	C	D	E
1					
2	大类	流向	子类	数据	汇总
3	筹资活动产生的现金流量	流入	借款所收到的现金	求和项:金额	863
4				求和项:金额2	863
5			吸收投资所收到的现金	求和项:金额	931
6				求和项:金额2	931
7	经营活动产生的现金流量	流出	购买商品、接受劳务支付的现金	求和项:金额	457
8				求和项:金额2	457
9			支付的各项税费	求和项:金额	2500
10				求和项:金额2	2500
11			支付的其他与经营活动有关的现金	求和项:金额	482
12				求和项:金额2	482
13			支付给职工以及为职工支付的现金	求和项:金额	9466
14				求和项:金额2	9466
15		流入	收到的税费返还	求和项:金额	722
16				求和项:金额2	722

图 4-87

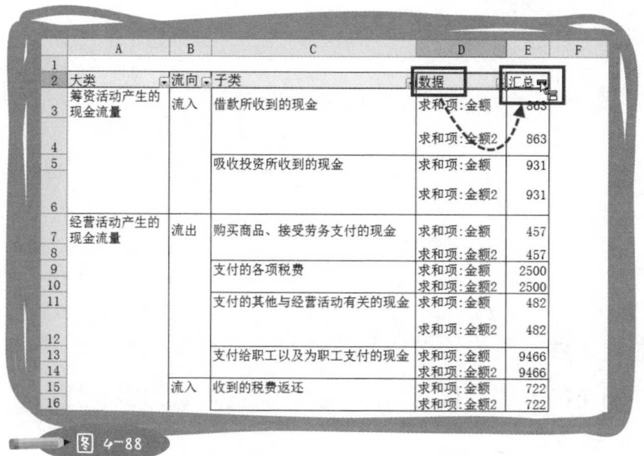

	A	B	C	D	E	F
1						
2	大类	流向	子类	数据	汇总	
3	筹资活动产生的现金流量	流入	借款所收到的现金	求和项:金额	863	
4				求和项:金额2	863	
5			吸收投资所收到的现金	求和项:金额	931	
6				求和项:金额2	931	
7	经营活动产生的现金流量	流出	购买商品、接受劳务支付的现金	求和项:金额	457	
8				求和项:金额2	457	
9			支付的各项税费	求和项:金额	2500	
10				求和项:金额2	2500	
11			支付的其他与经营活动有关的现金	求和项:金额	482	
12				求和项:金额2	482	
13			支付给职工以及为职工支付的现金	求和项:金额	9466	
14				求和项:金额2	9466	
15		流入	收到的税费返还	求和项:金额	722	
16				求和项:金额2	722	

图 4-88

接下来是一步最重要的调整：将数据透视表中的“数据”字段，拖入写有“汇总”二字的单元格（见图4-88）。

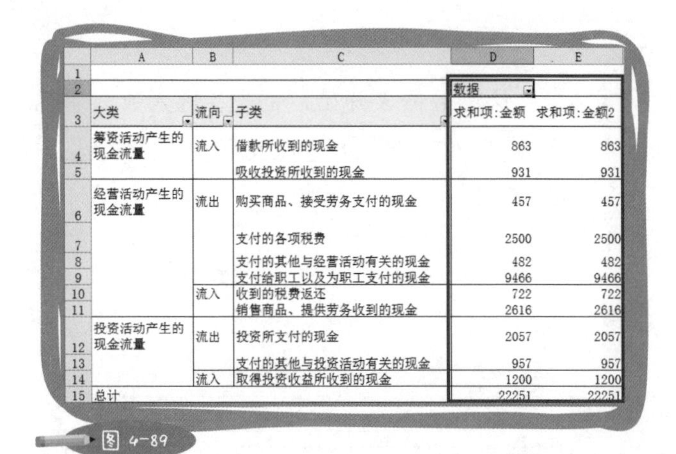

	A	B	C	D	E
1					
2				数据	
3	大类	流向	子类	求和项:金额	求和项:金额2
4	筹资活动产生的现金流量	流入	借款所收到的现金	863	863
5			吸收投资所收到的现金	931	931
6	经营活动产生的现金流量	流出	购买商品、接受劳务支付的现金	457	457
7			支付的各项税费	2500	2500
8			支付的其他与经营活动有关的现金	482	482
9			支付给职工以及为职工支付的现金	9466	9466
10		流入	收到的税费返还	722	722
11			销售商品、提供劳务收到的现金	2616	2616
12	投资活动产生的现金流量	流出	投资所支付的现金	2057	2057
13			支付的其他与投资活动有关的现金	957	957
14		流入	取得投资收益所收到的现金	1200	1200
15	总计			22251	22251

图 4-89

此时，汇总数据变为并列显示，之后再添加其他数据项，就不用再做调整了（见图4-89）。

数据项添加完毕后，将各字段的汇总方式分别设置为：求和、最大值、最小值、平均值（见图4-90）。

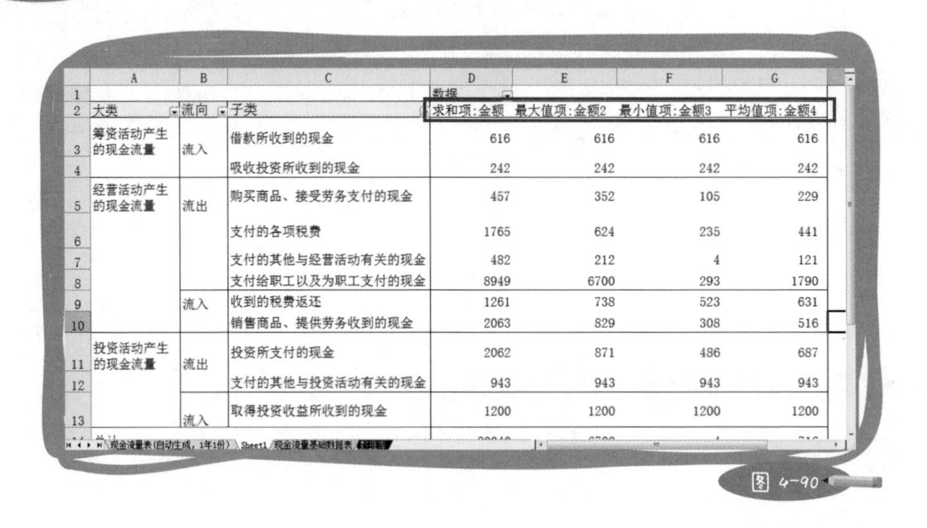

	A	B	C	D	E	F	G
1				数据			
2	大类	流向	子类	求和项:金额	最大值项:金额2	最小值项:金额3	平均值项:金额4
3	筹资活动产生的现金流量	流入	借款所收到的现金	616	616	616	616
4			吸收投资所收到的现金	242	242	242	242
5	经营活动产生的现金流量	流出	购买商品、接受劳务支付的现金	457	352	105	229
6			支付的各项税费	1765	624	235	441
7			支付的其他与经营活动有关的现金	482	212	4	121
8			支付给职工以及为职工支付的现金	8949	6700	293	1790
9		流入	收到的税费返还	1261	738	523	631
10			销售商品、提供劳务收到的现金	2063	829	308	516
11	投资活动产生的现金流量	流出	投资所支付的现金	2062	871	486	687
12			支付的其他与投资活动有关的现金	943	943	943	943
13		流入	取得投资收益所收到的现金	1200	1200	1200	1200
14	[illegible]			[illegible]	[illegible]	[illegible]	[illegible]

图 4-90

复制透视表

学会了并列汇总还不够，因为，做决策不能只靠一张汇总表，越精确的决策，越依赖于多角度的数据分析。虽然是由同一份源数据得来，汇总表的样式却可以多种多样。

这么多的汇总表，不用每张都从调用透视表功能开始做。数据透视表是允许复制的，粘贴后的表格具备透视表的所有功能，可以单独进行设置，这为一源多表提供了最大的便捷。

以一份网吧维护业务明细表为例。

拜访日期	城市	城区	客户名称	机器数量	最后一次谈判结果	负责人	安装进度	单价	总价	回款	差额	全回款	下次收款日期
2009/7/22	成都市区	金牛	天使网吧	95	可以	曹媛	进度过半	4.5	427.5	283	144.5	否	2011/5/5
2009/8/12	成都市区	金牛	天域网吧	80	不可以	蔡缨	进度过半	4.5	360	360	0	是	2011/5/5
2009/6/20	成都市区	金牛	鑫花样网吧	89	可以	林静	进度过半	4.5	400.5	61	339.5	否	2011/5/5
2009/8/2	成都市区	武侯	随性网吧	92	可以	林静	未开始	4	368	180	188	否	2011/5/5
2009/8/13	成都市区	锦江	大自然网吧	135	可以	张建斌	进度过半	4.5	607.5	607.5	0	是	2011/5/5
2009/6/28	成都市区	锦江	广飞网吧	150	可以	杨芳	进度过半	4.5	675	255	420	否	2011/5/5
2009/6/20	成都市区	锦江	图拉丁	104	可以	蔡缨	未开始	4	416	3	413	否	2011/5/5
2009/8/2	成都市区	锦江	地平线网吧	113	不可以	郑颖	进度过半	4.5	508.5	508.5	0	是	2011/5/5
2009/8/5	成都市区	锦江	地平线网吧	126	不可以	张建斌	完成	4.5	567	113	454	否	2011/5/5
2009/8/18	成都市区	成华	子君网吧	128	不可以	刘莉	进度过半	4.5	576	288	288	否	2011/5/5
2009/7/20	成都市区	成华	畅想网吧	130	不可以	曹媛	进度过半	4	520	520	0	是	2011/5/5
2009/8/9	成都市区	成华	新懂憬网吧	137	可以	曹媛	进度过半	4.5	616.5	80	536.5	否	2011/5/5
2009/7/10	成都市区	成华	好好网络会所	141	可以	吴政	进度过半	4.5	634.5	70	564.5	否	2011/5/5
2009/7/17	成都市区	青羊	天空之城网吧	142	可以	郑颖	未开始	3.5	497	497	0	是	2009/10/10

销售记录表

图 4-91

首先，调用数据透视表功能，得到第一个透视表；

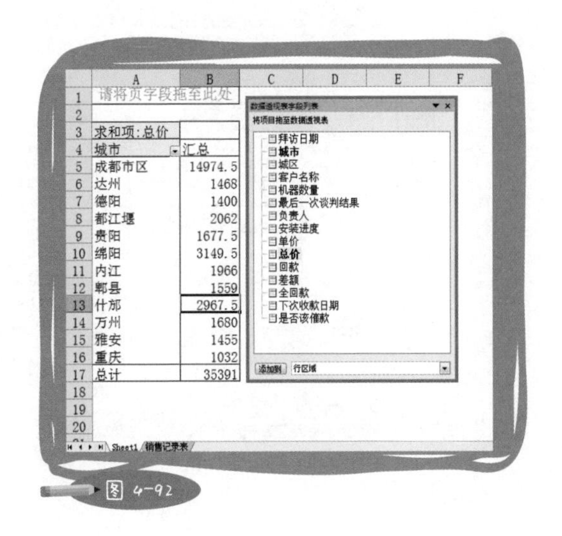
请将页字段拖至此处

求和项:总价	
城市	汇总
成都市区	14974.5
达州	1468
德阳	1400
都江堰	2062
贵阳	1677.5
绵阳	3149.5
内江	1966
郫县	1559
什邡	2967.5
万州	1680
雅安	1455
重庆	1032
总计	35391

图 4-92

其次，复制该透视表，粘贴到同一工作表内；

	A	B	C	D	E	F	G	H	I	J	K
1											
2											
3	求和项:总价			求和项:总价			求和项:总价			求和项:总价	
4	城市	汇总		城市	汇总		城市	汇总		城市	汇总
5	成都市区	14974.5		成都市区	14974.5		成都市区	14974.5		成都市区	14974.5
6	达州	1468		达州	1468		达州	1468		达州	1468
7	德阳	1400		德阳	1400		德阳	1400		德阳	1400
8	都江堰	2062		都江堰	2062		都江堰	2062		都江堰	2062
9	贵阳	1677.5		贵阳	1677.5		贵阳	1677.5		贵阳	1677.5
10	绵阳	3149.5		绵阳	3149.5		绵阳	3149.5		绵阳	3149.5
11	内江	1966		内江	1966		内江	1966		内江	1966
12	郫县	1559		郫县	1559		郫县	1559		郫县	1559
13	什邡	2967.5		什邡	2967.5		什邡	2967.5		什邡	2967.5
14	万州	1680		万州	1680		万州	1680		万州	1680
15	雅安	1455		雅安	1455		雅安	1455		雅安	1455
16	重庆	1032		重庆	1032		重庆	1032		重庆	1032
17	总计	35391		总计	35391		总计	35391		总计	35391
18											

Sheet1 / 销售记录表

图 4-93

最后，分别进行设置，得到从不同角度反映企业经营管理状况的多个汇总结果。

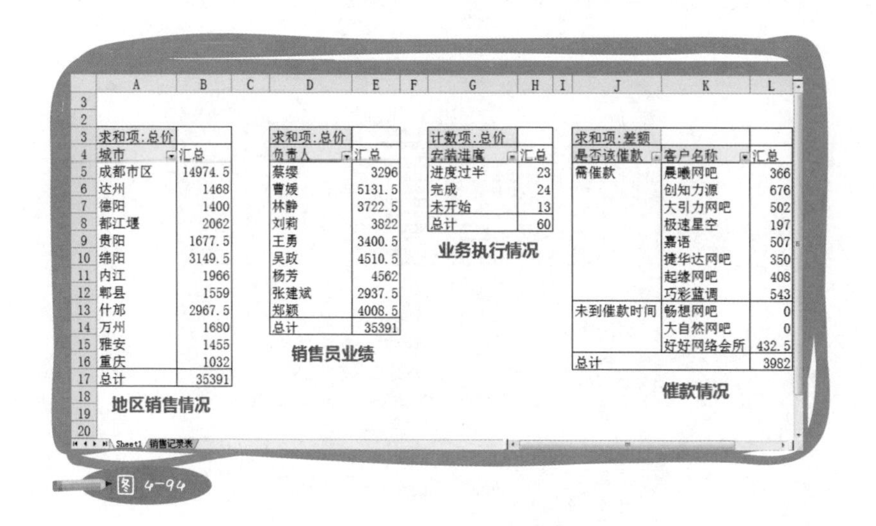

求和项:总价	
城市	汇总
成都市区	14974.5
达州	1468
德阳	1400
都江堰	2062
贵阳	1677.5
绵阳	3149.5
内江	1966
郫县	1559
什邡	2967.5
万州	1680
雅安	1455
重庆	1032
总计	35391

地区销售情况

求和项:总价	
负责人	汇总
蔡缨	3296
曹媛	5131.5
林静	3722.5
刘莉	3822
王勇	3400.5
吴政	4510.5
杨芳	4562
张建斌	2937.5
郑颖	4008.5
总计	35391

销售员业绩

计数项:总价	
安装进度	汇总
进度过半	23
完成	24
未开始	13
总计	60

业务执行情况

求和项:差额		
是否该催款	客户名称	汇总
需催款	晨曦网吧	366
	创知力源	676
	大引力网吧	502
	极速星空	197
	嘉语	507
	捷华达网吧	350
	起缘网吧	408
	巧彩蓝调	543
未到催款时间	畅想网吧	0
	大自然网吧	0
	好好网络会所	432.5
总计		3982

催款情况

Sheet1 / 销售记录表

图 4-94

职场感悟 —— 职场参照物

回想几年前，我的Excel应用水平不算好，可又长时间没有取得更大的进步。究其原因，不是当时的我不好学，而是身边没有一位高手鞭策我，于是，我失去了目标。

职场上低标准的人分两类：一类明明知道可以做得更好却不愿意努力，另外一类根本就不知道什么是更好。幸运的是，在苏州明基工作的两年里，我周围的每个同事都一丝不苟，这让我学会了什么是严谨。试想，如果一直在松散的环境下工作，没听说也没见过严谨的做事风格，再努力的人也无法做到高标准的严谨。后来，在北京李宁，我深刻体会过每天上十万件的发货量，而服务于其他公司的朋友，却在抱怨一万件货要人命；在卓越亚马逊，我有幸与一群非常专业的同事共事，逼得我往更专业、更高效的方向发展。

环境对人的影响很大，有高标准的参照物，才能造就高素质的职场精英。职场上不怕不努力，怕的是朝错误的目标努力。找好职场参照物，对个人发展尤为重要。即便没能身处好的环境，也要多问多听多看，向更好的参照物看齐，不断拔高自己的标准。

第8节 找到初恋的感觉了吗

“甜过初恋”这四个字源自2010年最强民间广告文案。一位卖柑橘的老奶奶在成堆的橘子上竖起了一块纸牌，上面写着四个字——甜过初恋。短短四个字，既勾起了人们对橘子的兴趣，也勾起了对过往的回忆。网友们纷纷评论说："老奶奶淡然的眼神背后，又有着怎样美丽的初恋？""老奶奶卖的是回忆，而我们买的是柑橘。"……

<<<<<　<<<<<　<<<<<

工作是什么味道？酸酸的、涩涩的、甜甜的、印象深刻的，像初恋一样。在职场打拼的人，每天都要面对太多的挑战，尝遍各种滋味。与在发达国家工作的单纯、专一不同，在国内生存要求知识面广而博。在发达国家，你可以告诉老板这个你真不懂，可是在国内，不能不懂，不懂就去学到懂。所以，多学一项技能傍身永远没错。

数据透视表不能解决所有的工作问题，甚至不能解决所有分类汇总表的问题。但是有了它，80%最常见、最重要的分类汇总工作，都可以快速、准确、高品质地完成，这样也就足够了。希望它能让你的加班少一点，机会多一点，心情好一点，回忆起工作中"甜"的滋味。

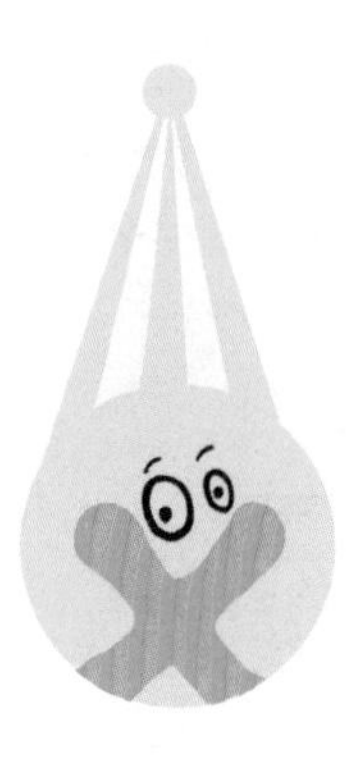

第5章

揭秘天下第一表的神奇“配方”

牛皮不是吹的，火车不是推的，泰山不是堆的，天下第一表不是那么简单的。小小的表格设计蕴涵着大学问，设计的奥妙在于经验、思路，再加上一点点技巧。

既然不遗余力地向你推荐了天下第一表，就要毫无保留地为你揭秘它的“配方”。在赋味了枯燥的技能学习后，天下第一表的“配方”将是一剂强心针，你会突然发现，工作方法原来如此重要。

Excel心法真正的精髓将在本章为大家展开。难怪我的超级读者看完书稿后，情不自禁地在本章标题处写下了三个大字：亮点啊！

接下来，就与大家一起分享终极心法。

第1节 学Excel不是走单行线

因果的关系，犹如千年谜题：先有鸡还是先有蛋？这是一件说不清也不用说清的事儿，因为，因果不是一条线，而是一个圈，没有开始，也没有尽头，彼此互为因果。学习Excel，也面临这个问题，设计天下第一表和“变”表就互为因果。

第2章提到了有因才有果，得出的结论是：有了正确的源数据表，才能充分使用数据透视表，得到各种分类汇总表。但是换个角度讲：只有了解了数据透视表的功能和规范，才能知道应该如何设计源数据表，以及如何记录源数据。

这就像炒一盘菜，备好了五花肉、青椒、盐菜、郫县豆瓣、甜面酱，才能炒出四川经典家常菜——青椒盐菜回锅肉。能看出，备的菜是因，回锅肉是果。反过来，为什么准备的是以上这些原材料？还不是因为今天要炒一盘青椒盐菜回锅肉嘛。于是，炒什么菜又成了备什么原材料的因。

刚开始探讨源数据表设计规范时，由于缺少汇总知识，即使认同种种设计理念，也难得其要领。因为想象不到结果，就无法印证当前工作的意义。Excel难学，这是很重要的原因，孤立地学习某一项技能，不知道前因后果，效果往往不佳，更体会不到“牵一发而动全身”的精髓。具备了数据透视表应用基础以后，想想字段拖拽，想想日期组合，想想分页显示，再回过头来看表格设计，感受就会大不相同。最明显的一点改变是，以前想到密密麻麻的源数据就头晕，现在反而希望字段越多越好，数据量越大越好。

消除顾虑方能大步前进，这就是为什么直到现在才揭晓天下第一表“配方”的原因。

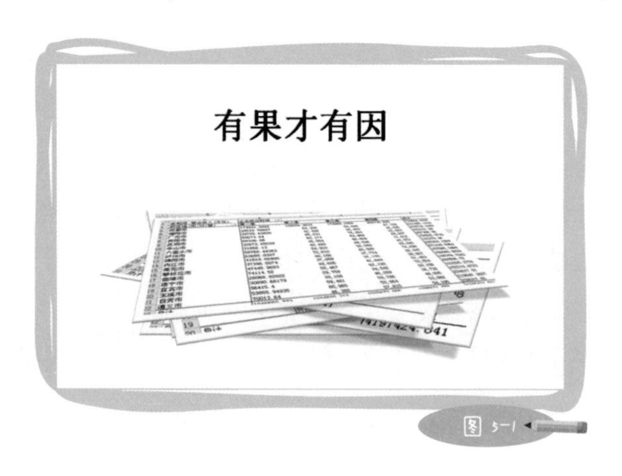

图 5-1

第2节 五味良药“配”出天下第一表

写这本书已经是一个巧合，但更巧的是，在动笔前一天我接到了一通电话，这通电话使我推翻了之前所有的设想，书的内容来了个180度大转弯。原本我想和大家分享这几年积累的Excel应用心得和实用技巧，主要偏重在技巧上，可这通电话让我忽然发现，在我的Excel经验中，最宝贵的其实是制表规范和思路，技巧还在其次。

电话是我一个朋友打来的，她叫Karen，现在负责一家皮革贸易公司新西兰市场的所有皮革采购事务。她在电话里约我见个面，并让我先看看她发来的邮件。

伍昊：

我现在在做进出口贸易，现在的统计表大部分都只是一个信息的录入，而且公司里面有无数个像这样的表格文件，相当的散，不够集中，没有更细分，也没有拓展功能。比如进口合同统计表，我想如果能细分（牛皮羊皮、皮革部位、皮革等级及品种），会更便于事后统计。还有很多EXCEL功能，我想有机会能和你讨论一下。

附件你先看一下，改天约个时间我们出来喝点东西。

谢谢！ ：）

karen

2010年6月1日

我挑选了附件中的两份表格展示给大家（见图5-2、图5-3），但关键数据均做了处理。在这里，我也要提醒各位，当你在任何论坛或者媒介上发布表格的时候，请尽量使用模拟数据或者隐藏关键数据。真实数据是“万恶之源”，务必小心谨慎。

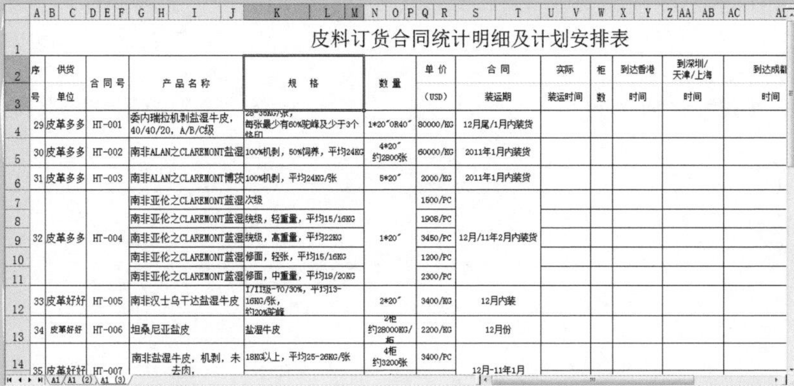

皮料订货合同统计明细及计划安排表

序号	供货单位	合同号	产品名称	规格	数量	单价（USD）	合同装运期	实际装运时间	柜数	到达香港时间	到深圳/天津/上海时间	到达成都时间
29	皮革多多	HT-001	委内瑞拉机剥盐湿牛皮，40/40/20，A/B/C级	28*35KG/张，每张最少有60%驼峰及少于3个烙印	1*20"0R40"	80000/KG	12月尾/1月内装货					
30	皮革多多	HT-002	南非ALAN之CLAREMONT盐湿	100%机剥，50%饲养，平均24KG	4*20" 约2800张	60000/KG	2011年1月内装货					
31	皮革多多	HT-003	南非ALAN之CLAREMONT博茨	100%机剥，平均24KG/张	5*20"	2000/KG	2011年1月内装货					
32	皮革多多	HT-004	南非亚伦之CLAREMONT蓝湿	次级	1*20"	1500/PC	12月/11年2月内装货					
			南非亚伦之CLAREMONT蓝湿	统级，轻重量，平均15/16KG		1908/PC						
			南非亚伦之CLAREMONT蓝湿	统级，高重量，平均22KG		3450/PC						
			南非亚伦之CLAREMONT蓝湿	修面，轻张，平均15/16KG		1200/PC						
			南非亚伦之CLAREMONT蓝湿	修面，中重量，平均19/20KG		2300/PC						
33	皮革好好	HT-005	南非汉士乌干达盐湿牛皮	I/II级-70/30%，平均13-16KG/张，约20%驼峰	2*20"	3400/KG	12月内装					
34	皮革好好	HT-006	坦桑尼亚盐皮	盐湿牛皮	2柜 约28000KG/柜	2200/KG	12月份					
35	皮革好好	HT-007	南非盐湿牛皮，机剥，未去肉，	18KG以上，平均25-26KG/张	4柜 约3200张	3400/PC	12月-11年1月					

A1 / A1 (2) / A1 (3)

图 5-2

2010年皮料及皮革销售情况统计表 A3

序号	日期	合同号	品名/来源	规格	柜数	订货数量（张）	销售单价（RMB/张）	销售数量	金额	购买人	原订合同号	原订发票号	柜号	备注
17	2010/12/6	XXX	南非盐湿牛皮（B厂）全饲养全机剥I/II-80/20%	25-27KG/张	1	约800/柜	2.00	5	XXX	韩梅梅	HT-001	XXX		执行完毕
18	2010/12/6	XXX	南非盐湿牛皮（C厂）50%饲养全机剥，I/II,80/20%	24KG/张	2	约820/柜	2.00	5	XXX	韩梅梅	HT-002	XXX		执行完毕
19	2010/12/6	XXX	南非盐湿牛皮（A厂）全机剥，I/II-80/20%	25-27KG/张	3	约800/柜	2.00	5	XXX	韩梅梅	HT-003	XXX		因无传真无法签合同，口定
20	2010/12/6	XXX	南非盐湿牛皮（A厂）手剥，I/II-70/30%	21-24KG/张	4	约900/柜	2.00	5	XXX	韩梅梅	HT-004	XXX		执行完毕
21	2010/12/6	XXX	南非盐湿牛皮（A厂）全机剥，I/II-80/20%	40-42KG/张	5	约500/柜	2.00	5	XXX	韩梅梅	HT-005	XXX		执行完毕
22	2010/12/6	XXX	澳大利亚维多利亚盐湿奶牛皮I/II-80/20%	22-24KG/张	6	约950/柜	2.00	5	XXX	韩梅梅	HT-006	XXX		执行完毕
23	2010/12/6	XXX	智利盐湿牛皮，全机剥，I/II-80/20%，70%阉牛30%母牛	29-34KG/张	7	约650/柜	2.00	5	XXX	韩梅梅	HT-007	XXX		执行完毕
			南非盐湿牛皮（C厂）50%											

A3 A3 (2)

图 5-3

从Karen发给我的表格中，我看到了不少问题，所以决定要好好和她聊一聊，但聊的不是技巧，而是思路。因为我发现，她所遇到的问题只需要简单的技巧就能解决，但前提是，要有正确的设计思路。想要实现她理想中的管理水准，她必须完善现在的表格，还需要补充一些新的表格。

正是这一闪念，让我改变了对书的看法，当下就打电话给我那个牛哄哄的策划编辑。当我把全新的想法告诉他以后，两个臭味相投的人一拍即合，于是才有了大家现在看到的Excel心法。

下面就以我和Karen的沟通过程为例，让大家见证一份天下第一表从无到有的诞生过程。

第一味 "顾全局"：背景确认

为即将设计的表格定性、定量、定损，在真正动手之前，明确需要做什么，做多少，怎么做。这是战略高度上的思考。

定性

我问Karen：“你们公司比较容易接受改变，还是很死板？老板是怎样一个人？”她说：“私人企业，同事相处还不错，大家也愿意把工作做得更好。老板人很好，就是太忙了。他一直想规范公司管理，但苦于没有精力，也不知从何处下手。”

鉴于这种情况，事情就好办得多。有团队和老板的支持，我们可以选择改变表格或者重新设计表格，并要求内部工作流程配合数据工作。好的企业文化和工作氛围，能使由新表格所带来的工作的实施效果和执行效率有所保障。在私人企业，老板的态度往往决定了一个创意的生命周期。

了解了公司背景，我就确定我们可以放手去干了。先给原有的表格动个大手术，再根据业务需要创建新的表格，填补管理漏洞，然后合并重复的表格，精简业务流程。由于在他们公司有一个组的人在负责数据录入和分析，设计时还要重点考虑颜色标志及录入限制，最大限度地降低因为操作人员技能水平参差不齐，以及对表格理解不同，所造成的数据录入不标准、录入错位等风险。

但身处不同的企业，状况会迥然不同。例如前面提到的大型国企，表格是一级级下发的，基层单位没有修改的权力，甚至没有建议的机会。根据这个背景，我们更多考虑的就不是去改变别人，而是改变自己。设计一份正确的表格自用，保护好自己的劳动成果，当上级有新要求时，就可以调用自己表格中的数据快速完成任务。也就是说，即使一定要按照特定的格式上报，我们手里也应该有两份表：一份是自用表，一份是上报表。它们之间的关系应该是，自用表是上报表的源数据表。

所以在优化表格之前，一定要了解当前自己处于什么位置，有怎样的能耐，公司会给予怎样的支持，再决定应该做什么样的事情。这张表格是否可以修改？修改过后的流程能否执行？需不需要新建表格？是改变别人的操作习惯，还是改变自己？这些问题，都需要在设计前的详细分析和调查中得到答案。

本例定性：修改现有表格，创建新表格，重塑工作流程，设计的表格需要供多人操作。

定量

我问Karen：“公司有没有企业系统？系统能提供什么数据，能做哪些方面的管理？每周或者每月有多少数据量？”她说：“有系统，但只是财务方面的，报价、合同、销售情况及发货计划管理都得靠手工表格。数据量嘛……销售的数据量不大，我们发的是海柜，一个月只有十几条记录。但是每个月都会收到全世界各地的报价单，皮革的种类很多，所以报价信息非常多。通常一个供应商的报价单就有5～6页A4纸，密密麻麻，而我们差不多有20个左右的供应商。”

如果企业有系统，我们必须先了解系统能提供什么数据，才能确定表格中应该出现哪些字段。另外，系统提供的数据一般都比较标准，在有系统数据的情况下，就不用操心表格数据录入限制的问题了。

至于了解数据量的多少，首先是要据此考虑该工作是否适合用Excel完成，及用什么版本完成。2003版Excel最大65536行，2007版1048576行，如果设计为一年或者几年的数据都记录在同一张工作表里，就要知道自己正在使用的版本是否能支持。如果数据量过于庞大，超出了Excel的处理能力，就不需要设计Excel表格了，把它交给其他更专业的数据库软件去处理吧。

其次，如果源数据完全靠手工录入，那么，数据量越大，字段就应该越少，否则，操作人员会发疯的。源数据表的“身材”，要么高高瘦瘦，要么矮矮胖胖，除非有系统数据支持，否则不要又高又胖。

对于这家公司，销售的数据量不大，又是贸易公司，销售明细表的字段就可以尽量详细，通过记录更详细的数据，来细化公司销售方面的管理（见图5-4）；而对于报价数据，由于需要频繁而大量地录入，因此字段一定要简洁，一张表只解决与报价相关的最核心的需求，不宜掺杂其他与核心需求无关的数据（见图5-5）。

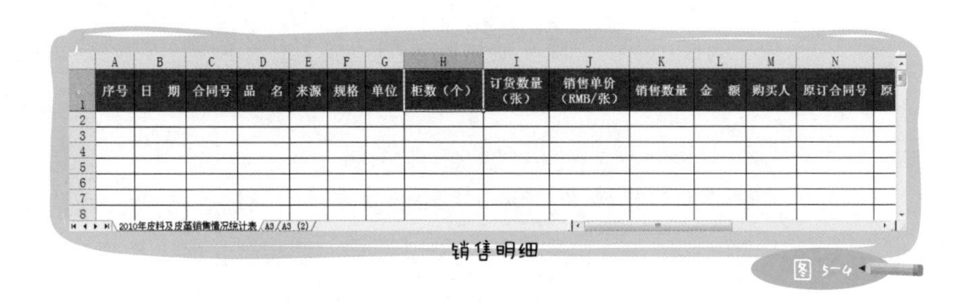

	A	B	C	D	E	F	G	H	I	J	K	L	M	N	
1	序号	日 期	合同号	品 名	来源	规格	单位	柜数（个）	订货数量（张）	销售单价（RMB/张）	销售数量	金 额	购买人	原订合同号	原
2															
3															
4															
5															
6															
7															
8															

销售明细

图5-4

	A	B	C	D	E	F	G
1	日期	供应商	录入员	供应商地区	几级供应商	原产地	牲畜种类
2							
3							
4							
5							
6							
7							
8							
9							
10							
11							
12							
13							
14							
15							
16							
17							
18							
19							
20							
21							
22							

图5-5

报价记录

天下第一表一定不是让我们把公司所有的业务数据都硬塞进同一张表，而是针对每一项工作，得到有且仅有一份能体现完整业务流程的源数据表。把相关的业务数据合并到一份源数据表，在方便分析数据的同时，也避免了大量的重复工作。

本例定量：每月十几条销售数据，几百条报价信息手工录入。销售明细表应尽量详细，报价记录表要精简字段，均可设计为一份源数据表记录多年的销售/报价数据。

定损

我又问Karen："现在使用的表格造成了什么问题？"她告诉我："数据录入了用不上；公司到处都是表格，一项工作N张表，不知道该看哪一张。想要细化管理，却没有数据支撑，公司只能按照传统的方式进行管理，很多数据成了摆设。我出去和供应商谈价格时，心里没底，因为看不到全面的价格情况。销售和合同情况到后面要想分析时，也无从下手。"

之所以要修改表格、设计表格，一定是因为它已经变得不好用，或者是因为出现了新的管理要求而变得不够用。

定损有两个层次的含义：第一，确定现在发生了什么事情，再根据经验，诊断表格问题出在哪里。例如"数据录入了用不上"，有可能是录入不规范，需要进行规范；也有可能是不知道数据透视表等分析技能，那就要学技能。

"一项工作N张表"，一定是因为不知道三表概念。要解决这个问题，动静会比较大，也要求设计者在该领域，尤其是对业务流程有足够的理解。进行优化时，首先要重新梳理工作流程，然后合并表格。至于"看不到分析数据"的问题，有可能是某项工作压根儿没做，比如记录报价明细，这就需要设计新的表格并出台相应的工作流程；也有可能是数据不规范或者分析技能欠缺。

第二，找出现有表格的设计问题，如：合并单元格、过多文字描述、字段分类不清等。

“2010年皮料及皮革销售情况统计表”很典型，让我们一起来为它定损。

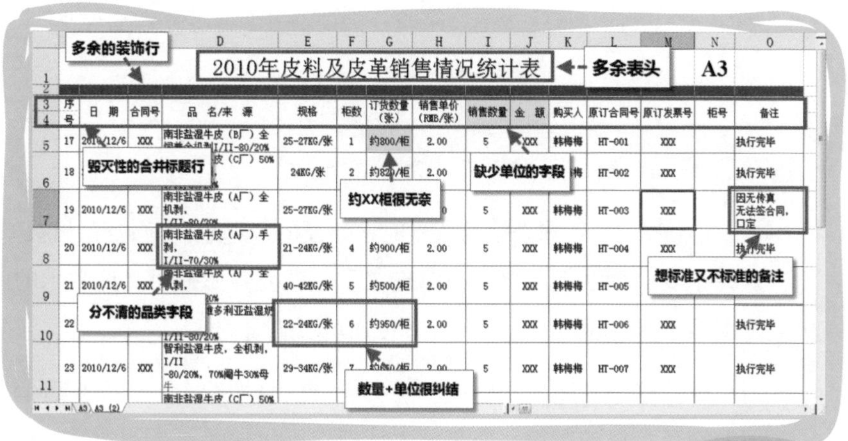

2010年皮料及皮革销售情况统计表 A3

序号	日期	合同号	品名/来源	规格	柜数	订货数量（张）	销售单价（RMB/张）	销售数量	金额	购买人	原订合同号	原订发票号	柜号	备注
17	2010/12/6	XXX	南非盐湿牛皮（B厂）全…I/II-80/20%	25-27KG/张	1	约800/柜	2.00	5	XXX	韩梅梅	HT-001	XXX		执行完毕
18			…皮（C厂）50%…	24KG/张	2	约8[illegible]/柜	2.00				HT-002	XXX		执行完毕
19	2010/12/6	XXX	南非盐湿牛皮（A厂）全机剥，I/II-80/20%	25-27KG/张				5	XXX	韩梅梅	HT-003	XXX		因无传真无法签合同，口定
20	2010/12/6	XXX	南非盐湿牛皮（A厂）手剥，I/II-70/30%	21-24KG/张	4	约900/柜	2.00	5	XXX	韩梅梅	HT-004	XXX		执行完毕
21	2010/12/6	XXX	南非盐湿牛皮（A厂）全机剥，…20%	40-42KG/张	5	约500/柜	2.00	5	XXX	韩梅梅	HT-005			
22			…维多利亚盐湿奶…I/II-80/20%	22-24KG/张	6	约950/柜	2.00	5	XXX	韩梅梅	HT-006	XXX		执行完毕
23	2010/12/6	XXX	智利盐湿牛皮，全机剥，I/II -80/20%，70%阉牛30%母牛	29-34KG/张	7			5	XXX	韩梅梅	HT-007	XXX		执行完毕
			南非盐湿牛皮（C厂）50%											

多余的装饰行
多余表头
毁灭性的合并标题行
缺少单位的字段
约XX柜很无奈
想标准又不标准的备注
分不清的品类字段
数量+单位很纠结

图 5-6

多余表头——表头无用，写在工作表名称中吧。

多余的装饰行——仅满足视觉上的分隔效果，还是删掉为好。

毁灭性的合并标题行——“序”“号”分开写，中看不中用，标题行就应该为一行。

分不清的品类字段——“品名/来源”是复合字段，导致数据无法分类；纯文字描述的单元格，让数据分析成为空想。字段应拆分，分类应清晰。

约××柜很无奈——“××”可以计算，“约××”不可计算，何不“约”到标题中，改为“订货数量（约张）”。

数量+单位很纠结——数量是数量，单位是单位，划为两列岂不更好。

缺少单位的字段——朋友，赚美金还是人民币请老实交代。

想标准又不标准的备注——精炼描述语言，为执行进度清晰分类，如：把所有类似“因无传真无法签合同，口定”的描述统一规定为“无传真/口定”，使备注栏字段也可参与分析。

本例定损：数据录入需规范，字段分类要清晰，业务字段要详尽。

第二味 “知目的”：明确需求

确认修改/新建表格的背景时，涉及的问题越全面越好，越详尽越好，这关乎我们的制表战略。战略确定了，就要开始探讨具体战术的问题。这时候思路就得收回来，必须一针见血地明确目的。

说到这个话题，我想起了两类极具代表性的人：一类是唐僧型，不是《西游记》里的圣僧，而是《大话西游》里的无厘头啰唆僧。很简单的一件事情，他可以绕来绕去说很多话，却永远等不到他的总结性发言。

悟空不小心打到花花草草，被他念了个半死，而他这样做无非是想让悟空爱护环境；要救他出狱，一首*Only You*把我唱得这么多年都记不起这首歌的真实版本，悟空兄更是忍无可忍，大打出手。设计表格不能学唐僧，要达到什么目的，就直截了当地阐述清楚。例如：我想分析全国销售趋势，我想规范员工请假，我想管理项目进度等。

另一类是匪徒型，他们在明确需求这件事情上做得很棒。抢银行的匪徒，举起枪就两句话：“全部趴下！钱拿出来！”《天下无贼》里的范大帅，舌头虽然有点大，张嘴还是两句话：“我要……劫个色！IC……IP……IQ……卡……空空告树（统统告诉）……我密码。”学人所长才能不断进步，设计表格就要向匪徒多多学习。

前面分析了他们公司的背景，我心里大概有了数。于是，我问Karen：

“你主要想通过表格达到什么目的？”她回答说：“我最主要是希望和供应商谈判的时候，对报价数据做到心中有数。我要知道同一家供应商不同时期的价格对比，以及不同供应商同一时期对同一种皮料的报价数据对比。”这就是她非常明确的需求。

可见，她虽然发给我很多表格，但实际上当前最困扰她的是报价管理。需求明确了，就可以确定工作次序和工作重点。根据背景确认过程中对他们公司的了解，报价数据电子化的工作尚未在公司开展。尽管是一家贸易公司，却没能很好地管理各种报价数据，供应商也大多以传真的方式发送报价信息。

所以，需要新建一份报价记录表，工作流程也要随之变化，同时要求供应商提供电子版报价信息。如果确实不能提供，公司也要安排专人手工录入。一旦这样的报价记录表建立起来，就能得到她所期望的分析结果。

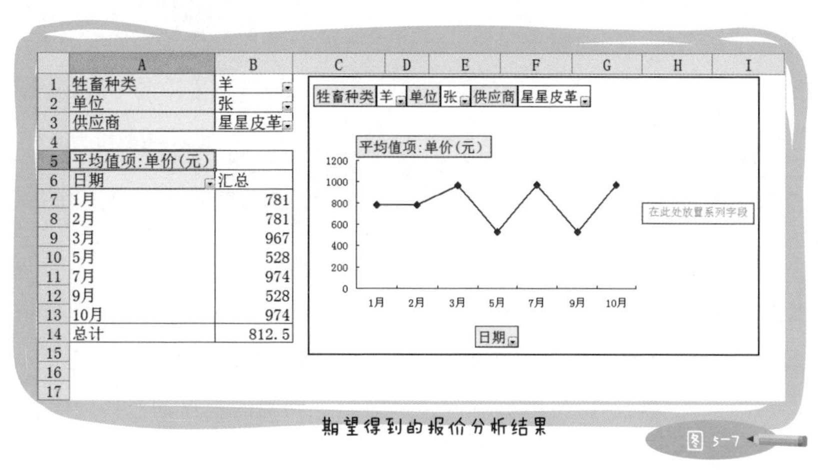

	A	B
1	牲畜种类	羊
2	单位	张
3	供应商	星星皮革
4		
5	平均值项:单价(元)	
6	日期	汇总
7	1月	781
8	2月	781
9	3月	967
10	5月	528
11	7月	974
12	9月	528
13	10月	974
14	总计	812.5
15		
16		
17		

期望得到的报价分析结果

图 5-7

第三味 “勾轮廓”：字段设定

一张Excel表的字段，看似平淡无奇，其实最全面地反映了设计者的工作经验和智慧。设想一下，一个从未从事过仓库工作的人，是否有可能设计出库存管理表？答案一定是不可能，因为他不知道库存需要管理些什么。有的人能罗列出字段，却不懂得合理对它们进行排列，这就代表着设计者对工作流程的不熟悉。所以，一旦工作经验欠缺，就很难理解Excel的精髓。

但这并不代表我们必须深入了解每一个行业，才能设计出与该行业相关的表格。工作是相通的，就表格设计而言，在一个领域足够专业的人，就很容易领悟到其他领域的管理要点。只要做好设计前的背景确认和明确需求，就能把握住表格设计的主要脉络。

下面，我们通过字段分析、字段拓展、字段补全，从无到有地勾勒出报价记录表的轮廓。

字段分析

完成了第二步“明确需求”后，就可以开始做字段分析了。此时，我们需要把用中文描述的设计表格的目的，翻译成Excel源数据表中的字段名称。

例如：我想分析全国销售趋势。从这句话里，可以得到以下几个信息：全国=地址；销售=数量；趋势=日期。所以这张表格至少应该有三个字段：地址、销售数量、销售日期。

Karen说：“我最主要是希望和供应商谈判的时候，对报价信息做到心中有数。我要知道同一家供应商不同时期的价格对比，以及不同供应商同一时期对同一种皮料的报价数据对比。”抓出这句话的重点词汇：供应商=供应商名称；时期=报价日期；价格=皮料价格；皮料=皮料类别。根据这些字段，可以初步设计出一张只拥有四个字段的源数据表。

	A	B	C	D
1	供应商名称	报价日期	皮料价格	皮料类别
2				
3				

基础字段

图 5-8

字段拓展

中文描述的“目的”仅仅是对字段的高度概括，仅凭这几个字段不足以构成一份完整的源数据表，要进一步挖掘出基础字段背后的其他关键字段。

“我想分析全国销售趋势”，从字面分析只有三个字段：地址、销售数量、日期。

但如果这是一家B2C的电子商务公司，产品直接卖给终端客户，地址属性的含义就十分丰富，地址=省+市+县+乡+村+大队+组+户。

销售属性里不仅仅有销售数量，还应该有销售了什么产品，它属于哪一类，属于哪一个事业部，产品的单位是什么，甚至可以联系到供货商信息，销售=事业部+大类+子类+产品名称+销售数量+产品单位。

日期属性由于有数据透视表组合日期的支持，可以不用拓展，否则，我们也需要考虑，日期=年+季度+月+日。

报价记录表的基础字段经过拓展以后，可以得到：供应商=供应商名称+供应商所在地+供应商级别；时期=报价日期；价格=皮料价格+皮料单位。皮料类别由于分得很细，相对要复杂一点，我们花了很长时间探讨皮料的分类。

我先解释一下字段拓展，它可以分为拓展和拆解。拓展的意思是，通过基础字段得到不同属性的相关字段，比如通过供应商字段，拓展出供应商名称和供应商所在地；而拆解的意思是，通过基础字段得到同属性不同级别的字段，比如通过地址字段，拆解出省、市、县。确认皮料分类的过程，属于拆解字段的过程。

在这个过程中，我学到了不少知识，有了这些知识，才能准确地拆解

出新的字段。对于一块皮料，首先要看原产地，如中国、美国、澳洲等；然后要看是什么动物的皮，如牛、羊、马等；接下来是制作工艺、皮层、皮质级别、重量等级等，综合以上元素，最终得到，皮料类别=原产地+牲畜种类+制作工艺+皮层+皮质级别+重量等级。

如果不是有机会设计这么一张表格，也许我一辈子也不会知道皮料原来分得如此之细。事实上，每一次设计表格都是一次学习的机会，无论是学习新的知识，还是温习老的流程，都能让你受益匪浅。

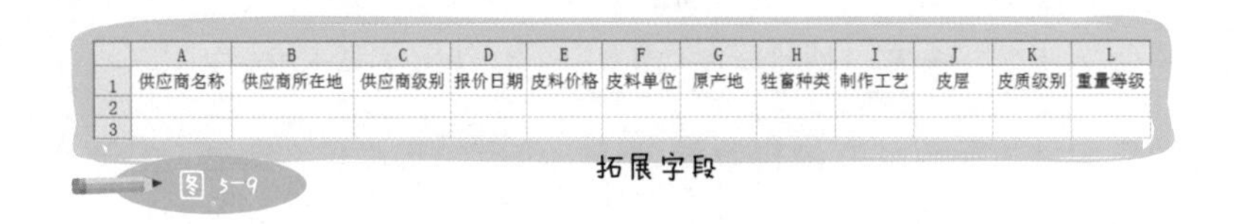

	A	B	C	D	E	F	G	H	I	J	K	L
1	供应商名称	供应商所在地	供应商级别	报价日期	皮料价格	皮料单位	原产地	牲畜种类	制作工艺	皮层	皮质级别	重量等级
2												
3												

图5-9 拓展字段

字段补全

现在，我们的源数据表已经有相对完整的字段了，再稍稍补全，就可以完成字段设定（见图5-10）。待补全的字段是由业务内容和管理需求所决定的，既然是一份报价记录表，又很有可能人工录入数据，就必须考虑到责任追溯的问题。从管理的角度来说，追溯的目的不是监视哪一位员工，而是当问题发生的时候，能准确找到问题所在，并且及时纠正。

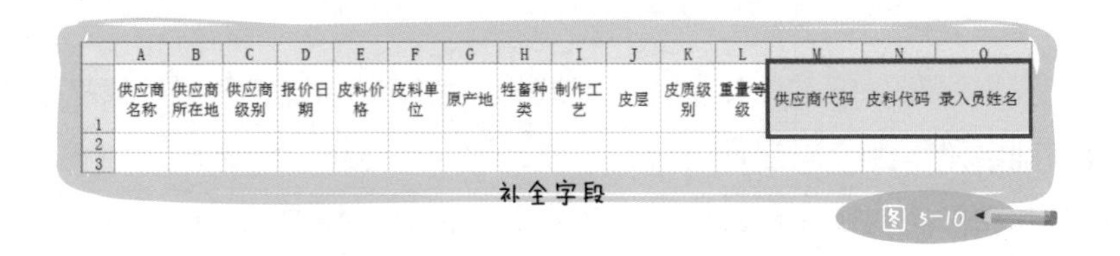

	A	B	C	D	E	F	G	H	I	J	K	L	M	N	O
1	供应商名称	供应商所在地	供应商级别	报价日期	皮料价格	皮料单位	原产地	牲畜种类	制作工艺	皮层	皮质级别	重量等级	供应商代码	皮料代码	录入员姓名
2															
3															

图5-10 补全字段

例如：采购经理和供应商谈判，由于供应商对采购经理提供的历史对比数据有异议，导致谈判延期进行。采购经理要在公司内部核查数据的真实性，就必须知道这项工作是谁完成的，因为只有实际操作者才能最快找到原始报价单，并反馈核查结果。因此，在这份报价记录表中，根据管理要求，还需要添加录入员姓名或者工号字段。

另外，用中文识别供应商名称及皮料类别并不是最好的管理方法。如果有两家供应商名称相同，公司内部沟通成本就会增加，出错的几率也会增加，再加上方言的辅助，那就更可怕了。

我看过一则笑话：一个司机开车到西安，被交警拦了下来。司机问是什么原因被拦，交警敬了一个礼，说：“你像星矢。”司机笑了笑，回敬了一个礼，说：“你像一辉。”然后驾照就被收走了。原来，交警说的是逆向行驶（声调：4124）……

在数据管理中，中文识别是有缺陷的，为数据发放身份号码非常有必要（代码或者序列号）。

第四味“定结构”：流程解析

第2章提到的表格错误中，有一种是列的次序颠倒。如果一份表格设计了错误的录入顺序，就会让操作者使用起来非常别扭，为他们带来很大的负担。录入顺序与流程管理密不可分，表格设计需要符合工作流程，所以，也要求设计者对流程有足够的理解。

我从工作顺序和录入方式两个方面，来说说字段应该如何调整。

工作顺序

做任何事情都有基本的顺序，登录论坛一定是先输入用户名，再确认密码，最后输入验证码。论坛这么设计，是符合通常的思维和行为方式的。做一件工作，也有它基本的流程，比如记录考勤的顺序是：几月几日→谁→怎么了→有多严重→如何处罚→谁记录，翻译成Excel字段就是：日期（2011/2/6）→姓名（伍昊）→事件（迟到）→数量（5分钟）→处罚（扣3分）→考勤员姓名（Uncle王）。

小学语文老师教过的写作几要素——时间、地点、人物、事件，是字段排序的黄金法则。只不过在工作中，地点一般都由部门代替，而事件则需要进一步展开。对事件而言，记录的顺序应该是：先概括，后明细。先概括事件性质为迟到，再详细说明迟到了多久，应该受怎样的处罚。

按照这个逻辑，我们就可以很轻松地为报价记录表的字段排序。

先把日期放在首列，由于没有地点字段，接下来就是人物。人物字段分为录入员和供应商，为了保持报价数据的连贯性，我把录入员姓名放在第二列。供应商信息的四个字段，同样按先人物后事件的顺序排列，所以先是代码、名称，再是所在地和级别。

那么，在某个时间，某位录入员记录了某个供应商做的什么事情呢？当然就是对某类皮料进行报价，所以，报价的明细数据作为事件排在供应商字段之后。皮料的各种属性按照范围从大到小依次排列：皮料代码、国家、种类、工艺、皮层、皮质级别、重量级别。然后，皮料发生了什么事情呢？皮料卖××元，一张。

如此一来，只要谨记小学学过的写作技巧，就能八九不离十地让你的表格超有逻辑。

	A	B	C	D	E	F	G	H	I	J	K	L	M	N	O
1	报价日期	录入员姓名	供应商代码	供应商名称	供应商所在地	供应商级别	皮料代码	原产地	牲畜种类	制作工艺	皮层	皮质级别	重量等级	皮料价格	皮料单位
2															
3															

初次排序

图5-11

录入方式

根据工作顺序初次排序之后，还要根据录入方式进行第二次排序。

录入方式在字段排序中的优先级大于工作顺序。录入方式分为三种：手工录入、复制粘贴、公式链接。三种录入方式的字段必须分别连续排列，不能相互穿插，否则会大大影响工作效率。

敲击键盘输入内容和滑动鼠标选择单元格内容的均为手工录入，这些字段排在最左列，因为手工录入是我们工作的重点。从其他表格粘贴或者导入系统数据的均为复制粘贴，这些字段的数据不用一个一个地输入，但是也需要人工操作，所以排在中间列。

Excel讲究牵一发而动全身，三表概念的精髓是源数据表与参数表联动，以此最大程度减少源数据录入时的工作量。之所以为供应商和皮料添加唯一识别的代码，是因为和我们用身份证号码查询个人信息一样，只要匹配到唯一识别的代码，就能关联并显示出所有相关数据。大家别以为只有系统能做到，Excel同样能做到。

不需要人工输入，能够自动关联并显示数据的字段就是公式链接，这些字段排在最右列。在为字段排序时，要弄明白每个字段的数据属于哪一种录入方式，才能决定它们最终的位置。

报价记录表的所有字段中，必须手工录入的只有报价日期、录入员姓名、皮料代码、皮料价格和供应商代码。我们假设Karen的公司不能改变供应商发传真报价的习惯，于是就不考虑复制粘贴字段的存在。

理论上，供应商对同一种皮料的报价，应该是基于相同的数量单位，所以皮料单位可以自动生成。于是，皮料代码一旦确定，并且唯一，就能关联到皮料的其他信息，而由供应商代码则可以匹配出供应商的其他信息。在设置数据关联之前，首先需要有一份完整的参数表，而且要完成关联设置，还必须学会一个关键函数，这些我在后面将会详细分析。

把所有需要手工录入的字段提前，公式链接字段依次靠后，就得到了字段完整并且排列正确的源数据表。

	A	B	C	D	E	F	G	H	I	J	K	L	M	N	O
1	报价日期	录入员姓名	皮料代码	皮料价格	供应商代码	供应商名称	供应商所在地	供应商级别	原产地	牲畜种类	制作工艺	皮层	皮质级别	重量等级	皮料单位
2															
3															

图 5-12

最牛快捷键

我常常开玩笑：“在国内，无论是大公司还是小公司，500强还是500不强，员工配备的鼠标几乎都只价值10元左右。”而10元的鼠标经常会出现定位不准确的问题，这意味着在做有些操作时会给我们带来麻烦，比如数据区域选择。

当一张表格的数据有几十列、上千甚至上万行时，数据区域选择就成为很多人的一道难题。我相信大家一定有这样的经验：选中首行数据，鼠标往下拉，如果数据很长，睡一觉醒来可能都还没有拉到尽头。可说时迟那时快，正当我们放松警惕的一瞬间，数据一下子选过头了，无奈只能向上反选。这时候，10元的鼠标开始发挥重要作用——反选的时候停不住，数据又少选了。如此上上下下不断反复，光标总是不能停在恰当的位置，我曾经亲眼见过有人纠结在数据末端一两分钟都还不能“选定离手”。

更邪恶的情况是，好不容易选好了数据区域，还没等执行下一步操作，啪，光标不小心点到其他地方，结果前面的工作全白费。西南财大研究生院的同学就非常聪明，我讲到这里的时候，从讲台下飘来一个声音：“从下往上选就不会选过了。”同学很有才。

当然，你也可以用选头选尾Shift方法，但也得借助鼠标将滚动条拖至数据末端，同样要小心10元的鼠标作怪。你这就明白为什么办公室老有人摔鼠标了。

“最牛快捷键”是我起的名字，之所以认为它最牛，是因为使用和不使用的效果差异巨大。有了它，2分钟的事情1秒做完，4分钟的事情也是1秒做完，更关键的是，我们的工作中有很多个这样的2分钟，所以学会它对我们帮助很大。

任务：选中B:D列所有非空单元格。首先选中B1:D1，然后同时按住Ctrl+Shift键，再按方向键↓，瞬间完成！

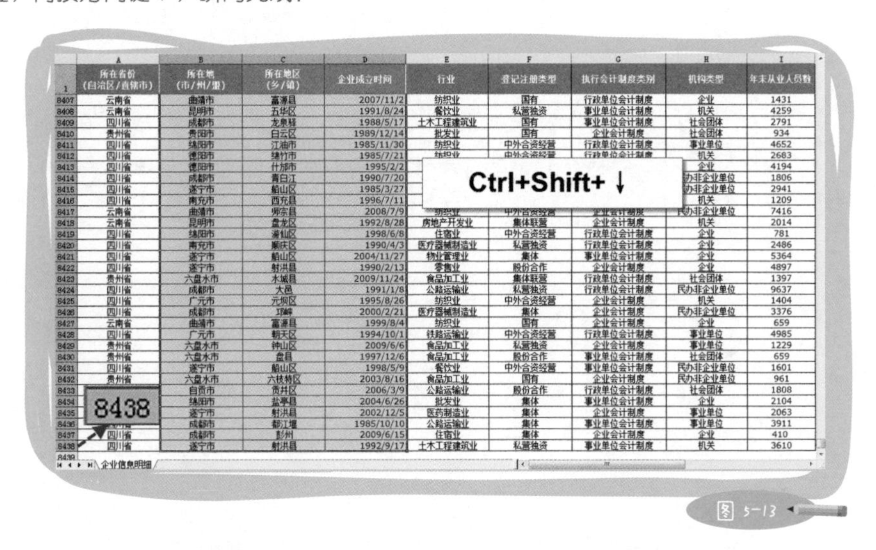

图 5-13

这个快捷键是有原理的，Ctrl+方向键是跳转到连续数据区域的边缘，Shift+方向键是连续选中，所以Ctrl+Shift+方向键的意思是：跳转到数据区域边缘的同时把数据连续选中。这样，你就容易记住它了。

第五味“细打磨”：表格装修

完成了前面四步，很多朋友就以为表格设计到此为止，于是，这份表格开始被应用于工作当中。可事实上，它还不够优秀。优秀的表格，不仅要有完整的字段和严谨的字段顺序，还必须让使用者舒服，让管理者放心。

使用者的主要任务是录入数据，他们的工作是重复的、烦琐的、细致的。面对大量的数据录入，再认真的人也难免会出错。长时间盯着一模一样的单元格，也很容易造成用眼疲劳，最终影响工作品质和效率，以及使用者的情绪。用的人不舒服，管理者又怎能放心！天知道用于决策的数据是否准确。所以，我们需要把“清水房”装修成“精装房”，才符合“交房标准”。

表格装修要点有四：清晰、安全、智能、美观。

清晰

根据各字段将要录入的数据内容，检查字段名称是否带有单位，且单位是否正确。报价记录表中，只有皮料价格需要确定单位，所以把它修改为“皮料价格（元）”。

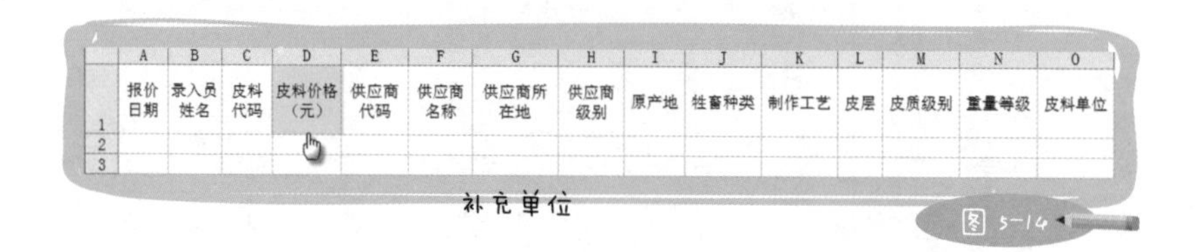

补充单位

图 5-14

安全

安全有两层意思：单元格的数据录入安全和工作表的数据录入安全。

⊙单元格的数据录入安全

世界上最痛苦的事，莫过于一个名字产生N种叫法，对此小弟我深有体会。老爸给了我一个神奇的名字——伍昊（hào）。从小到大，这个名字衍生出N个版本，引发了许多趣事。

读大学的时候，我的学号是3号，另外一位叫杨刚的同学是5号。上课点名回答问题，老师叫：“5号。”我和杨刚同时站了起来，把老师看傻眼了。后来，我们两个干脆都坐着不动，因为搞不清楚到底是“伍昊”还是“5号”。这正是：3号是伍昊，5号是杨刚。还是大学时期，有一次上体育课，也是老师点名：“伍晨。”半天没人答应，我也差点因此被记旷课，而且从此又多了一个外号——晨儿哥。

直到2010年生日，我还收到一条特殊的祝福短信：亲爱的任昊，为了感谢您多次消费刷会员卡，可凭此短信和会员卡在生日当月任一天至会员店领取价值十元的蛋糕券。事已至此，我只想对我父亲说：老爸，你太有才了，给了我一个这么欢乐的名字。

>>>>>　>>>>>　>>>>>

大家想想看，源数据表中本应该相同的数据，如果被记录得五花八门，我们该如何分析，如何汇总？我发现很多企业的源数据都存在这样的问题，理所当然，最后只能抱着一堆表格发呆，根本得不到准确的数据分析结果。

其实，Excel有一个功能专治单元格录入不规范，这就是——数据有效性。通俗点说，只有当单元格内容满足预设条件时才能录入成功，否则报错。前面我们讲过条件格式，在这里你可以把数据有效性理解为条件内容。它能限定录入数据的日期范围、整数范围、文本长度等，还能制作下拉列表，让你用选择的方式完成录入。

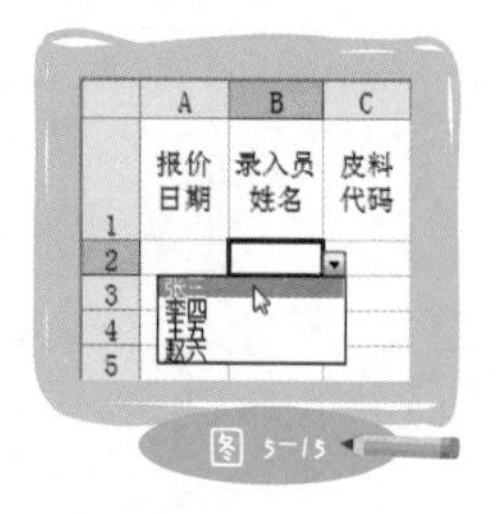

图 5-15

数据有效性的调用路径和界面分别如图5-16和图5-17所示。

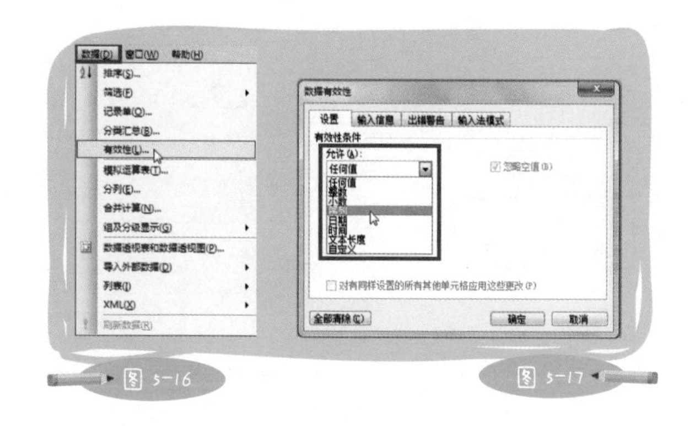

图 5-16　图 5-17

我建议大家在调用功能时多使用快捷键，既能提高效率，又能在不同的软件版本中快速找到相同的功能。调用菜单命令的快捷键时，调用一级菜单用Alt键加上菜单名称括号里的字母，调用二、三级菜单仅敲击相应命令括号里的字母即可。所以，依次敲击Alt+D→L就能进入数据有效性设置界面。

先为“报价日期”设置数据有效性，规定A2单元格录入的数据必须为日期，并且介于2010/1/1至2030/12/31之间（见图5−18）。设置完成后，将A2单元格向下复制。之后在进行数据录入时，当A列单元格输入的内容不为日期，或者日期不在设定范围内时，Excel就会出现错误提示（见图5−19）。这么一来，录错日期格式的情况就不会再发生了。

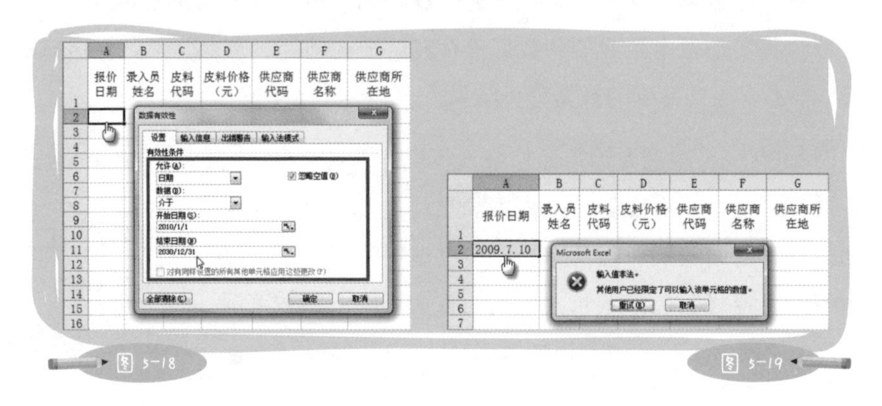

图 5−18　图 5−19

你也可以做得更人性化一点，在数据有效性的“出错警告”中，将错误提示信息改为“请输入正确的日期”。

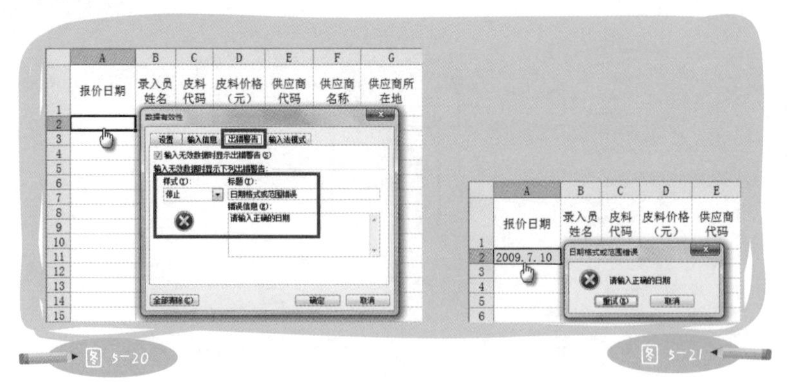

图 5−20　图 5−21

接下来，再为“录入员姓名”设置数据有效性。由于录入员是固定的几个人，于是，我们可以把这个信息告诉Excel，让它帮我们记忆，以后每次输入用选择的就好了。控制日期录入的时候选择“允许”中的“日期”，控制特定内容的录入并需要制作下拉列表的时候，选择“允许”中的“序列”。

如果列表短，在“来源”栏直接输入列表内容，如：张三、李四、王五、赵六（见图5-22）。但是要注意，文本与文本之间必须用英文逗号，也就是半角逗号分隔，否则Excel会把它们看作一个文本（见图5-23、图5-24）。

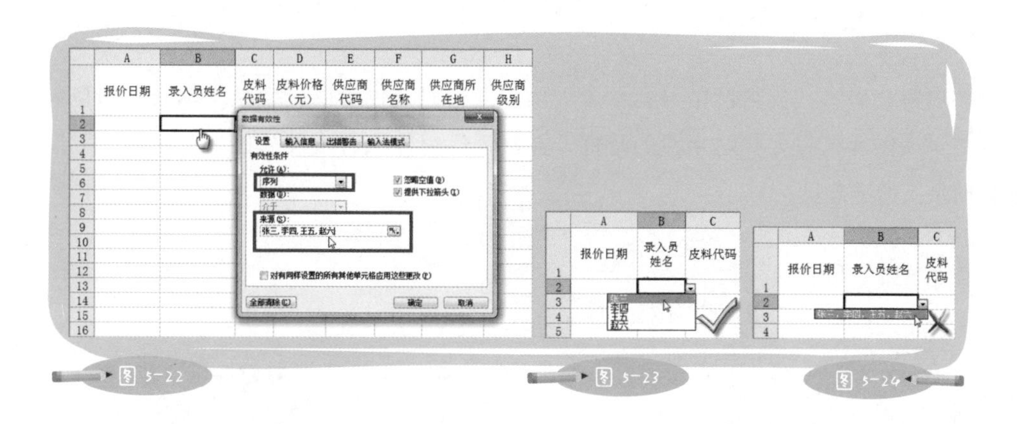

图5-22　图5-23　图5-24

曾经就有学员拿着设置了数据有效性的表格问我：“为什么我的选项是左右排列的，该怎么选择呢？”我说：“没有左右排列这么一说，你一定是使用了中文逗号。”

如果列表很长，手工输入“来源”的方式就不可行，这时就需要直接引用数据列表。用鼠标点击“来源”栏，再选择要引用的数据区域，点击确定完成（见图5-25）。此时，下拉列表的内容将随引用单元格内容的变化而变化。相比而言，引用数据列表的方式更能体现Excel数据关联的魅力。

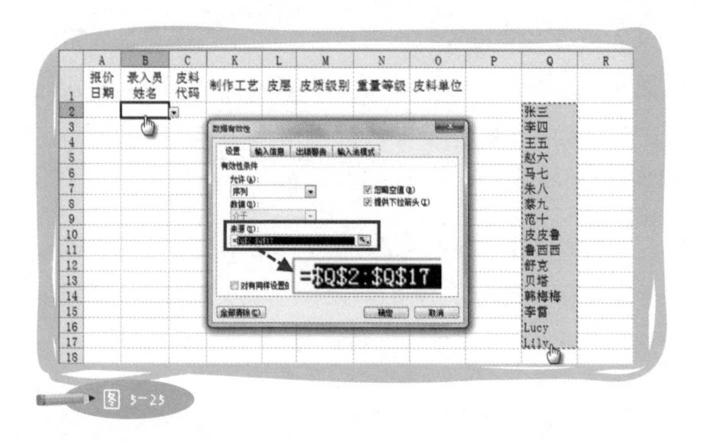

图 5-25

“皮料代码”“皮料价格（元）”“供应商代码”也可以分别从文本长度和整数区间来控制录入内容，只要找对字段的特性，并灵活运用数据有效性功能，就能最大限度地保证数据录入的准确性。

>>>>> >>>>> >>>>>

使用数据有效性时需要注意三点：

第一，对于已经有数据的单元格，设置数据有效性后，Excel并不会自动判定或更正已有数据。比如：B2单元格已经有数据为“马七”，限定该单元格录入“张三，李四，王五”之后，在对B2进行下一次操作之前，该单元格的数据依然为“马七”，不受数据有效性设置的影响。所以，不能指望数据有效性帮助我们更正数据。

第二，即使设置有下拉列表的单元格，也不是只能通过选择的方式进行录入。你可能有这样的疑问，当下拉列表很长的时候，要找到某一个数据就很困难。对于这种单元格，手工录入也是可以的，只要录入的内容和列表中的内容一致，就能成功通过数据有效性的“审查”。而这时的数据有效性，更多地起到了监督作用，虽然不能带来录入效率的提高，却可以防止出错。

第三，根据三表概念，用于数据有效性引用的列表本应该作为参数，存放在参数表中，我却把它放在了源数据表里。这是因为，“序列”来源不能直接引用跨工作表的数据区域。没有为什么，Excel就这么规定的。所以，只能把待引用的数据放在源数据表后几列（从2010版开始，就可以跨工作表直接引用了）。

什么？三表概念是浮云？！Oh，no no no，有兴趣的朋友可以研究一下Excel中“名称”的应用，借助它，跨工作表的数据引用就能成立。如果不会使用“名称”，也无伤大雅，因为本质上不会影响“懒人”们的工作效率和管理水平，学与不学看各位的兴趣而已。既然咱们玩的是意识流，走的是大众路线，也就不去强调那些华丽但费脑筋的技能了。

⊙工作表的数据录入安全

有时候，一份源数据表，不是所有的单元格都需要手工录入。对于设置了公式的单元格，我们往往不希望任何人随意地修改它。我常听到这样的抱怨：“我设的公式，总是不小心被人碰到。”或者“说了很多遍，他们还要在写了公式的单元格里录入数据。”

职场中最无效的沟通方式就是口头提醒，就好像我认为最没用的处罚方式是口头警告一样。做工作，不能只是说说就算了，与其千叮咛万嘱咐让他不要犯错，不如提供方法和工具确保他不犯错。虽然任何事情都离不开人的因素，但这一定不能成为做不好事情的借口。

既然是对工作表数据区域的控制，就应该想到保护工作表功能。只要保护了想保护的单元格区域，开放了能开放的单元格区域，就不用担心误删、误改、误填的情况出现。

根据分析，报价记录表只有前五列需要手工录入，后面几列都要设置公式。也就是说，真正使用该表时，A:E允许操作，F:O不允许操作。

保护工作表只需两步搞定：

首先，选中允许录入的单元格区域，设置单元格格式，取消勾选保护标签中的“锁定”；

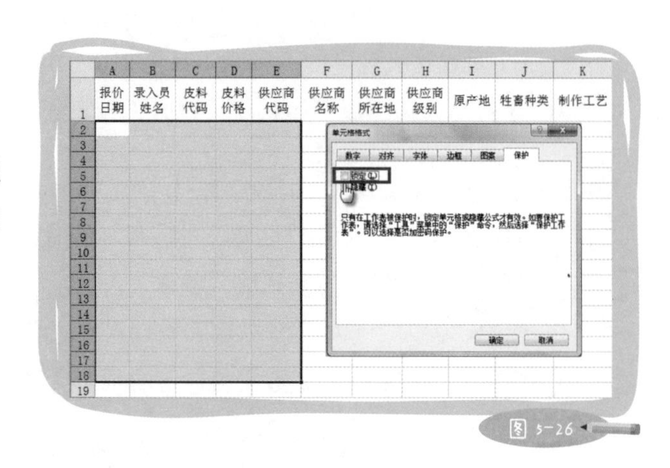

图 5-26

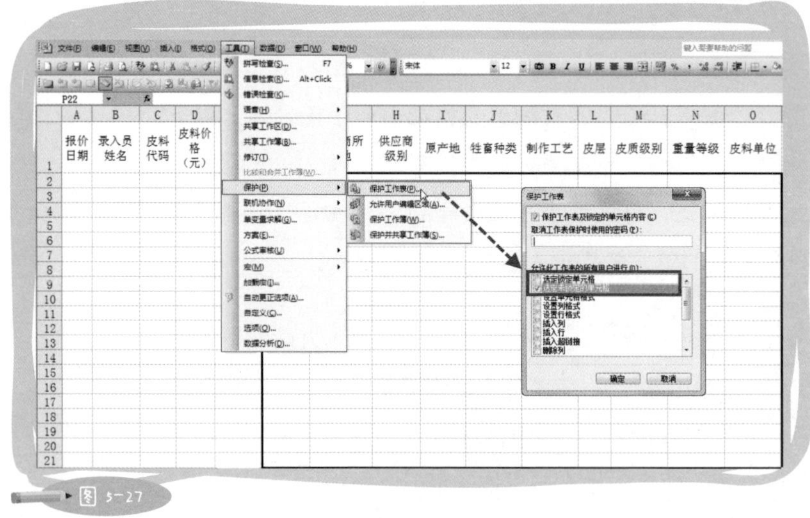

图 5-27

然后，调用保护工作表功能，取消勾选“选定锁定单元格”，点击“确定”完成。

设置完成后，除了取消“锁定”的单元格，其他单元格均被保护起来，连选中它们都是被禁止的。

智能

Excel的智能与“牵一发而动全身”的经典理念息息相关，智能的实现方法几乎都是运用函数。函数是Excel精髓中的精髓，可是，Excel有上百个函数，没有多年的功力，要运用自如真不是一件容易的事情。教函数的书籍多如牛毛，可即便像我这样从事Excel教学的人都读不进去，又何况你呢？！但是，如果我告诉你，只用学一个函数就能做出像样的智能表格，你愿意尝试吗？

我们一定不会怀疑，公安局可以通过身份证号码调出个人的身份信息；我们也不会怀疑，银行可以通过银行卡号知道客户的详细资料。生活中的常识，到了Excel中却变得异常神秘。有很多人由于不知道数据匹配的方法，于是工作得很累。我们老老实实地输入所有数据，辛辛苦苦地逐条比对信息，以至于Ctrl+F成为我们最熟练的快捷键。不仅如此，我们还经常从庞大的源数据中挑出数据，然后一条条复制、粘贴，组成新的数据表。

这一切，只要拥有Vlookup就能彻底解决。一般的数据工作，最浪费时间也最让人纠结的只有两件事：查找/比对和分类汇总，所以，我把Vlookup和数据透视表合称为“哼哈二将”。有了这两员大将，再加上天下第一表和三表概念心法，真不怕你的Excel水平不噌噌往上长十级。

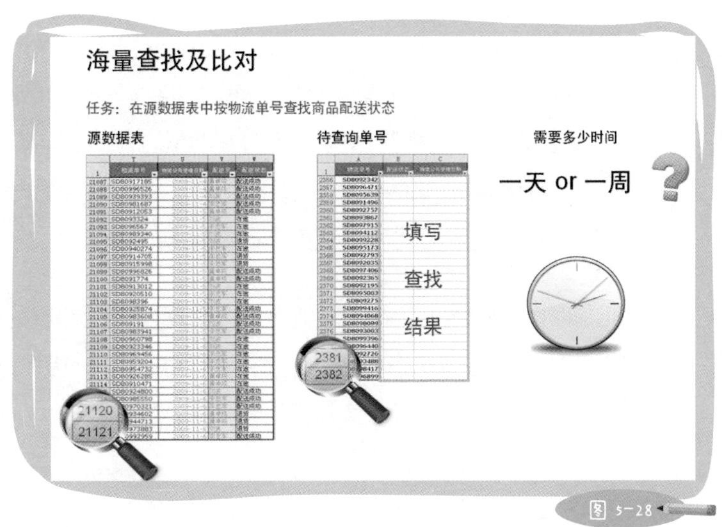

图 5-28

Vlookup属于查找与引用函数，它的作用是查找某单元格数据在源数据库中是否存在，如存在，则返回源数据库中同行指定列的单元格内容；如不存在，则返回#N/A。Vlookup有四个参数，我对它们的诠释是，用什么找？去哪里找？找到了返回第几个值？精确找还是模糊找？

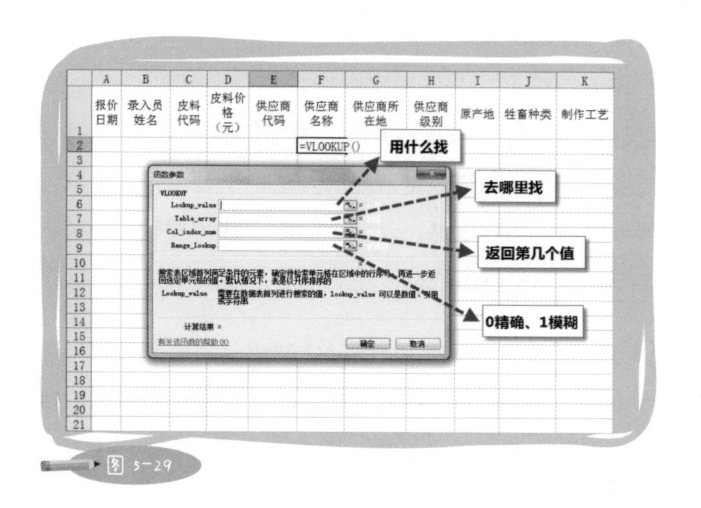

图 5-29

要用这个函数，首先要有一个待查找的数据库。我模拟了一份数据，根据三表概念，它应该存放在参数表里。该数据库的首列必须为待匹配字段。什么意思呢？如果要用身份证号码匹配出身份信息，数据库中的号码列就必须在数据区域的首列；如果用供应商代码匹配出供应商的其他信息，数据库中的供应商代码字段就必须在数据区域首列。

没有理由，这就是Vlookup函数的一个规定，记住就好。由于在报价记录表中，要分别用供应商代码和皮料代码匹配相关的明细数据，所以参数表有两份，分别记录供应商信息和皮料信息。

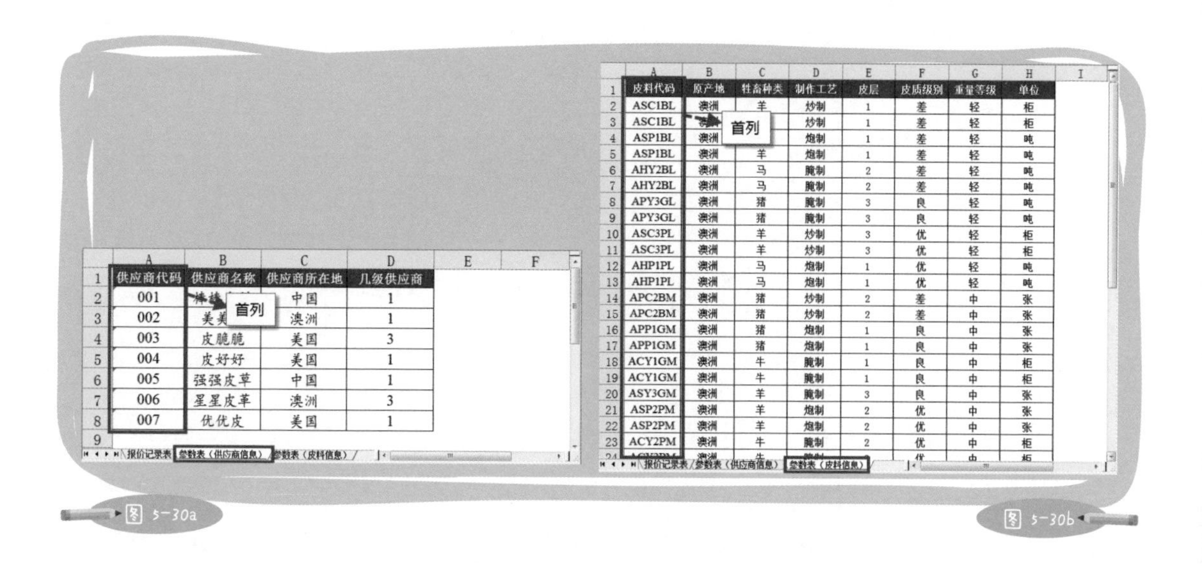

	A	B	C	D
1	供应商代码	供应商名称	供应商所在地	几级供应商
2	001	[illegible]	中国	1
3	002	[illegible]	澳洲	1
4	003	皮脆脆	美国	3
5	004	皮好好	美国	1
6	005	强强皮革	中国	1
7	006	星星皮革	澳洲	3
8	007	优优皮	美国	1

	A	B	C	D	E	F	G	H
1	皮料代码	原产地	牲畜种类	制作工艺	皮层	皮质级别	重量等级	单位
2	ASC1BL	澳洲	羊	炒制	1	差	轻	柜
3	ASC1BL	澳洲	[illegible]	炒制	1	差	轻	柜
4	ASP1BL	澳洲	[illegible]	炮制	1	差	轻	吨
5	ASP1BL	澳洲	羊	炮制	1	差	轻	吨
6	AHY2BL	澳洲	马	腌制	2	差	轻	吨
7	AHY2BL	澳洲	马	腌制	2	差	轻	吨
8	APY3GL	澳洲	猪	腌制	3	良	轻	吨
9	APY3GL	澳洲	猪	腌制	3	良	轻	吨
10	ASC3PL	澳洲	羊	炒制	3	优	轻	柜
11	ASC3PL	澳洲	羊	炒制	3	优	轻	柜
12	AHP1PL	澳洲	马	炮制	1	优	轻	吨
13	AHP1PL	澳洲	马	炮制	1	优	轻	吨
14	APC2BM	澳洲	猪	炒制	2	差	中	张
15	APC2BM	澳洲	猪	炒制	2	差	中	张
16	APP1GM	澳洲	猪	炮制	1	良	中	张
17	APP1GM	澳洲	猪	炮制	1	良	中	张
18	ACY1GM	澳洲	牛	腌制	1	良	中	柜
19	ACY1GM	澳洲	牛	腌制	1	良	中	柜
20	ASY3GM	澳洲	羊	腌制	3	良	中	张
21	ASP2PM	澳洲	羊	炮制	2	优	中	张
22	ASP2PM	澳洲	羊	炮制	2	优	中	张
23	ACY2PM	澳洲	牛	腌制	2	优	中	柜

图 5-30a　　图 5-30b

万事俱备，开始写公式。调用函数有讲究，不用去插入函数里找，只要知道函数名称，在单元格内直接输入=Vlookup，然后按Ctrl+A，就能打开该函数的参数面板。注意：如果输入"=函数名称()"，多一对括号， Ctrl+A就失效了。

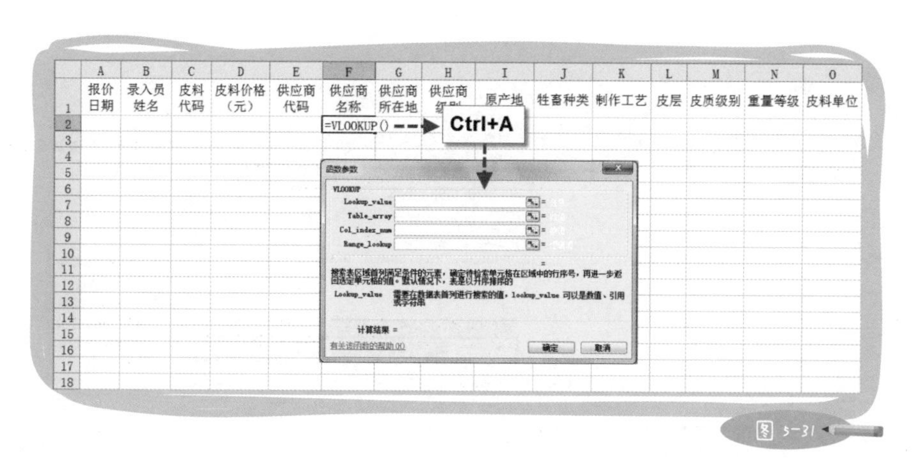

图 5-31

设置参数（公式写在供应商名称列F2单元格）：

用什么找——用供应商代码E2单元格去找；

去哪里找——去参数表（供应商信息）A:D列数据区域找；

返回第几个值——返回参数表（供应商信息）A:D列第2列的值（第2列为供应商名称）；

精确找还是模糊找——精确找，必须代码相同才返回匹配值（99%的情况下都使用精确匹配）。

公式：=VLOOKUP($E2,'参数表（供应商信息）'!$A:$D,2,0)。

由于该公式要向右向下复制，所以E2变为$E2，以保证向右复制时依然引用E2单元格为第一参数；第二参数由“‘参数表（供应商信息）’!A:D”变为“‘参数表（供应商信息）’!$A:$D”，以保证向右复制时依然引用A:D列。不熟悉函数参数相对、绝对、混合引用的朋友，可以针对性地上网学习一下。

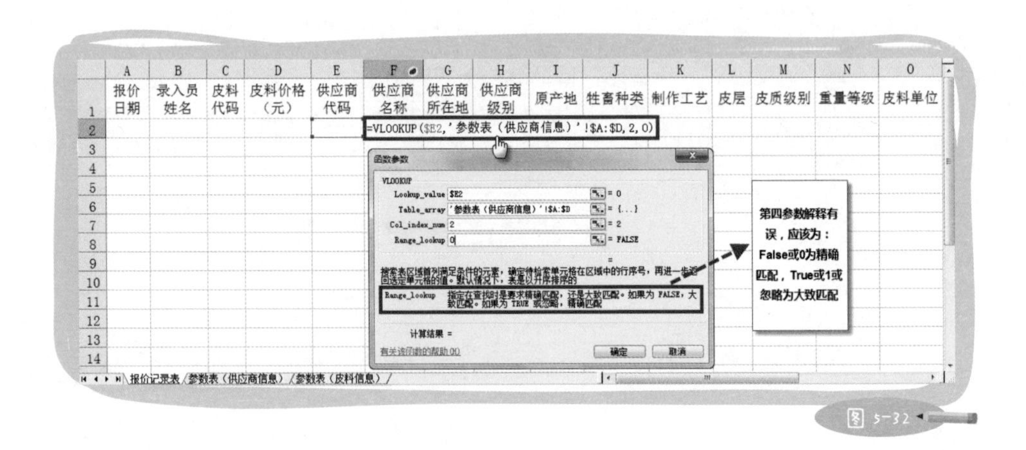

图 5-32

由于该公式向右复制时，第三参数应该从2依次递增，所以需要引入一个新的函数Column。Column的作用是：返回单元格的列号，比如：=COLUMN(B1)返回2，=COLUMN(D1)返回4。

	A	B	C	D
1	供应商代码	供应商名称	供应商所在地	几级供应商
2	=COLUMN(A1)	=COLUMN(B1)	=COLUMN(C1)	=COLUMN(D1)
3	1	2	3	4

图 5-33

完善公式：=VLOOKUP($E2,'参数表（供应商信息）'!$A:$D,COLUMN(B1),0)

向右向下复制公式之后，得到的结果全部为#N/A，那是因为E列还没有录入供应商代码。当Vlookup函数找不到匹配值时，就会返回#N/A。

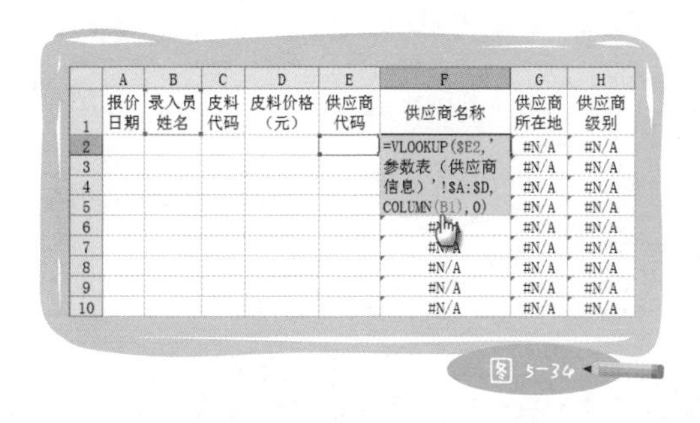

	A	B	C	D	E	F	G	H
1	报价日期	录入员姓名	皮料代码	皮料价格（元）	供应商代码	供应商名称	供应商所在地	供应商级别
2						=VLOOKUP($E2,'参数表（供应商信息）'!$A:$D,COLUMN(B1),0)	#N/A	#N/A
3							#N/A	#N/A
4							#N/A	#N/A
5							#N/A	#N/A
6						#N[illegible]	#N/A	#N/A
7						#N/A	#N/A	#N/A
8						#N/A	#N/A	#N/A
9						#N/A	#N/A	#N/A
10						#N/A	#N/A	#N/A

图 5-34

为了视觉上的美观，可以对公式再进行一次加工。借助IF和Len函数，能够在E列没有数据时，公式单元格也不显示#N/A。这两个函数我就不详细介绍了，提供公式作为参考。

再次完善公式：=IF(LEN($E2)=0,"",VLOOKUP($E2,'参数表（供应商信息）'!$A:$D,COLUMN(B1),0))

翻译成中文：当（IF）E2单元格啥都没有时（LEN($E2)=0），返回“空”（""），否则，返回Vlookup函数结果（2007及之后版本，则有新函数IFERROR，可更简化地实现相同效果）。

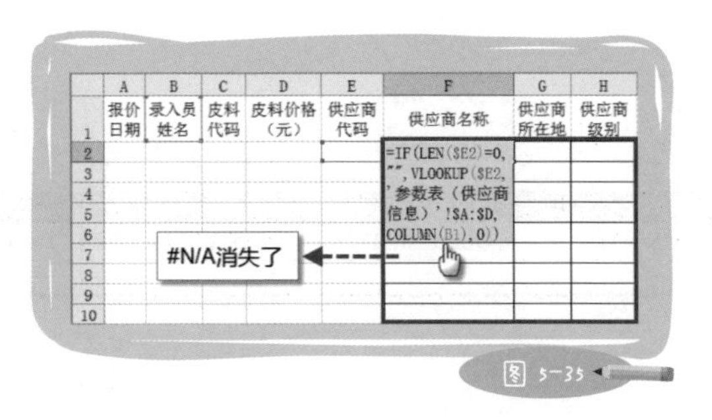

图 5-35

设置完成，试试效果，在E2单元格输入参数表（供应商信息）里的某个供应商代码，就能自动得到与该代码相关的所有信息。再用同样的方法编写皮料代码和皮料信息的匹配公式，就完成了报价记录表公式部分的设置。

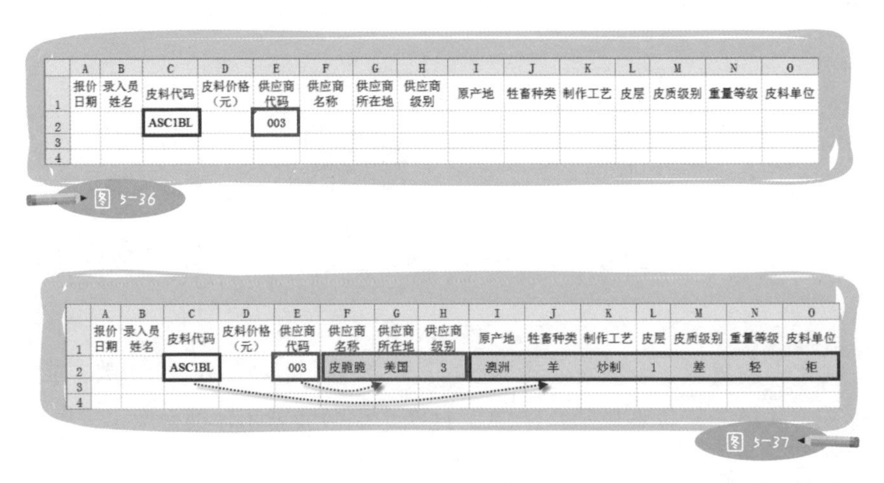

图 5-37

很棒吧？看似复杂的数据录入工作，一旦使用了Vlookup以后，就变得异常简单。但是要提醒各位，任何时候，写完公式后都一定要验证它的准确性。我通常会用3～5组数据进行验证。函数固然强大，可是它既能载舟，也能覆舟，一旦设置出现错误，后果同样严重。所以，务必先细心检查，确认无误后，再放心使用。

学会了Vlookup，工作的优化充满了无限的想象空间。对于学校，可以用学号查询学生信息；对于财务，可以用凭证号查询现金使用情况；对于工厂，可以从上万种物料中匹配出几百种指定物料的相关信息。只要尽情发挥想象力，就能让更多的工作变得简单。

美观

出门前，稍微收拾一下自己，既是对他人的尊重，也是对自己负责。出席重要的聚会，人们总会精心装扮，女士们画上一抹淡妆，男士们穿上一身礼服，展现个人魅力的同时，也表达了对主办者和其他受邀者的基本尊重。

爱美之心人皆有之，在工作场合也不例外。通常情况下，工作是辛苦的、重复的、枯燥的，如果用颜色来表达，应该是黑白的。可是，我们不能甘于工作在黑白之中，何不为它添加一些色彩呢？既然每个人都是设计师，而不是生产线上的机器人，我们就可以创造美。在美化表格的同时，把一件小事、一份枯燥的工作做得开心，由此收获的是积极的工作态度以及高品质的自我要求。

既然是每天都要用到的表格，就把它做得漂亮一点。字体大小、对齐方式调整一致；添加一些容易识别的颜色为数据分区；单元格格式保持统一，不要有的单元格有边框，有的又没有。

别让自己的表格“邋里邋遢”，毕竟，它每天都陪伴着你的工作，影响着你的心情。俗话说：看洗手间就知道餐厅好不好，看厨房就知道家人和不和睦。同样的，看一张表格，就能知道这个人是否对自己严格要求，是否对工作认真负责。如下面这张表，就是一张极其难看、“邋里邋遢”的表，如果每天都要对着它，你的心情能好到哪儿去？做出这么一张表的人，可以想见是个马马虎虎的人。

	A	B	C	D	E	F	G	H	I	J	K	L	M	N	O	P	Q
1	日期	客户单据号	接发	客户名称	货物名称	件数	立方或重量	计量单位	运输方式	发站	到站	单价	总价	搬运费	付款方式	付款金额	发车形式
5	12月1日	522-0812001138/1143/1133/1132	发	xxx	蚊香	1219	15.54	T	汽车	丁家	乐山	130元/T	XXX		重庆结	120000.00	XXX
6	12月1日	522-0812001148/1149/1	发	XXX	蚊香	1330	15.79	T	汽车	丁家	自贡	100元/T	XXX		重庆结	120000.00	XXX
7	12月1日		发	XXX	卷纸	25	26.646	T	汽车	江津	自贡	125元/T	XXX		重庆结	120000.00	XXX
8	12月1日		发	XXX	卷纸	14	18.915	T	汽车	江津	温江	140元/T	XXX		成都结	120000.00	XXX
9	12月1日	无	发	XXX	彩电	40	11.80	m3	汽车零担	长沙	武汉	85.00/m3	XXX		公司月结	120000.00	XXX
10	12月1日	60002329	发	XXX	牛奶	3780	24.38	T	汽车	昆明	景洪	180元/T	XXX		总公司结	120000.00	XXX
11	12月1日	60002332	发	XXX	牛奶	1020	5.85	T	汽车	昆明	江川	80元/T	XXX		昆明结	120000.00	XXX
12	12月1日	60002319	发	XXX	牛奶	1285	6.47	T	汽车	昆明	云县	220元/T	XXX		昆明结	120000.00	XXX
13	12月1日	无单	发	XXX	配件	43	0.72	m3	汽车零担	昆明	广州	145.8元/M³	XXX		广州结	120000.00	XXX
14	12月1日	44175938	发	XXX	果冻	738	12.9	m3	汽车	昆明	昭通	60元/M³	XXX		总公司结	120000.00	XXX

图 5-38

刚工作的时候，我做表的风格是“浓妆艳抹”（见图5-39），什么都想突出却什么也突出不了，这也是错误的示范。

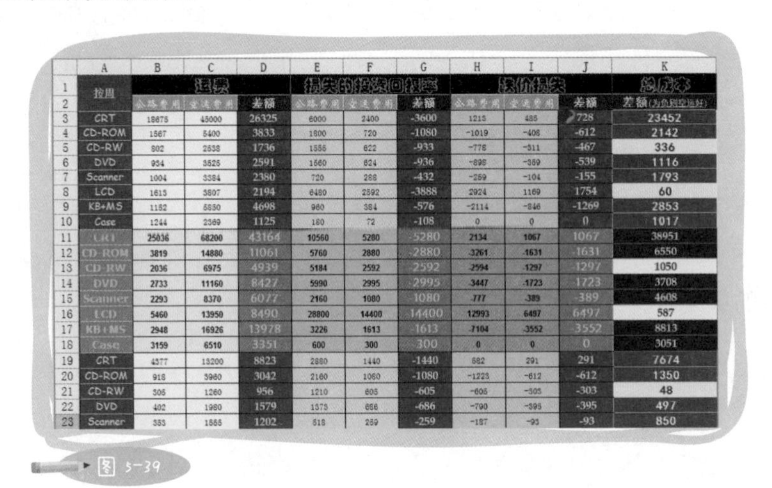

	A	B	C	D	E	F	G	H	I	J	K
1	按周	运费			损失的投资回报率			降价损失			总成本
2		公路费用	空运费用	差额	公路费用	空运费用	差额	公路费用	空运费用	差额	差额(为负则空运好)
3	CRT	18675	45000	26325	6000	2400	-3600	1213	485	728	23452
4	CD-ROM	1567	5400	3833	1800	720	-1080	-1019	-408	-612	2142
5	CD-RW	802	2538	1736	1556	622	-933	-778	-311	-467	336
6	DVD	934	3525	2591	1560	624	-936	-898	-359	-539	1116
7	Scanner	1004	3384	2380	720	288	-432	-259	-104	-155	1793
8	LCD	1613	3807	2194	6480	2592	-3888	2924	1169	1754	60
9	KB+MS	1152	5850	4698	960	384	-576	-2114	-846	-1269	2853
10	Case	1244	2369	1125	180	72	-108	0	0	0	1017
11	CRT	25036	68200	43164	10560	5280	-5280	2134	1067	1067	38951
12	CD-ROM	3819	14880	11061	5760	2880	-2880	-3261	-1631	-1631	6550
13	CD-RW	2036	6975	4939	5184	2592	-2592	-2594	-1297	-1297	1050
14	DVD	2733	11160	8427	5990	2995	-2995	-3447	-1723	-1723	3708
15	Scanner	2293	8370	6077	2160	1080	-1080	-777	-389	-389	4608
16	LCD	5460	13950	8490	28800	14400	-14400	12993	6497	6497	587
17	KB+MS	2948	16926	13978	3226	1613	-1613	-7104	-3552	-3552	8813
18	Case	3159	6510	3351	600	300	-300	0	0	0	3051
19	CRT	4377	13200	8823	2880	1440	-1440	582	291	291	7674
20	CD-ROM	918	3960	3042	2160	1080	-1080	-1223	-612	-612	1350
21	CD-RW	306	1260	956	1210	605	-605	-606	-303	-303	48
22	DVD	402	1980	1579	1373	686	-686	-790	-395	-395	497
23	Scanner	353	1555	1202	518	259	-259	-187	-93	-93	850

图 5-39

那我们就来看一下，报价记录表应该如何美化。

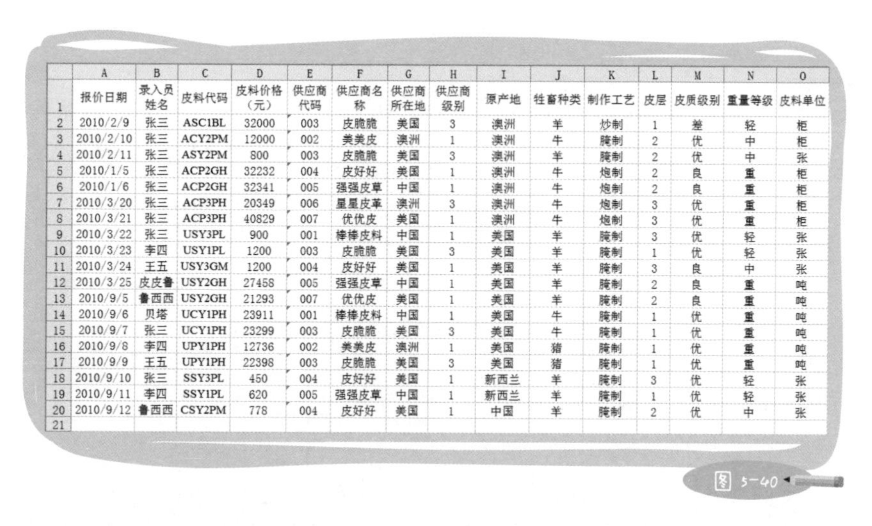

	A	B	C	D	E	F	G	H	I	J	K	L	M	N	O
1	报价日期	录入员姓名	皮料代码	皮料价格（元）	供应商代码	供应商名称	供应商所在地	供应商级别	原产地	牲畜种类	制作工艺	皮层	皮质级别	重量等级	皮料单位
2	2010/2/9	张三	ASC1BL	32000	003	皮脆脆	美国	3	澳洲	羊	炒制	1	差	轻	柜
3	2010/2/10	张三	ACY2PM	12000	002	美美皮	澳洲	1	澳洲	牛	腌制	2	优	中	柜
4	2010/2/11	张三	ASY2PM	800	003	皮脆脆	美国	3	澳洲	羊	腌制	2	优	中	张
5	2010/1/5	张三	ACP2GH	32232	004	皮好好	美国	1	澳洲	牛	炮制	2	良	重	柜
6	2010/1/6	张三	ACP2GH	32341	005	强强皮草	中国	1	澳洲	牛	炮制	2	良	重	柜
7	2010/3/20	张三	ACP3PH	20349	006	星星皮革	澳洲	3	澳洲	牛	炮制	3	优	重	柜
8	2010/3/21	张三	ACP3PH	40829	007	优优皮	美国	1	澳洲	牛	炮制	3	优	重	柜
9	2010/3/22	张三	USY3PL	900	001	棒棒皮料	中国	1	美国	羊	腌制	3	优	轻	张
10	2010/3/23	李四	USY1PL	1200	003	皮脆脆	美国	3	美国	羊	腌制	1	优	轻	张
11	2010/3/24	王五	USY3GM	1200	004	皮好好	美国	1	美国	羊	腌制	3	良	中	张
12	2010/3/25	皮皮鲁	USY2GH	27458	005	强强皮草	中国	1	美国	羊	腌制	2	良	重	吨
13	2010/9/5	鲁西西	USY2GH	21293	007	优优皮	美国	1	美国	羊	腌制	2	良	重	吨
14	2010/9/6	贝塔	UCY1PH	23911	001	棒棒皮料	中国	1	美国	牛	腌制	1	优	重	吨
15	2010/9/7	张三	UCY1PH	23299	003	皮脆脆	美国	3	美国	牛	腌制	1	优	重	吨
16	2010/9/8	李四	UPY1PH	12736	002	美美皮	澳洲	1	美国	猪	腌制	1	优	重	吨
17	2010/9/9	王五	UPY1PH	22398	003	皮脆脆	美国	3	美国	猪	腌制	1	优	重	吨
18	2010/9/10	张三	SSY3PL	450	004	皮好好	美国	1	新西兰	羊	腌制	3	优	轻	张
19	2010/9/11	李四	SSY1PL	620	005	强强皮草	中国	1	新西兰	羊	腌制	1	优	轻	张
20	2010/9/12	鲁西西	CSY2PM	778	004	皮好好	美国	1	中国	羊	腌制	2	优	中	张
21															

图5-40

美化表格有两个关键词：舒服和直观。由于美这个东西见仁见智，小弟我只好根据自己不太高层次的审美标准来做解说，请设计专业的大虾们见谅。

就视觉感受而言，美化后的表格要让人看着“舒服”：

文本对齐——文本在垂直方向居中对齐，同列数据水平方向采用同样的对齐方式（见图5-41a、图5-41b）；

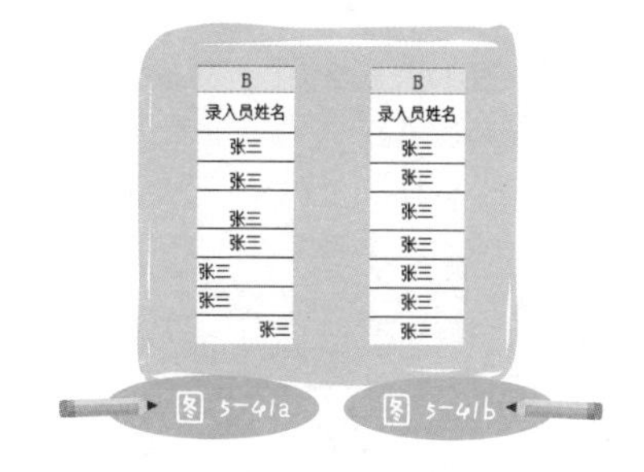

图5-41a 图5-41b

文本大小——对于数据明细，10号字比默认的12号字更精致；

字体——中文用宋体，英文用Arial或者Times New Roman，特型字体如华文彩云等慎用（见图5-42a、图5-42b）；

	A	B
1	[illegible]	[illegible]
2	2010/2/9	张三
3	2010/2/10	张三
4	2010/2/11	张三

图5-42a

	A	B
1	报价日期	录入员姓名
2	2010/2/9	张三
3	2010/2/10	张三
4	2010/2/11	张三

图5-42b

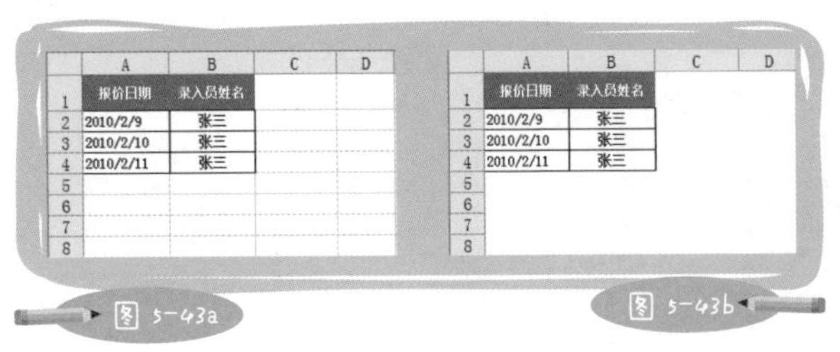

	A	B	C	D
1	报价日期	录入员姓名		
2	2010/2/9	张三		
3	2010/2/10	张三		
4	2010/2/11	张三		
5				
6				
7				
8				

图 5-43a

	A	B	C	D
1	报价日期	录入员姓名		
2	2010/2/9	张三		
3	2010/2/10	张三		
4	2010/2/11	张三		
5				
6				
7				
8				

图 5-43b

网格线——去除网格线的表格很清爽（工具→选项→视图→网格线）（见图 5-43a、图 5-43b）；

单元格边框——同类数据区域采用相同的边框，禁止大面积使用粗边框或虚线边框（见图5-44a、图5-44b）；

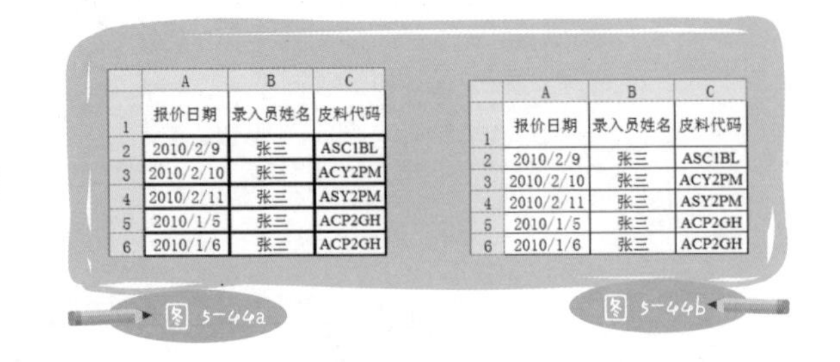

	A	B	C
1	报价日期	录入员姓名	皮料代码
2	2010/2/9	张三	ASC1BL
3	2010/2/10	张三	ACY2PM
4	2010/2/11	张三	ASY2PM
5	2010/1/5	张三	ACP2GH
6	2010/1/6	张三	ACP2GH

图 5-44a

	A	B	C
1	报价日期	录入员姓名	皮料代码
2	2010/2/9	张三	ASC1BL
3	2010/2/10	张三	ACY2PM
4	2010/2/11	张三	ASY2PM
5	2010/1/5	张三	ACP2GH
6	2010/1/6	张三	ACP2GH

图 5-44b

色彩——不宜超过三种，多用不同层次的同种颜色或者同层次的不同颜色，慎用大红、大黄、大绿这种组合（见图5-45）；

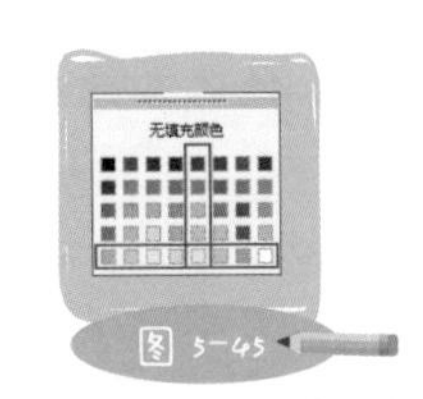

图 5-45

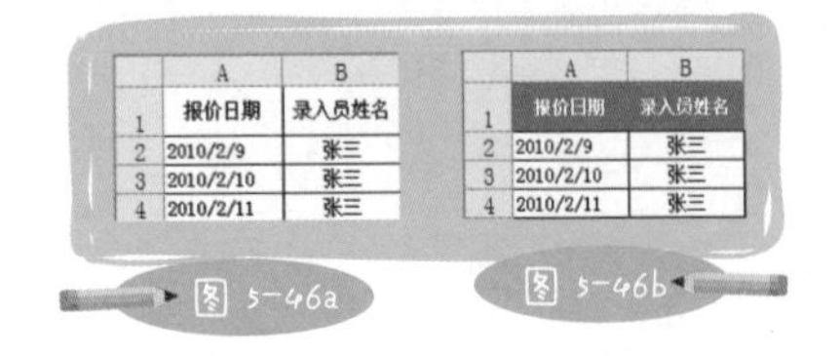

	A	B
1	报价日期	录入员姓名
2	2010/2/9	张三
3	2010/2/10	张三
4	2010/2/11	张三

图 5-46a

	A	B
1	报价日期	录入员姓名
2	2010/2/9	张三
3	2010/2/10	张三
4	2010/2/11	张三

图 5-46b

突出标题行——设置标题行的单元格填充色，并修改字体/字形/颜色/大小，以便与数据区域区分开来（见图5-46a、图5-46b）；

简化数据区域——待录入的数据区域最好不着填充色，且要慎用字体下划线及倾斜字体（见图5-47a、图5-47b）。

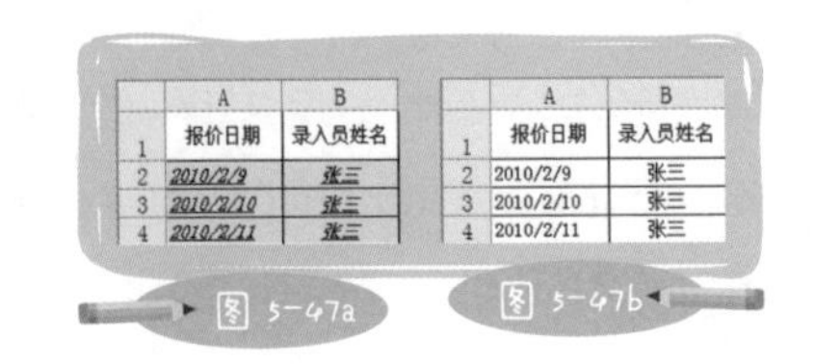

	A	B
1	报价日期	录入员姓名
2	*2010/2/9*	*张三*
3	*2010/2/10*	*张三*
4	*2010/2/11*	*张三*

图 5-47a

	A	B
1	报价日期	录入员姓名
2	2010/2/9	张三
3	2010/2/10	张三
4	2010/2/11	张三

图 5-47b

最终，一张可以称得上“舒服”的表格诞生了。

	A	B	C	D	E	F	G	H	I	J	K	L	M	N	O
1	报价日期	录入员姓名	皮料代码	皮料价格（元）	供应商代码	供应商名称	供应商所在地	供应商级别	原产地	牲畜种类	制作工艺	皮层	皮质级别	重量等级	皮料单位
2	2010/2/9	张三	ASC1BL	32000	003	皮脆脆	美国	3	澳洲	羊	炒制	1	差	轻	柜
3	2010/2/10	张三	ACY2PM	12000	002	美美皮	澳洲	1	澳洲	牛	腌制	2	优	中	柜
4	2010/2/11	张三	ASY2PM	800	003	皮脆脆	美国	3	澳洲	羊	腌制	2	优	中	张
5	2010/1/5	张三	ACP2GH	32232	004	皮好好	美国	1	澳洲	牛	炮制	2	良	重	柜
6	2010/1/6	张三	ACP2GH	32341	005	强强皮革	中国	1	澳洲	牛	炮制	2	良	重	柜
7	2010/3/20	张三	ACP3PH	20349	006	星星皮革	澳洲	3	澳洲	牛	炮制	3	优	重	柜
8	2010/3/21	张三	ACP3PH	40829	007	优优皮	美国	1	澳洲	牛	炮制	3	优	重	柜
9	2010/3/22	张三	USY3PL	900	001	棒棒皮料	中国	1	美国	羊	腌制	3	优	轻	张
10	2010/3/23	李四	USY1PL	1200	003	皮脆脆	美国	3	美国	羊	腌制	1	优	轻	张
11	2010/3/24	王五	USY3GM	1200	004	皮好好	美国	1	美国	羊	腌制	3	良	中	张
12	2010/3/25	皮皮鲁	USY2GH	27458	005	强强皮革	中国	1	美国	羊	腌制	2	良	重	吨
13	2010/9/5	鲁西西	USY2GH	21293	007	优优皮	美国	1	美国	羊	腌制	2	良	重	吨
14	2010/9/6	贝塔	UCY1PH	23911	001	棒棒皮料	中国	1	美国	牛	腌制	1	优	重	吨
15	2010/9/7	张三	UCY1PH	23299	003	皮脆脆	美国	3	美国	牛	腌制	1	优	重	吨
16	2010/9/8	李四	UPY1PH	12736	002	美美皮	澳洲	1	美国	猪	腌制	1	优	重	吨
17	2010/9/9	王五	UPY1PH	22398	003	皮脆脆	美国	3	美国	猪	腌制	1	优	重	吨
18	2010/9/10	张三	SSY3PL	450	004	皮好好	美国	1	新西兰	羊	腌制	3	优	轻	张
19	2010/9/11	李四	SSY1PL	620	005	强强皮革	中国	1	新西兰	羊	腌制	1	优	轻	张
20	2010/9/12	鲁西西	CSY2PM	778	004	皮好好	美国	1	中国	羊	腌制	2	优	中	张
21															
22															

图 5-48

就功能而言，美化后的表格还要让人觉得“直观”。

	A	B	C	D	E	F	G	H	I	J	K	L	M	N	O
1	报价日期	录入员姓名	皮料代码	皮料价格（元）	供应商代码	供应商名称	供应商所在地	供应商级别	原产地	牲畜种类	制作工艺	皮层	皮质级别	重量等级	皮料单位
2	2010/2/9	张三	ASC1BL	32000	003	皮脆脆	美国	3	澳洲	羊	炒制	1	差	轻	柜
3	2010/2/10	张三	ACY2PM	12000	002	美美皮	澳洲	1	澳洲	牛	腌制	2	优	中	柜
4	2010/2/11	张三	ASY2PM	800	003	皮脆脆	美国	3	澳洲	羊	腌制	2	优	中	张
5	2010/1/5	张三	ACP2GH	32232	004	皮好好	美国	1	澳洲	牛	炮制	2	良	重	柜
6	2010/1/6	张三	ACP2GH	32341	005	强强皮革	中国	1	澳洲	牛	炮制	2	良	重	柜
7	2010/3/20	张三	ACP3PH	20349	006	星星皮革	澳洲	3	澳洲	牛	炮制	3	优	重	柜
8	2010/3/21	张三	ACP3PH	40829	007	优优皮	美国	1	澳洲	牛	炮制	3	优	重	柜
9	2010/3/22	张三	USY3PL	900	001	棒棒皮料	中国	1	美国	羊	腌制	3	优	轻	张
10	2010/3/23	李四	USY1PL	1200	003	皮脆脆	美国	3	美国	羊	腌制	1	优	轻	张
11	2010/3/24	王五	USY3GM	1200	004	皮好好	美国	1	美国	羊	腌制	3	良	中	张
12	2010/3/25	皮皮鲁	USY2GH	27458	005	强强皮革	中国	1	美国	羊	腌制	2	良	重	吨
13	2010/9/5	鲁西西	USY2GH	21293	007	优优皮	美国	1	美国	羊	腌制	2	良	重	吨
14	2010/9/6	贝塔	UCY1PH	23911	001	棒棒皮料	中国	1	美国	牛	腌制	1	优	重	吨
15	2010/9/7	张三	UCY1PH	23299	003	皮脆脆	美国	3	美国	牛	腌制	1	优	重	吨
16	2010/9/8	李四	UPY1PH	12736	002	美美皮	澳洲	1	美国	猪	腌制	1	优	重	吨
17	2010/9/9	王五	UPY1PH	22398	003	皮脆脆	美国	3	美国	猪	腌制	1	优	重	吨
18	2010/9/10	张三	SSY3PL	450	004	皮好好	美国	1	新西兰	羊	腌制	3	优	轻	张
19	2010/9/11	李四	SSY1PL	620	005	强强皮革	中国	1	新西兰	羊	腌制	1	优	轻	张
20	2010/9/12	鲁西西	CSY2PM	778	004	皮好好	美国	1	中国	羊	腌制	2	优	中	张
21															
22															

报价记录表

图 5-49

数据区域——手工录入、复制粘贴、公式链接的数据区域要用不同的填充色区分，以告知使用者什么地方需要填写，什么地方需要复制粘贴。

字体大小——需要录入和经常查看的单元格字体稍大，公式链接生成的明细数据字体可以调小，以此强调表格中数据的关注重点和操作重点。

边框——用虚线边框弱化明细数据或非重点数据，以此突出待录入和主要关注的数据；用粗实线边框分隔录入方式不同的数据区域。

工作表——以不同的工作表标签颜色区分汇总表、源数据表及参数表，明确地告知使用者哪个工作表需要填写，哪个工作表仅供参考。合理运用颜色管理，可以规范表格操作，降低出错风险，提高工作效率。

最后，别忘了保护你的工作表。

经过以上五个步骤，咱们从无到有设计了一份报价记录表。设计好的表格，只有五个字段需要填写，根据这五个字段的数据，表格可以智能录入相关的明细数据，并生成一份内容详尽的源数据表。由于设置了数据有效性和公式链接，人为因素造成的录入错误风险被降到了最低。该表格还运用颜色管理，使特殊区域有很高的辨识度，清晰地指引使用者在正确的区域做正确的事情。在安全方面，由于设置了工作表保护，就不用再担心无关人员篡改公式和有效性设置。

报价记录表的诞生，促成了标准化、规范化的报价信息管理。正式启用表格前，企业必须为供应商以及皮料设定唯一代码，并完善供应商信息和皮料信息。这项新的工作，弥补了之前报价管理的漏洞，促使企业建立更完善的数据库，从而大幅提高了企业管理水平。

学过了数据透视表就知道，当报价记录表拥有大量的源数据以后，就可以轻松“变”出多角度的报价信息分析表。在采购部门与供应商谈判时，这些数据就是他们的“秘密武器”，能够让他们知己知彼，百战百胜。Karen的目标是，与供应商谈判的时候，对报价数据做到心中有数。现在，她的需求已经得到了满足，不仅如此，她还能在使用中发现更多的惊喜。

这就是天下第一表以及它的神奇“配方”。

	A	B	C	D	E	F	G	H	I
1									
2	平均值项：皮料价格（元）		供应商名称						
3	皮料单位	皮料代码	棒棒皮料	美美皮	皮脆脆	皮好好	强强皮草	星星皮革	优优皮
4	吨	UCY1PH	23911		23299				
5		UPY1PH		12736	22398				
6		USY2GH					27458		21293
7	柜	ACP2GH				32232	32341		
8		ACP3PH						20349	40829
9		ACY2PM		12000					
10		ASC1BL			32000				
11	张	ASY2PM			800				
12		CSY2PM				778			
13		SSY1PL					620		
14		SSY3PL				450			
15		USY1PL			1200				
16		USY3GM				1200			
17		USY3PL	900						
18									

图 5-50

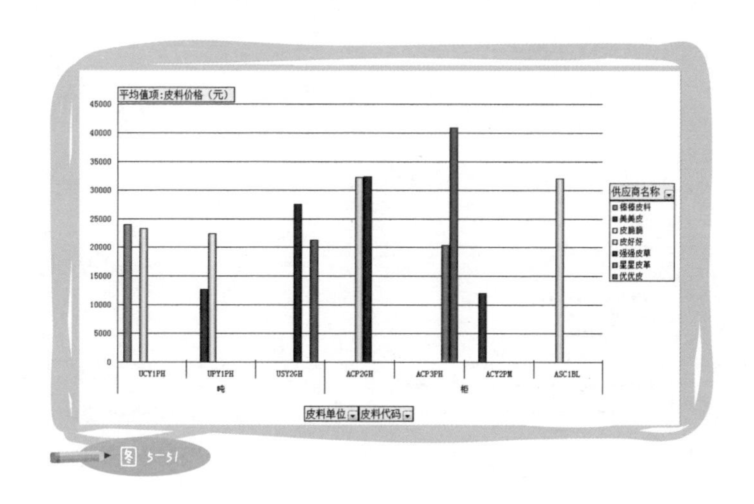

图 5-51

小技巧 文本很长又如何

单元格录入技巧我们已经讲了很多，例如：快速录入日期、时间，制作下拉列表，公式链接。有时候，我们还需要重复录入一些长文本，可能是公司账号，也可能是某单位的全称。这些操作未必在同一列，或许不仅仅在Excel中，于是，之前学过的录入技巧全都派不上用场。

在做此类操作时，勤劳的人每次都选择用手工录入；“懒惰”的人则会在记事本中创建一份列表，用复制、粘贴的方式导入数据（见图5-52）。

账号1:4300 8888 9999 2903 495
账号2:4300 9999 8888 2930 459
账号3:4300 9991 4856 4859 233
账号4:4300 6666 2334 4845 485
账号5:4300 3333 2143 4345 445
账号6:4300 1111 4599 4856 589
账号7:4300 1345 5554 1484 239
账号8:4300 4328 4458 1384 489

图5-52

但即使是用第二种方法，你都还不是真正的“懒人”。Excel有一件法宝——自动更正选项，任何长文本在它面前都得俯首称臣。用好它，重复录入长文本跟玩儿似的。

“自动更正选项”原本是用来更正常见的录入错误，比如：输入“soudn”，Excel会将其自动更正为“sound”；输入“走头无路”，则会更正为“走投无路”。之所以Excel知道应该怎么改，是因为在它的数据库里存放着比对文本。那么，根据这个逻辑，如果我们自定义比对文本，不就可以用短文本代替长文本了吗！

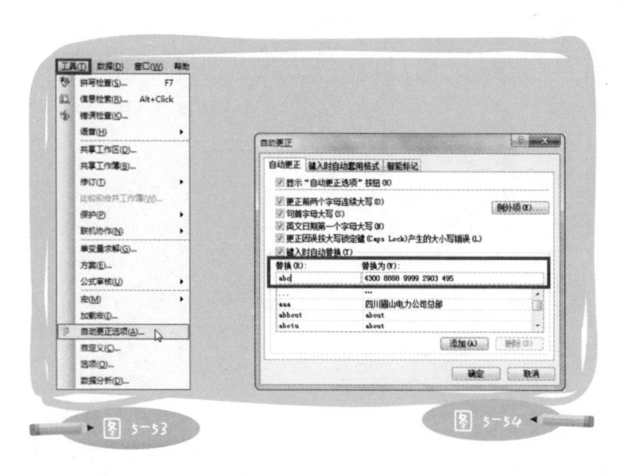

图5-53　图5-54

打开“工具”菜单的“自动更正选项”（见图5-53），在“替换”栏输入abc，“替换为”4300 8888 9999 2903 495，点击添加按钮（见图5-54）。

从此，你的Excel知道了这两者的关系。下次需要录入此账号时，只要输入abc，Excel就会自动更正为4300 8888 9999 2903 495。

你可以依样画葫芦，将所有常用的长文本在“自动更正选项”里进行设置。然后，将设置好的替换列表制作成一份文档，打印出来，钉在自己的工位上，以便将来录入的时候随时查看（见图5-55a、图5-55b）。

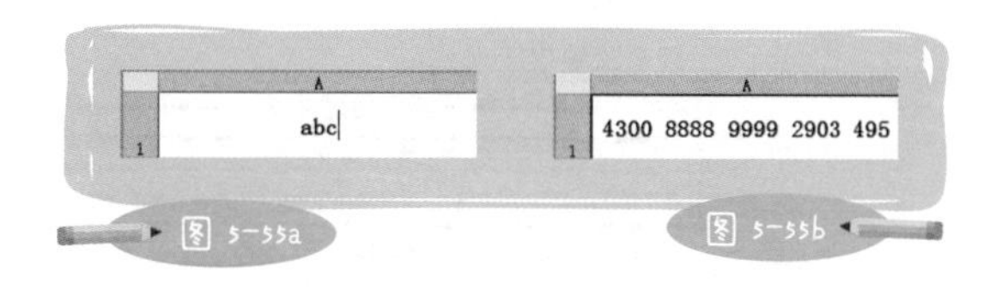

图 5-55a
图 5-55b

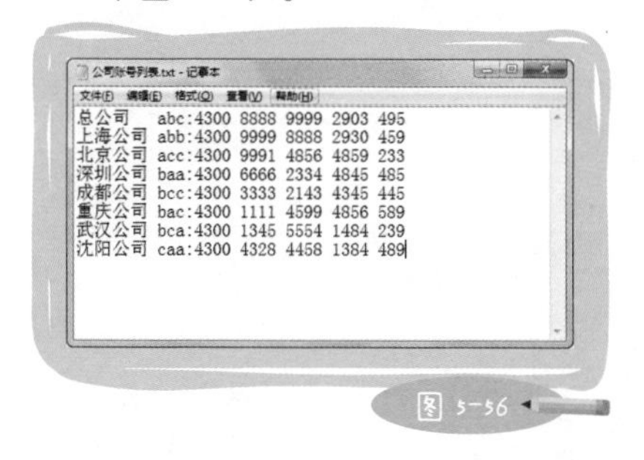
公司账号列表.txt - 记事本
文件(F) 编辑(E) 格式(O) 查看(V) 帮助(H)
总公司 abc:4300 8888 9999 2903 495
上海公司 abb:4300 9999 8888 2930 459
北京公司 acc:4300 9991 4856 4859 233
深圳公司 baa:4300 6666 2334 4845 485
成都公司 bcc:4300 3333 2143 4345 445
重庆公司 bac:4300 1111 4599 4856 589
武汉公司 bca:4300 1345 5554 1484 239
沈阳公司 caa:4300 4328 4458 1384 489

图 5-56

给大家一个建议，“替换”的文本最好使用三个英文字母的组合，这样既可以有多种变化，又容易记忆，也不会和正常的文本冲突（见图5-56）。要慎用数字或英文单词作为“替换”文本，因为这会导致它们的“真身”无法被正常录入。

再给大家一个惊喜！自动更正一旦设置，不仅在Excel中生效，在Word和PPT中同样生效。也就是说，在Word和PPT中输入abc，也会得到对应的账号。

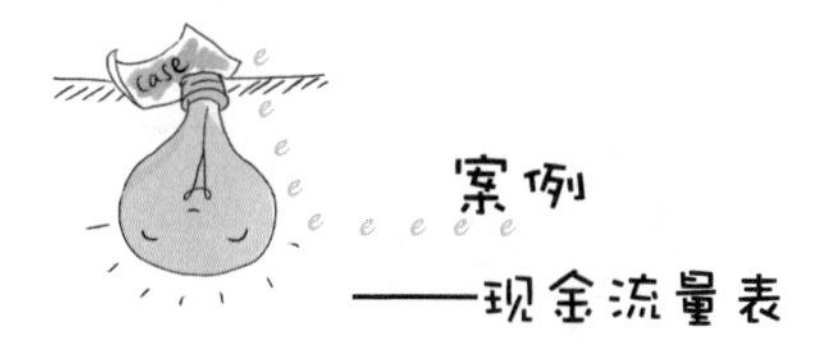

案例——现金流量表

有一位老会计，制作了一份记录现金流量明细的表格（见图5-57）。表格在美化方面做得很好，看上去整齐、干净，字段也很清晰。对于一个接触电脑很少，又从来没用过财务系统的人，能做出这样的表格实属不易。

可是，这份表格又让她面临几个尴尬：首先，录入数据很麻烦，由于表格很宽，要找到对应的单元格非常考眼力；其次，各种数据交织在一起，查询明细并不方便，也无法筛选、排序；再次，表格的设计方式决定了明细数据只能按月记录，一年下来就有12份文档，表格太多，分手容易牵手难，在很大程度上对全面分析数据和大范围查找造成影响；最后，这还是一份不容易得到分类汇总表（见图5-58）的源数据表。

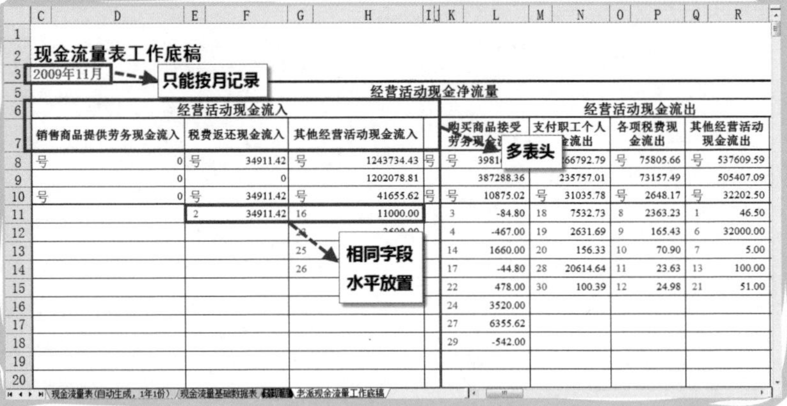

现金流量表工作底稿

2009年11月 → 只能按月记录

经营活动现金净流量								
经营活动现金流入				经营活动现金流出				
销售商品提供劳务现金流入	税费返还现金流入	其他经营活动现金流入		购买商品接受劳务现金流…	支付职工个人…金流出	各项税费现金流出	其他经营活动现金流出	
号 0	号 34911.42	号 1243734.43	号	号 3981…	…66792.79	号 75805.66	号 537609.59	
0	0	1202078.81		387288.36	235757.01	73157.49	505407.09	
号 0	号 34911.42	号 41655.62	号	号 10875.02	号 31035.78	号 2648.17	号 32202.50	
	2 34911.42	16 11000.00		3 -84.80	18 7532.73	8 2363.23	1 46.50	
		3600.00		4 -467.00	19 2631.69	9 165.43	6 32000.00	
		25		14 1660.00	20 156.33	10 70.90	7 5.00	
		26		17 -44.80	28 20614.64	11 23.63	13 100.00	
				22 478.00	30 100.39	12 24.98	21 51.00	
				24 3520.00				
				27 6355.62				
				29 -542.00				

多表头

相同字段水平放置

现金流量表(自动生成，1年1份) / 现金流量基础数据表 / 老流现金流量工作底稿

图 5-57

现 金 流 量 表 会企03表

编制单位：成都市五号商务信息咨询有限责任公司 2010年1月 单位：元

现金流量情况	行次	金 额	补充资料	行次	金 额
一. 经营活动产生的现金流量净额	1	-	1. 将净利润调节为经营活动现金流量	42	
1. 经营活动现金流入	2	-	净利润	43	-
销售商品、提供劳务收到的现金	3	-	加：计提的资产减值准备	44	-
收到的税费返还	4	-	固定资产折旧	45	-
收到的其他与经营活动有关的现金	5	-	无形资产摊销	46	-
	6		递延资产摊销	47	-
2. 经营活动现金流出	7		…费用减少(减：增加)	48	-
购买商品、接受劳务支付的现金	8		…费用增加(减：减少)	49	-
支付给职工以及为职工支付的现金	9		…长期资产损失(减：收益)	50	-
支付的各项税费	10		…资产报废损失	51	-
支付的其他与经营活动有关的现金	11	-	财务费用	52	-
	12		投资损失(减：收益)	53	-
二. 投资活动产生的现金流量净额	13	-	递延税款贷项(减：借项)	54	-
1. 投资活动现金流入	14	-	存货的减少(减：增加)	55	-
收回投资所收到的现金	15	-	经营性应收项目的减少(减：增加	56	-
取得投资收益所收到的现金	16	-	经营性应付项目的增加(减：减少	57	-
处置长期资产所收回的现金	17	-	其他	58	-

难

现金流量表(自动生成，1年1份) / 现金流量基础数据表

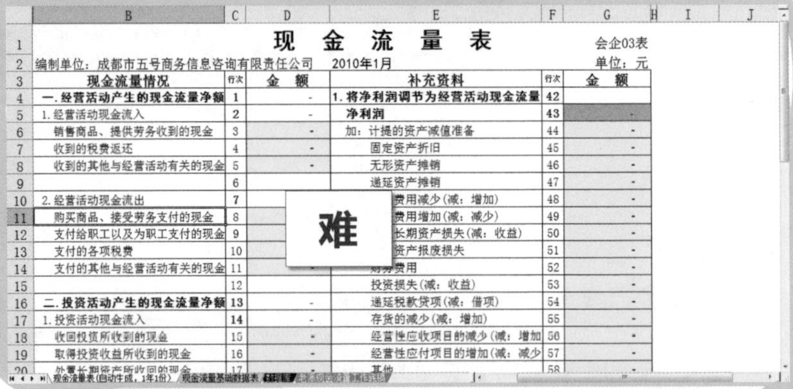

图 5-58

现在我们来对它进行改造，把它变成一份简洁、智能、好用的天下第一表。

改头换面五步曲，Let's go!

>>>第一步：背景确认

这份报表是随处可见的财务报表，定性和定量的过程可以跳过。老会计面临的几个尴尬，就是对表格定损的详细分析，其他表格问题也已经在图中注明。

>>>第二步：明确需求

得到现金流量统计表。

>>>第三步：字段设定

非财务人员，单从“得到现金流量统计表”这几个字上，是无法拆分出有效字段的。那么，就需要仔细分析原来的明细表及统计表。从明细表中，首先可以得到三个字段：日期、凭证号、金额。

然后分析明细表中复杂的表头，细心一点就会发现，三级表头代表了三个字段：“经营活动现金净流量”是一级字段，它代表现金支出或者收入于哪类活动；“经营活动现金流入”是二级字段，它明确了该类活动下的现金是流出还是流入；“税费返还现金流入”是三级字段，它具体指明了经营活动现金流入的子类别。

于是，我们又得到三个字段：大类、流向、子类。对财务专业术语不熟悉没关系，只要字段的意思表达清楚就可以了。再对照统计表的样式，就可以进一步确定，以上对于字段的分析是靠谱的。

根据表格所要达到的目的，有这六个字段就足够了，不用再做拓展和补全。

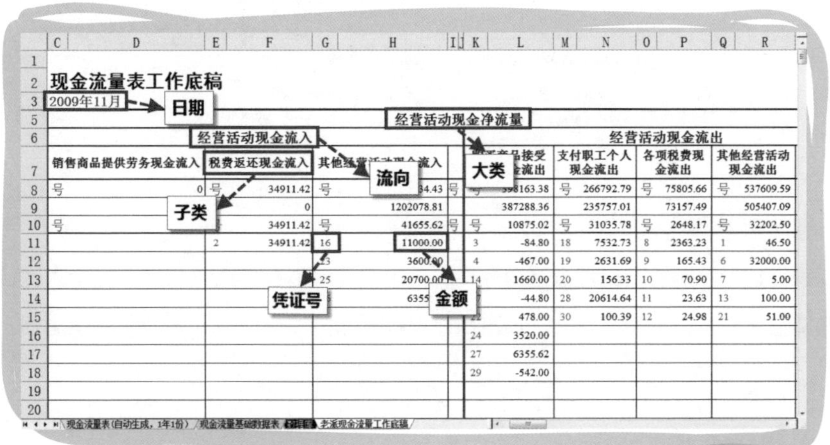

	C	D	E	F	G	H	I	K	L	M	N	O	P	Q	R
1															
2	现金流量表工作底稿														
3	2009年11月														
5	经营活动现金净流量														
6	经营活动现金流入							经营活动现金流出							
7	销售商品提供劳务现金流入		税费返还现金流入		其他[illegible]流入			[illegible]品接受[illegible]金流出		支付职工个人现金流出		各项税费现金流出		其他经营活动现金流出	
8	号	0	号	34911.42	号	[illegible]34.43	号	[illegible]	[illegible]8163.38	号	266792.79	号	75805.66	号	537609.59
9				0		1202078.81			387288.36		235757.01		73157.49		505407.09
10	号		[illegible]	34911.42	号	41655.62	号	号	10875.02	号	31035.78	号	2648.17	号	32202.50
11			2	34911.42	16	11000.00		3	-84.80	18	7532.73	8	2363.23	1	46.50
12					23	3600.00		4	-467.00	19	2631.69	9	165.43	6	32000.00
13					25	20700.00		14	1660.00	20	156.33	10	70.90	7	5.00
14					[illegible]	6355[illegible]		[illegible]	-44.80	28	20614.64	11	23.63	13	100.00
15								22	478.00	30	100.39	12	24.98	21	51.00
16								24	3520.00						
17								27	6355.62						
18								29	-542.00						
19															
20															

图 5-59

>>>第四步：流程解析

在财务管理中，记账凭证要求连号装订，而相连的凭证未必属于同一类别，如果一个月才统一录入一次，最方便的操作是根据凭证号的顺序进行录入。因此，按照工作顺序应该先录入日期，然后录入凭证号和金额，最后录入所属类别。

从录入方式上分析，日期、凭证号、金额为手工录入；三级所属的类别均有标准分类，虽然也是手工录入，却可以通过设置下拉列表，用选择的方式完成。

	A	B	C	D	E	F
1	日期	凭证号	金额（元）	大类	流向	子类
37	2010/1/1	1	105	经营活动产生的现金流量	流出	购买商品、接受劳务支付的现金
38	2010/1/1	2	352	经营活动产生的现金流量	流出	购买商品、接受劳务支付的现金
39	2010/1/1	3	4	经营活动产生的现金流量	流出	支付的其他与经营活动有关的现金
40	2010/1/1	6	66	经营活动产生的现金流量	流出	支付的其他与经营活动有关的现金
41	2010/1/1	7	212	经营活动产生的现金流量	流出	支付的其他与经营活动有关的现金
42	2010/1/1	8	200	经营活动产生的现金流量	流出	支付的其他与经营活动有关的现金
43	2010/1/1	9	6700	经营活动产生的现金流量	流出	支付给职工以及为职工支付的现金
44	2010/2/1	11	1200	投资活动产生的现金流量	流入	取得投资收益所收到的现金
45	2010/2/1	14	624	筹资活动产生的现金流量	流入	吸收投资所收到的现金
46	2010/2/1	15	782	经营活动产生的现金流量	流出	支付给职工以及为职工支付的现金
47	2010/2/1	16	613	经营活动产生的现金流量	流出	支付给职工以及为职工支付的现金
48	2010/2/1	17	261	经营活动产生的现金流量	流出	支付给职工以及为职工支付的现金
49	2010/2/1	18	734	经营活动产生的现金流量	流出	支付给职工以及为职工支付的现金
50	2010/2/1	19	374	投资活动产生的现金流量	流出	投资所支付的现金

现金流量表(自动生成，1年1份) 现金流量基础数据表 数据库

图 5-60

>>>第五步：表格装修

突出标题行；为所属类别设置数据有效性，并用单元格填充色将其与纯手工录入区域区分开；适当调整字体大小、对齐方式；设置工作表标签颜色，就完成了对现金流量明细表的改造。

	A	B	C	D	E	F
1	日期	凭证号	金额（元）	大类	流向	子类
37	2010/1/1	1	105	经营活动产生的现金流量	流出	购买商品、接受劳务支付的现金
38	2010/1/1	2	352	经营活动产生的现金流量	流出	购买商品、接受劳务支付的现金
39	2010/1/1	3	4	经营活动产生的现金流量	流出	支付的其他与经营活动有关的现金
40	2010/1/1	6	66	经营活动产生的现金流量	流出	支付的其他与经营活动有关的现金
41	2010/1/1	7	[illegible]	经营活动产生的现金流量	流出	支付的其他与经营活动有关的现金
42	2010/1/1	8	[illegible]	投资活动产生的现金流量 筹资活动产生的现金流量	流出	支付的其他与经营活动有关的现金
43	2010/1/1	9	6700	补充资料 [illegible]	流出	支付给职工以及为职工支付的现金
44	2010/2/1	11	1200	投资活动产生的现金流量	流入	取得投资收益所收到的现金
45	2010/2/1	14	624	筹资活动产生的现金流量	流入	吸收投资所收到的现金
46	2010/2/1	15	782	经营活动产生的现金流量	流出	支付给职工以及为职工支付的现金
47	2010/2/1	16	613	经营活动产生的现金流量	流出	支付给职工以及为职工支付的现金
48	2010/2/1	17	261	经营活动产生的现金流量	流出	支付给职工以及为职工支付的现金
49	2010/2/1	18	734	经营活动产生的现金流量	流出	支付给职工以及为职工支付的现金
50	2010/2/1	19	374	投资活动产生的现金流量	流出	投资所支付的现金

现金流量表(自动生成，1年1份)　现金流量基础数据表　数据库

图5-61

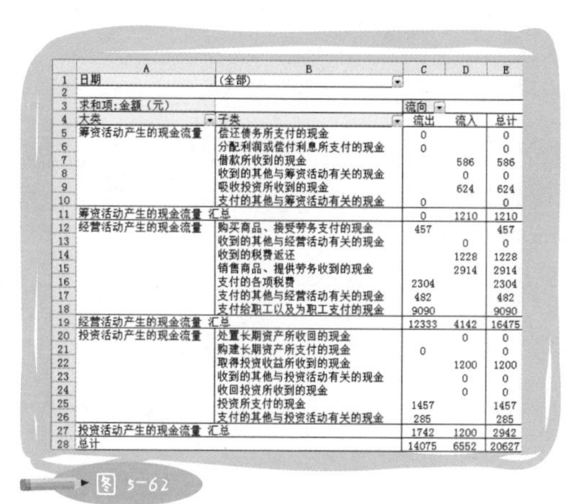

	A	B	C	D	E
1	日期	(全部)			
2					
3	求和项:金额（元）		流向		
4	大类	子类	流出	流入	总计
5	筹资活动产生的现金流量	偿还债务所支付的现金	0		0
6		分配利润或偿付利息所支付的现金	0		0
7		借款所收到的现金		586	586
8		收到的其他与筹资活动有关的现金		0	0
9		吸收投资所收到的现金		624	624
10		支付的其他与筹资活动有关的现金	0		0
11	筹资活动产生的现金流量 汇总		0	1210	1210
12	经营活动产生的现金流量	购买商品、接受劳务支付的现金	457		457
13		收到的其他与经营活动有关的现金		0	0
14		收到的税费返还		1228	1228
15		销售商品、提供劳务收到的现金		2914	2914
16		支付的各项税费	2304		2304
17		支付的其他与经营活动有关的现金	482		482
18		支付给职工以及为职工支付的现金	9090		9090
19	经营活动产生的现金流量 汇总		12333	4142	16475
20	投资活动产生的现金流量	处置长期资产所收回的现金		0	0
21		购建长期资产所支付的现金	0		0
22		取得投资收益所收到的现金		1200	1200
23		收到的其他与投资活动有关的现金		0	0
24		收回投资所收到的现金		0	0
25		投资所支付的现金	1457		1457
26		支付的其他与投资活动有关的现金	285		285
27	投资活动产生的现金流量 汇总		1742	1200	2942
28	总计		14075	6552	20627

图5-62

改造后的源数据表，可以通过数据透视表功能，快速得到现金流量统计表。虽然统计表在样式上还不符合图5－58的要求，但只要运用一些简单的关联设置，就能实现数据的自动转换。在这里就不过多地进行介绍了。

案例——宠物训练表

我有一个朋友开了几家宠物用品店，除了销售宠物用品，还提供宠物美容及宠物训练服务。有一天，她问我有没有熟悉的CRM（客户关系管理）软件供应商，她说想了

解一下他们的产品。

我想，她的企业刚起步，业务量和客户数还没有大到需要买个专业系统的地步，现在花这个钱不值得。于是，我说：“你告诉我你想要做什么，我帮你设计个表格就能搞定。”虽然我这么问，可其实在她表明想要CRM软件的时候，我就大概猜到她的需求了，无非是想管理好她的客户。这样一张表又应该如何设计呢？

>>>第一步：背景确认

她有多家宠物店，每家店都需要管理自己的客户资料，所以这张表要供多人使用，在安全性和录入规范上需要多考虑，并应该尽量设置数据有效性和公式链接。

由于目前各店每天不超过50个客户，数据存放在一张表中即可，所以字段可以尽量详细。

当前的情况是，他们对于客户资料和宠物训练进度没有做到有效的管理，从而无法主动向客户提供建议，也无法将客户分级，这就影响了有针对性的促销以及与客户之间的有效沟通。

>>>第二步：明确需求

管理好客户资料和宠物训练进度。

>>>第三步：字段设定

宠物店真正的客户是宠物，所以客户资料应该包含宠物资料和宠物主人的资料。对于宠物，至少应该有名字、性别、年龄、品种、体形大小等基本字段。对于宠物主人，反而可以不用记录真实姓名，有个代号就行，因为现在的人越来越注重个人隐私。但是联系方式一定需要，如电话、电子邮箱、聊天账号。如果客户要买产品，有送货上门的需求，则要记录客户地址。

能来宠物店选择宠物训练服务的客户，一定是需要牢牢抓住的回头客，于是，让他们成为会员并建立基础资料十分重要。通过这个途径，就能收集到客户信息，进而完善对客户资料的电子化管理。除了客户资料以外，从与她的沟通中了解到的业务字段还有服务项目、训练课程名称、训练课程内容以及客户反馈。当然，训练日期和宠物代码也不能少。

>>>第四步：流程解析

作为一家实体店，一定要先服务好客户，录入数据的动作应该在客户消费以后再做。所以，工作流程可以设定为：每天下班前整理当天的消费凭证，并统一录入。由于该表格是一份单纯的信息记录表，字段之间没有严格的因果关系，所以，录入数据的顺序应该参考消费凭证上数据显示的顺序，只要两者保持一致，操作者就不会觉得别扭。而在录入方式上，既然每只宠物都有唯一识别码，就可以用它匹配出其他所有客户资料。

	A	B	C	D	E	F	G	H	I	J	K	L	M	N	O
1	日期	宠物代码	服务项目	训练课程名称	训练课程内容	客户反馈	备注	宠物名称	宠物品种	宠物体形	宠物年龄	宠物性别	客户名称	客户分类	性别
2															
3															
4															

图 5-63

>>>第五步：表格装修

基于已经建立了客户资料参数表的前提下，从H列开始，向右设置公式（Vlookup函数），通过B列的宠物代码匹配出其他相关数据。由于C:F列有明确的分类，可以设置数据有效性。然后，突出标题栏，区分数据区域，保护工作表，就完成了这份宠物训练表，同时也意味着建立了完整的客户资料库。

	A	B	C	D	E	F	G	H	I	J	K	L	M	N	O
1	日期	宠物代码	服务项目	训练课程名称	训练课程内容	客户反馈	备注	宠物名称	宠物品种	宠物体形	宠物年龄	宠物性别	客户名称	客户分类	性别
2															
3															
4				训练课程名称1											
5				训练课程名称2 训练课程名称3											
6				训练课程名称4											

图 5-64

当这份表格有了源数据后，通过分析，宠物店就能提供更多有针对性的增值服务。

案例——面试提醒表

一天早上，我在车管所排队审车，百无聊赖之际，接到了一通电话。电话是一位做人力资源的朋友打来的，她告诉我她在网上搜了一段VBA程序，可以在Excel中生成日历，只要点选日历中的日期就能完成录入。而她后面讲的关于这段程序出现的问题，我一句也没听进去，因为我不懂VBA。

我这个人有个怪毛病，对于规劝普通用户放弃追求VBA非常执着。VBA是一种程序语言，可以使Excel更自动化，完成普通功能和函数无法完成的任务。但既然是程序语言，就需要编写，也就是我们通常所说的编程。那么，请会编程的举手！我相信大多数人不会，不会就算了，普通用户99.9%的需求，不用编程也能完美解决。

在她阐述问题的同时，我脑子里迅速闪过了更好的解决方案，思路依然是天下第一表和三表概念。她的需求其实很简单，就是希望这张表格能提醒部门的人安排面试。对于每个应聘者，他们会预先排好三次面试的具体时间。如果没有正确的方法，想要准确地通知面试并不容易，尤其是对于他们这类拥有700名员工的生产型企业，招聘规模还是不小的。看图5－65中标注颜色的单元格区域，你能找出哪位应聘者即将在2010年8月9日的隔天，参加什么阶段的面试吗？显然是很困难的。

使用VBA程序创造日历，只能保证日期录入的准确性，也就是说，它仅仅控制了源数据表的一个字段而已。其实，如果我们从实际工作流程和需求出发，全面分析这张表格，就能得出一个核心结论——智能提醒。既然要求表格有提醒功能，自然就会联想到两点：第一，方便查询；第二，智能标注。于是，实现方法也就清晰了，无外乎运用Vlookup和条件格式。

Vlookup进行精确匹配有一个条件，第一参数“用什么找”必须唯一，所以，在工作流程里就要加入为应聘者编号的动作。由此可以看出，表格是流程的体现，流程又因表格而完善，它们相互作用，将工作推向更高品质。

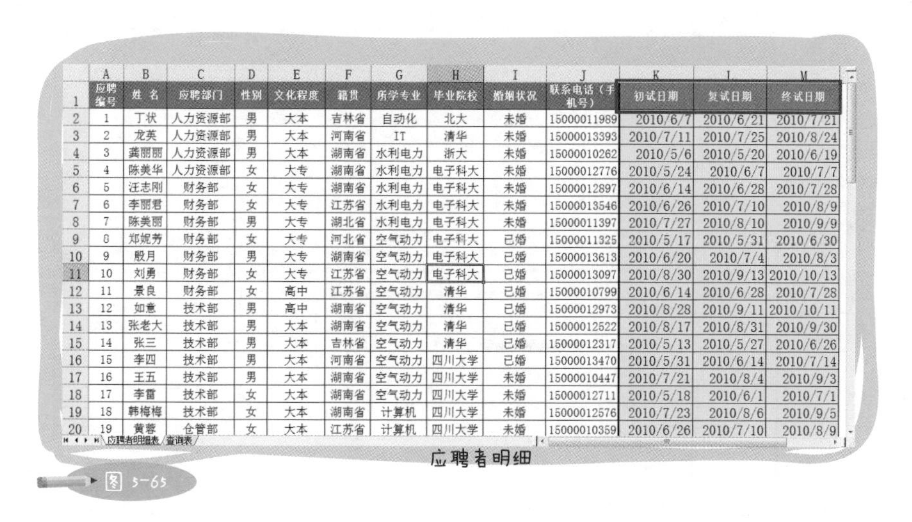

应聘编号	姓 名	应聘部门	性别	文化程度	籍贯	所学专业	毕业院校	婚姻状况	联系电话（手机号）	初试日期	复试日期	终试日期
1	丁状	人力资源部	男	大本	吉林省	自动化	北大	未婚	15000011989	2010/6/7	2010/6/21	2010/7/21
2	龙英	人力资源部	男	大本	河南省	IT	清华	未婚	15000013393	2010/7/11	2010/7/25	2010/8/24
3	龚丽丽	人力资源部	男	大本	湖南省	水利电力	浙大	未婚	15000010262	2010/5/6	2010/5/20	2010/6/19
4	陈美华	人力资源部	女	大专	湖南省	水利电力	电子科大	未婚	15000012776	2010/5/24	2010/6/7	2010/7/7
5	汪志刚	财务部	女	大专	湖南省	水利电力	电子科大	未婚	15000012897	2010/6/14	2010/6/28	2010/7/28
6	李丽君	财务部	女	大专	江苏省	水利电力	电子科大	未婚	15000013546	2010/6/26	2010/7/10	2010/8/9
7	陈美丽	财务部	男	大专	湖北省	水利电力	电子科大	未婚	15000011397	2010/7/27	2010/8/10	2010/9/9
8	郑妮芳	财务部	女	大专	河北省	空气动力	电子科大	已婚	15000011325	2010/5/17	2010/5/31	2010/6/30
9	殷月	财务部	男	大专	湖南省	空气动力	电子科大	已婚	15000013613	2010/6/20	2010/7/4	2010/8/3
10	刘勇	财务部	女	大专	江苏省	空气动力	电子科大	已婚	15000013097	2010/8/30	2010/9/13	2010/10/13
11	景良	财务部	女	高中	江苏省	空气动力	清华	已婚	15000010799	2010/6/14	2010/6/28	2010/7/28
12	如意	技术部	男	高中	湖南省	空气动力	清华	已婚	15000012973	2010/8/28	2010/9/11	2010/10/11
13	张老大	技术部	男	大本	湖南省	空气动力	清华	已婚	15000012522	2010/8/17	2010/8/31	2010/9/30
14	张三	技术部	男	大本	吉林省	空气动力	清华	已婚	15000012317	2010/5/13	2010/5/27	2010/6/26
15	李四	技术部	男	大本	河南省	空气动力	四川大学	已婚	15000013470	2010/5/31	2010/6/14	2010/7/14
16	王五	技术部	男	大本	湖南省	空气动力	四川大学	未婚	15000010447	2010/7/21	2010/8/4	2010/9/3
17	李雷	技术部	女	大本	湖南省	空气动力	四川大学	未婚	15000012711	2010/5/18	2010/6/1	2010/7/1
18	韩梅梅	技术部	女	大本	湖南省	计算机	四川大学	未婚	15000012576	2010/7/23	2010/8/6	2010/9/5
19	黄蓉	仓管部	女	大本	江苏省	计算机	四川大学	未婚	15000010359	2010/6/26	2010/7/10	2010/8/9

应聘者明细表　查询表

应聘者明细

图 5-65

这张表格的字段很简单，由应聘者的基本资料和面试日期组成，在此就不再多说了。我重点介绍Vlookup和条件格式的设置思路及方法。

使用Vlookup时，需要一份源数据和一个查询界面，它们通常被分为两个工作表。我把记录了应聘者基本资料和面试日期的详细数据作为源数据，然后在新的工作表中设置Vlookup函数，用作查询。在查询表B2单元格写公式，并向右向下复制。

公式：=VLOOKUP($A2,应聘者明细表!$A:$M,COLUMN(B1),0)

应聘编号	姓 名	应聘部门	性别	文化程度	籍贯	所学专业	毕业院校	婚姻状况	联系电话（手机号）	初试日期	复试日期	终试日期
	=VLOOKUP($A2, 应聘者明细表!$A:$M, column(B1), 0)											

函数参数

VLOOKUP

Lookup_value　$A2　= 0

Table_array　应聘者明细表!$A:$M　= {...}

Col_index_num　column(B1)　= {2}

Range_lookup　0　= FALSE

搜索表区域首列满足条件的元素，确定待检索单元格在区域中的行序号，再进一步返回选定单元格的值。默认情况下，表是以升序排序的

Range_lookup　指定在查找时是要求精确匹配，还是大致匹配。如果为 FALSE，大致匹配。如果为 TRUE 或忽略，精确匹配

计算结果 =

有关该函数的帮助(H)　确定　取消

应聘者明细表　查询表

图 5-66

完善公式：=IF(LEN($A2)=0,"",VLOOKUP($A2,应聘者明细表!$A:$M,COLUMN(B1),0))（备注：完善后的公式可以作为用一个代码匹配明细数据的标准公式使用。）

	A	B	C	D	E	F	G	H	I	J	K	L	M
1	应聘编号	姓 名	应聘部门	性别	文化程度	籍贯	所学专业	毕业院校	婚姻状况	联系电话（手机号）	初试日期	复试日期	终试日期
2		=IF(LEN($A2)=0,"",VLOOKUP($A2,应聘者明细表!$A:$M,COLUMN(B1),0))											

函数参数
IF
Logical_test LEN($A2)=0 = TRUE
Value_if_true "" = ""
Value_if_false VLOOKUP($A2,应聘者明细表!$A:$M,C = #N/A
= ""
判断一个条件是否满足，如果满足返回一个值，如果不满足则返回另一个值
Logical_test 任何一个可判断为 TRUE 或 FALSE 的数值或表达式
计算结果 =
有关该函数的帮助(H) 确定 取消

图 5-67

公式设置完成后，在A列录入多个应聘编号，就能瞬间得到其他所有相关信息。

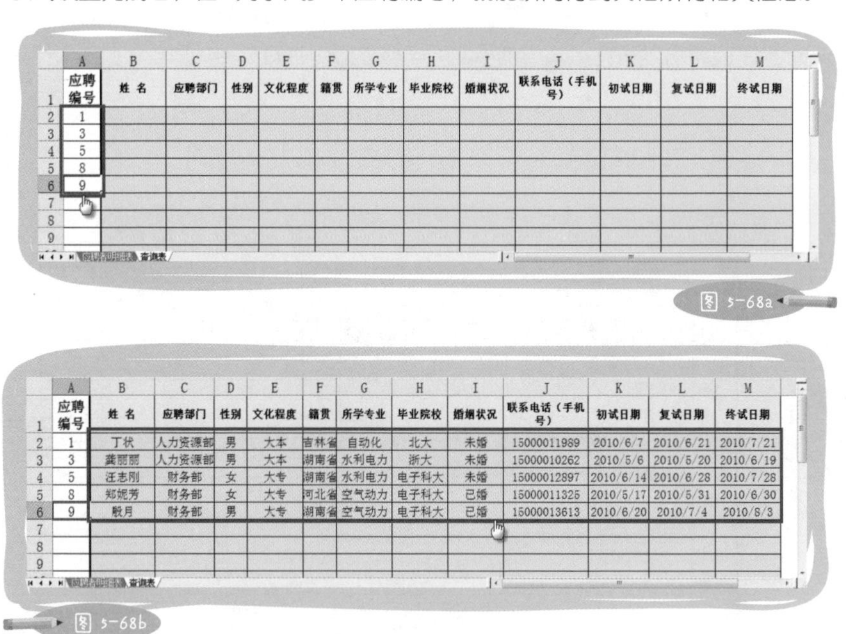

	A	B	C	D	E	F	G	H	I	J	K	L	M
1	应聘编号	姓 名	应聘部门	性别	文化程度	籍贯	所学专业	毕业院校	婚姻状况	联系电话（手机号）	初试日期	复试日期	终试日期
2	1												
3	3												
4	5												
5	8												
6	9												

图 5-68a

	A	B	C	D	E	F	G	H	I	J	K	L	M
1	应聘编号	姓 名	应聘部门	性别	文化程度	籍贯	所学专业	毕业院校	婚姻状况	联系电话（手机号）	初试日期	复试日期	终试日期
2	1	丁状	人力资源部	男	大本	吉林省	自动化	北大	未婚	15000011989	2010/6/7	2010/6/21	2010/7/21
3	3	龚丽丽	人力资源部	男	大本	湖南省	水利电力	浙大	未婚	15000010262	2010/5/6	2010/5/20	2010/6/19
4	5	汪志刚	财务部	女	大专	湖南省	水利电力	电子科大	未婚	15000012897	2010/6/14	2010/6/28	2010/7/28
5	8	郑妮芳	财务部	女	大专	河北省	空气动力	电子科大	已婚	15000011325	2010/5/17	2010/5/31	2010/6/30
6	9	殷月	财务部	男	大专	湖南省	空气动力	电子科大	已婚	15000013613	2010/6/20	2010/7/4	2010/8/3

图 5-68b

方便查询的问题解决了，接下来解决智能标注的问题。

在设置条件格式之前，要先考虑需求。人力资源部的同事只需要提前一天通知应聘者，这就代表智能标注的应该是面试日期减去当天日期等于1的单元格。中文的当天日期，在Excel里用Today这个函数表示，=TODAY()返回的就是当天的计算机日期。厘清了数学关系，又学会了表达式，下面开始设置。

设置条件格式是在应聘者明细表中，选中K2单元格，按Alt+O→D调用条件格式；选择条件为“公式”，输入=(K2－TODAY())=1；设定待显示的单元格底纹为黄色，点“确定”完成。然后，用格式刷将K2单元格的条件格式复制到其他单元格，这样，一份有提醒功能的面试通知表就完成了。

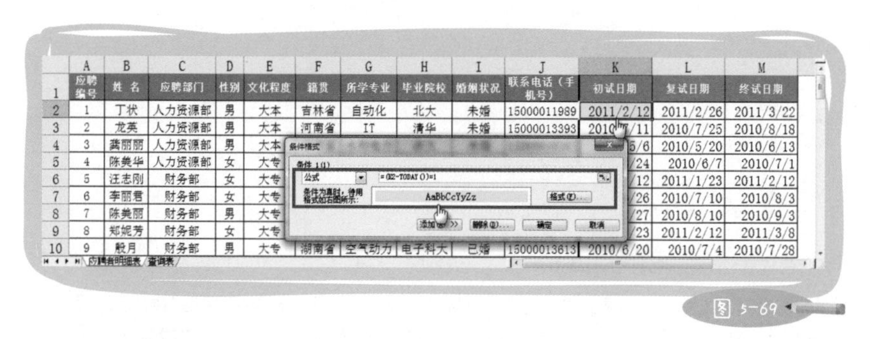

	A	B	C	D	E	F	G	H	I	J	K	L	M
1	应聘编号	姓 名	应聘部门	性别	文化程度	籍贯	所学专业	毕业院校	婚姻状况	联系电话（手机号）	初试日期	复试日期	终试日期
2	1	丁状	人力资源部	男	大本	吉林省	自动化	北大	未婚	15000011989	2011/2/12	2011/2/26	2011/3/22
3	2	龙英	人力资源部	男	大本	河南省	IT	清华	未婚	15000013393	2010/7/11	2010/7/25	2010/8/18
4	3	龚丽丽	人力资源部	男	大本						5/6	2010/5/20	2010/6/13
5	4	陈美华	人力资源部	女	大专						/24	2010/6/7	2010/7/1
6	5	汪志刚	财务部	女	大专						/12	2011/1/23	2011/2/12
7	6	李丽君	财务部	女	大专						/26	2010/7/10	2010/8/3
8	7	陈美丽	财务部	男	大专						/27	2010/8/10	2010/9/3
9	8	郑妮芳	财务部	女	大专						/23	2011/2/12	2011/3/8
10	9	殷月	财务部	男	大专	湖南省	空气动力	电子科大	已婚	15000013613	2010/6/20	2010/7/4	2010/7/28

图 5-69

拥有这份表格后，对于人力资源部的同事来说，只需要做好一件事，就能快速、准确地知道今天应该通知哪些应聘者参加什么阶段的面试了。这件事很简单：打开表格，找到填充色为黄色的单元格。

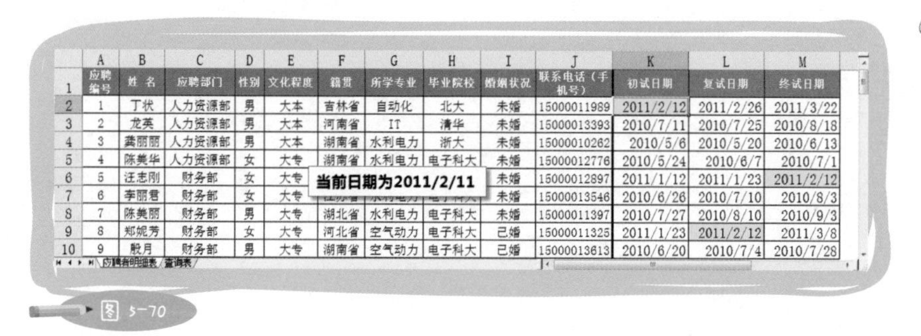

	A	B	C	D	E	F	G	H	I	J	K	L	M
1	应聘编号	姓 名	应聘部门	性别	文化程度	籍贯	所学专业	毕业院校	婚姻状况	联系电话（手机号）	初试日期	复试日期	终试日期
2	1	丁状	人力资源部	男	大本	吉林省	自动化	北大	未婚	15000011989	2011/2/12	2011/2/26	2011/3/22
3	2	龙英	人力资源部	男	大本	河南省	IT	清华	未婚	15000013393	2010/7/11	2010/7/25	2010/8/18
4	3	龚丽丽	人力资源部	男	大本	湖南省	水利电力	浙大	未婚	15000010262	2010/5/6	2010/5/20	2010/6/13
5	4	陈美华	人力资源部	女	大专	湖南省	水利电力	电子科大	未婚	15000012776	2010/5/24	2010/6/7	2010/7/1
6	5	汪志刚	财务部	女	大专				未婚	15000012897	2011/1/12	2011/1/23	2011/2/12
7	6	李丽君	财务部	女	大专				未婚	15000013546	2010/6/26	2010/7/10	2010/8/3
8	7	陈美丽	财务部	男	大专	湖北省	水利电力	电子科大	未婚	15000011397	2010/7/27	2010/8/10	2010/9/3
9	8	郑妮芳	财务部	女	大专	河北省	空气动力	电子科大	已婚	15000011325	2011/1/23	2011/2/12	2011/3/8
10	9	殷月	财务部	男	大专	湖南省	空气动力	电子科大	已婚	15000013613	2010/6/20	2010/7/4	2010/7/28

图 5-70

不同的工作需求，同样的制表思路，制作出同样一张表格，这就是天下第一表的魅力所在。

Excel难学，是因为表格样式五花八门，设计风格千奇百怪，最终导致我们不得不运用更多的技巧才能完成工作。于是，我们陷入了追求技巧的迷思中。但Excel技巧数不胜数，想要学精谈何容易，所以，很多朋友抱怨学习Excel无从下手。

当你练就了Excel心法，事情也就没那么复杂了。普天之下只有一张表，“配”出这张天下第一表只有一招，而正是这一招，适用于所有行业、所有岗位、所有工作、所有懒人。

应了那句话：一招鲜，吃遍天。于是，Excel也就不难学了。

Excel比你想象的聪明

由于低估了Excel的“智商”，我们往往会做很多多余的动作。例如：设置自动筛选时，先选中标题行，再点击数据(D)→筛选(F)→自动筛选(F)。而实际上，Excel知道数据区域的首行为标题行，所以，只要选中该区域任意单元格，按下Alt+D→F→F就能准确设置首行筛选。再例如：调用数据透视表功能之前，不用选中所有数据，只要数据是连续的，Excel就能自动识别，从一个单元格扩展到整个数据区域。

以上操作浪费的动作还不够多，我们来看这一张需要求和的表格，想一想你会怎么做。

这是一张典型的汇总表，横向纵向多个单元格都需要做求和计算。一般情况下，我们是这么操作的。

	A	B	C	D	E	F	G	H	I	J	K	L	M	N	O
1	产品名	1月	2月	3月	4月	5月	6月	7月	8月	9月	10月	11月	12月	总计	
2	衣服	190	104	162	199	168	113	155	106	190	118	146	145		
3	裤子	114	102	162	136	103	124	147	193	166	136	185	133		
4	总计														
5	帽子	156	152	125	135	174	191	111	104	110	105	129	127		
6	手套	160	191	173	173	159	113	119	154	141	146	195	154		
7	护腕	146	108	127	110	154	142	128	109	114	188	176	154		
8	袜子	197	127	117	197	128	126	104	148	142	168	193	193		
9	总计														
10	电脑	12	16	24	7	11	9	9	11	22	22	10	18		
11	电视	22	14	9	16	16	18	11	13	16	22	24	12		
12	冰箱	17	18	5	10	14	11	13	17	12	18	16	13		
13	总计														
14	运动鞋	105	109	168	144	179	173	186	162	198	196	107	154		
15	皮鞋	127	124	109	129	113	170	119	135	152	182	191	196		
16	高跟鞋	162	170	122	182	163	114	146	177	145	113	129	128		
17	总计														
18	旺旺小馒头	160	139	120	156	108	140	123	126	157	185	117	166		
19	果粒橙	136	112	194	194	199	161	197	182	136	108	135	148		
20	可乐	124	101	128	113	172	177	167	170	182	128	151	145		

智能求和

图 5-71

方法一：在B4单元格输入=B2+B3，向右复制；在N2单元格输入=B2+C2+D2+……，向下复制。然后在B9单元格输入=B5+B6+B7+B8，向右复制，以此类推。

方法二：在B4单元格点击“自动求和”按钮，向右复制；在N2单元格点击“自动求和”按钮，向下复制，以此类推。

无论采用以上哪种方法，都必须逐行求和，于是，整张表格的完成时间将由数据量的多少来决定。

前面说过，要想学好Excel，必须假想数据量更多。假设这张表的待求和行有5000行，采用以上任意一种方法，都要做到天荒地老才能完成，所以，我们必须找到新的方法。Excel有多聪明，让我来告诉你。

首先，选中数据区域（A1:N25），然后“定位”（F5）到所有空值。

	A	B	C	D	E	F	G	H	I	J	K	L	M	N
1	产品名	1月	2月	3月	4月	5月	6月	7月	8月	9月	10月	11月	12月	总计
2	衣服	190	104	162	199	168	113	155	106	190	118	146	145	
3	裤子	114	102	162	136	103	124	147	193	166	136	185	133	
4	总计													
5	帽子	156	152	125	135	174	191	111	104	110	105	129	127	
6	手套	160	191	173	173	159	113	119	154	141	146	195	154	
7	护腕	146	108	127	110	154	142	128	109	114	188	176	154	
8	袜子	197	127	117	197	128	126	104	148	142	168	193	193	
9	总计													
10	电脑	12	16	24	7	11	9	9	11	22	22	10	18	
11	电视	22	14	9	16	16	18	11	13	16	22	24	12	
12	冰箱	17	18	5	10	14	11	13	17	12	18	16	13	
13	总计													
14	运动鞋	105	109	168	144	179	173	186	162	198	196	107	154	
15	皮鞋	127	124	109	129	113	170	119	135	152	182	191	196	
16	高跟鞋	162	170	122	182	163	114	146	177	145	113	129	128	
17	总计													
18	旺旺小馒头	160	139	120	156	108	140	123	126	157	185	117	166	
19	果粒橙	136	112	194	194	199	161	197	182	136	108	135	148	
20	可乐	124	101	128	113	172	177	167	170	182	128	151	145	

智能求和

图 5-72

接下来，按下Alt+=，也就是自动求和，你会看到，所有的汇总瞬间全部完成。

	A	B	C	D	E	F	G	H	I	J	K	L	M	N
1	产品名	1月	2月	3月	4月	5月	6月	7月	8月	9月	10月	11月	12月	总计
2	衣服	190	104	162	199	168	113	155	106	190	118	146	145	1796
3	裤子	114	102	162	136	103	124	147	193	166	136	185	133	1701
4	总计	304	206	324	335	271	237	302	299	356	254	331	278	3497
5	帽子	156	152	125	135	174	191	111	104	110	105	129	127	1619
6	手套	160	191	173	173	159	113	119	154	141	146	195	154	1878
7	护腕	146	108	127	110	154	142	128	109	114	188	176	154	1656
8	袜子	197	127	117	197	128	126	104	148	142	168	193	193	1840
9	总计	659	578	542	615	615	572	462	515	507	607	693	628	6993
10	电脑	12	16	24	7	11	9	9	11	22	22	10	18	171
11	电视	22	14	9	16	16	18	11	13	16	22	24	12	193
12	冰箱	17	18	5	10	14	11	13	17	12	18	16	13	164
13	总计	51	48	38	33	41	38	33	41	50	62	50	43	528
14	运动鞋	105	109	168	144	179	173	186	162	198	196	107	154	1881
15	皮鞋	127	124	109	129	113	170	119	135	152	182	191	196	1747
16	高跟鞋	162	170	122	182	163	114	146	177	145	113	129	128	1751
17	总计	394	403	399	455	455	457	451	474	495	491	427	478	5379
18	旺旺小馒头	160	139	120	156	108	140	123	126	157	185	117	166	1697
19	果粒橙	136	112	194	194	199	161	197	182	136	108	135	148	1902
20	可乐	124	101	128	113	172	177	167	170	182	128	151	145	1758

智能求和

图 5-73

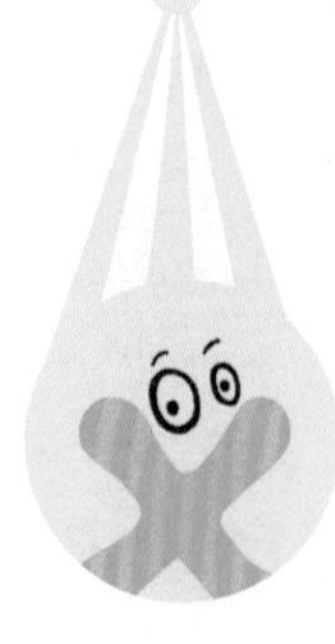

第6章

图表，怎么简单怎么做

图表是Excel的一个大类，真要研究，深不见底。图表的本质，是将枯燥的数字展现为生动的图像，帮助我们理解和记忆。对于大多数职场人而言，图表应该做得越简单越好，重点在于说明问题，而不用过多地炫耀技巧。

第1节 别把Excel中的图表当PPT做

Excel是数据处理工具，它能洞悉数据背后的意义，窥探企业管理的真相。意义和真相再经由我们的智慧形成观点，从而指引我们的工作方向，制订经营策略。由于人类对图像的理解力和记忆力远胜于文字或者数字，因此图表成为演示汇报中不可或缺的元素，越大的老板越爱看图。这就导致不少人把时间耗费在新式图表的开发和美化上，总觉得图表应该做得越炫越好。

我认为，对于一般性的数据工作，图表并不如此重要。不是说不用作图，而是80%的工作结果，只需要用到最简单的图表类型，做最基本的美化，就能说明问题了。只要能准确、直观地诠释数据，就是一张好图表。至于深度美化和造型，除非是PPT演示汇报的需要，否则不用去过多追求。

>>>>>　>>>>>　>>>>>

PPT和Excel不同，我是这样理解PPT的：PowerPoint=Make your point powerful，意思是“让你的观点具有影响力”。而在Excel中美化图表，固然能增加影响力，却不能形成观点。对数据工作来说，观点都没有，或者是错误的，影响力就无从谈起。所以，与数据打交道的人，应该更关注内容，而非形式。

这种华而不实的Excel图表，就像成都街头的一种新型交通工具——老年骑游车。这种车拥有微型轿车的外观，却是电动三轮车的底子，外强中干。也不知道司机师傅行驶在机动车道上时，是否洋溢着幸福。

第2节 心动不如行动

做任何事，付诸行动最重要。哪怕你的图表做得像花儿一样美，不行动就没有意义。

我们来看两份数据分析结果，第一份是用比较麻烦的方法制作的XY散点图，体现了空调安装中各项服务的客户满足度及执行情况；第二份只有非常简单的几个数字、几行文本，甚至都没有通过图表展现。

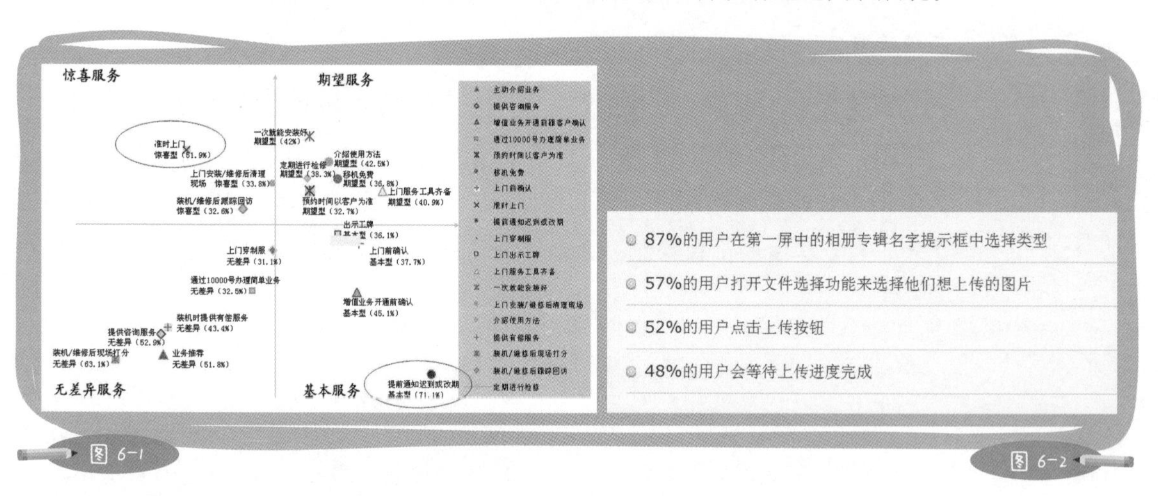

图 6-1

图 6-2

毫无疑问，XY散点图要高明许多。图表清晰、美观、全面地反映了工作状况，这样的报告，一定能得到上级的肯定，制作者也可以小小炫耀一把。可是从现实的角度来说，如果看图表的人仅仅满足于它的形式和大而全的数据，不将得到的观点变为行动，再美的图表也只是走过场。不少企业其实都存在渴求数据却不分析数据，分析数据却不采取行动的问题。

再来看简单的这一份，它是Facebook设计主管朱莉·卓（Julie Zhuo）在ZURBsoapbox活动上，分享她的团队如何利用数据做出决策的相关经验时所使用的数据。Facebook是当今全球第一大社交网站，它在短短的几年内就发展成为全球最具影响力的网站之一，其中的管理经验一定值得借鉴。

通过这份数据，Facebook的设计团队发现，少于50%的用户能够成功上传图片。于是，为了提高上传成功率，他们将Java/flash facebook文件选择功能，改成浏览器原生文件选择功能，结果上传量提高11%。他们还发现，上传图片的用户中有85%仅仅上传一张图片，原因是用户不知道使用shift来选择多个图片进行上传，所以他们加了一个提示，在上传开始前出现上传多张图片的提示，结果数据从85%降到40%。

在Facebook创始人马克·扎克伯格（Mark Zuckerberg）的专访中，有一段对话给我留下了很深的印象。主持人问："你是怎么才能做到让一个网站平台在急速成长的同时，又没有任何特别严重或具有重大破坏性影响的问题产生的呢？你要知道大多数网站在成长壮大的同时，也暴露出越来越多的严重问题。"

扎克伯格说："我们会偶尔出现用户不能登录的问题，因为硬件条件跟不上，这当然会影响到Facebook的增长速度，但是我们不断改善，一个个小的问题我们都会逐步逐个解决，这也是为什么我们直到今天还要尽可能保持发现问题、解决问题的工作习惯的原因。"

成功的人自有成功的道理，其中重视行动是关键。

小技巧 鼠标也强大

当图表的数据区域扩大时，用传统方法添加数据并不方便。有的朋友懒得动脑筋，就干脆把图表重做一遍，这可不高端。学了下面这一招，你就偷着乐吧。

我一直强调使用快捷键的重要性，但是鼠标偶尔也能很强大，本招就必须用鼠标玩儿。

这是一张需要添加四季度数据的图表。

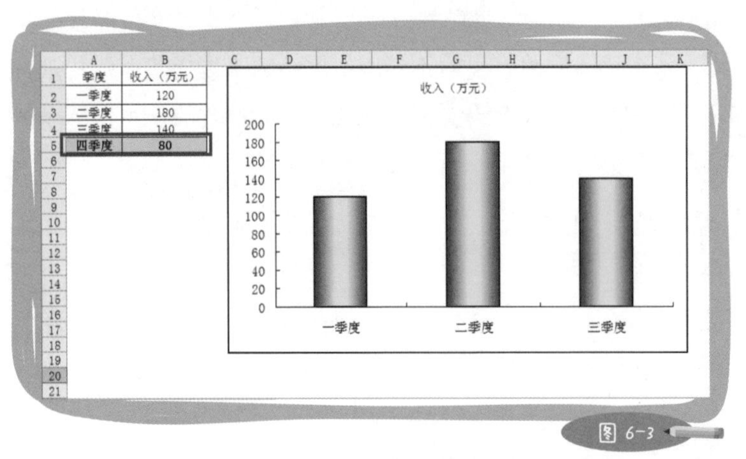

图 6-3

只要选中待添加的源数据，拖入图表，就可以完成数据的添加（注意鼠标上的小图标从四向箭头变为+）。

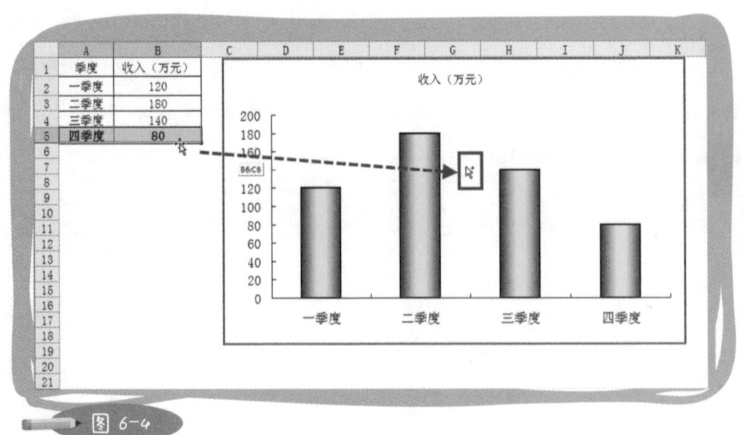

图 6-4

如果数据代表的是明年的销售目标，还有更好玩的招儿。

大家知道看图是一种视觉感受，如果老板觉得这幅图整体形状不OK，说："四季度的目标值低了，至少要比三季度高，但可以不用超过二季度。"那就意味着要调整目标了。单纯修改单元格数据并不直观，咱们用鼠标玩玩看。

第一步：单击一次选中图形。

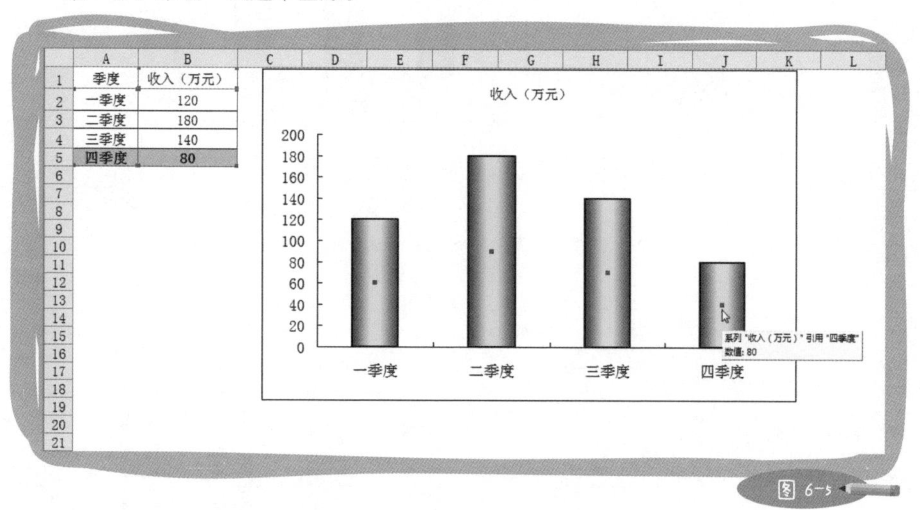

图 6-5

第二步：单击要修改的柱形。

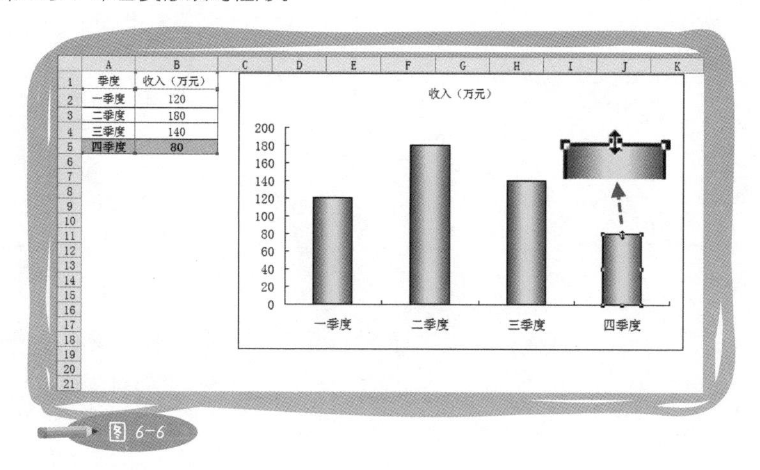

图 6-6

2003版专属

据说从2007版开始，图表使用了新的引擎，具体什么意思，我也没去研究。带来的影响是，这经典又好玩的招儿，就此永远留在了2003版。

第三步：拖动到满意的高度。过程中可以询问老板：“还要再高点吗？”

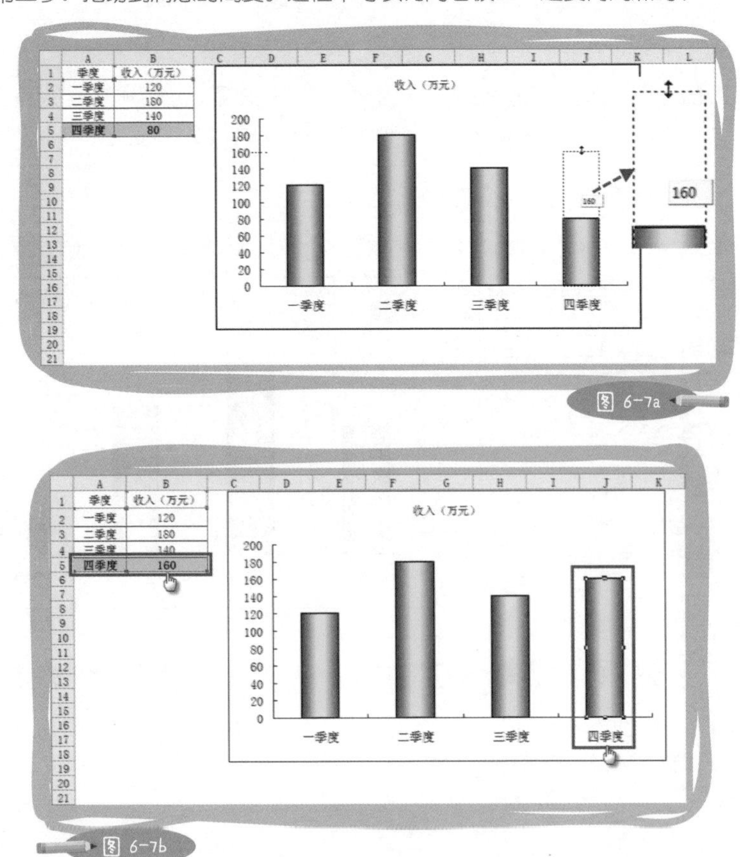

图 6-7a

图 6-7b

第3节 无外乎三种图表

前面说了这么多，无非是想告诉大家：图表炫不炫不是成功的必要条件，也不应该是工作关注的焦点。日常工作中，我们只需做好三种最常见的图表就足够了。

俯视大饼

对比份额、分布等信息时，可以用饼图。它能够很直观地通过扇面大小来说明比例关系，而不强调数值本身。

如图6-8，房地产开发业占了大饼67%的面积，与其他产业规模的对比就显而易见。饼图最好用二维正面紧凑图，带3D或者分裂效果的（见图6-9a、图6-9b）都不推荐使用，简单的才最好。

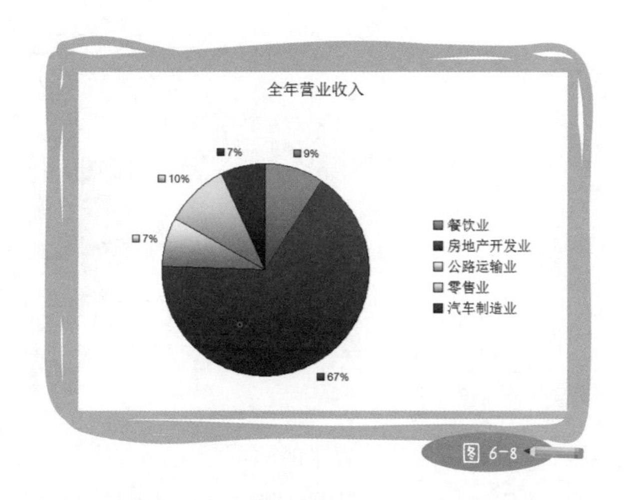

图 6-8

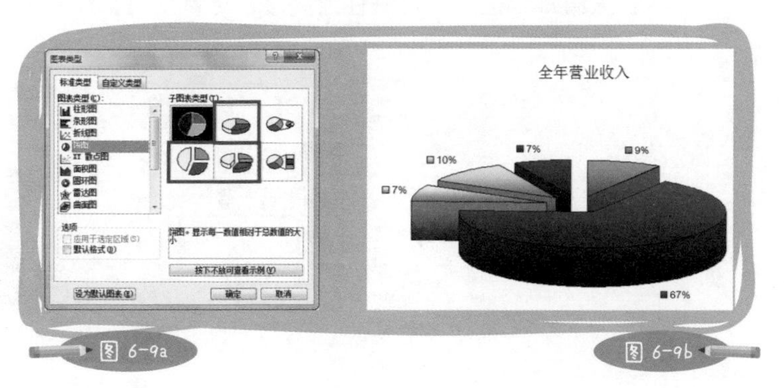

图 6-9a

图 6-9b

端正柱子

比较数值时，用柱形图。例如：对比不同省份所有行业的全年营业收入（见图6-10），或者某家企业不同年度的营业收入。柱形图既关注多个数值间的大小关系，也关注单个数值本身。但是要注意，参与对比的数值需要有可比性，如果用不同企业不同年度的营业收入做对比，就没有任何意义。

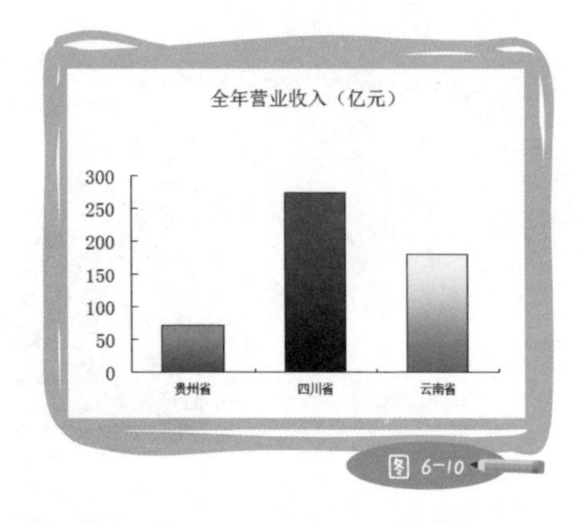

图 6-10

柱形图用二维效果的即可，立体的柱子（见图6-11a、图6-11b）看了让人眼晕，也有碍目测柱形高矮，尽量别用。

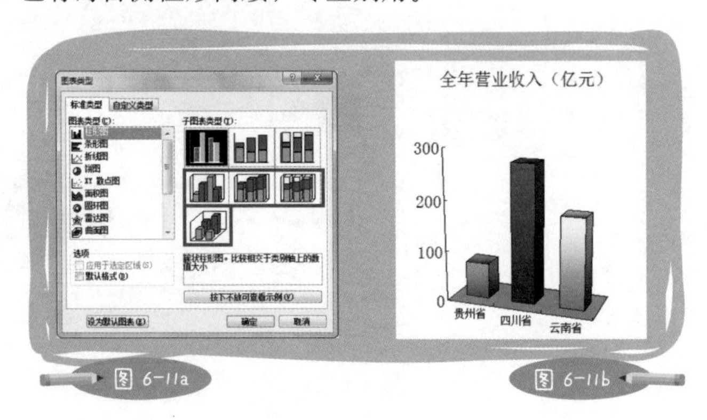

图 6-11a　图 6-11b

装"点"折线

表示趋势时，用折线图。它虽然也指明了各时期的绝对数值，但关注焦点却在变化趋势上。通常，折线图用来反映多个时期的数据变化，例如一年12个月的趋势（见图6–12）。如果小于6个对比数，就不太适合用折线图，柱形图的表现力会更好。数值之间的关系是，数据点越多越能体现出规律，这也是折线图的意义所在。

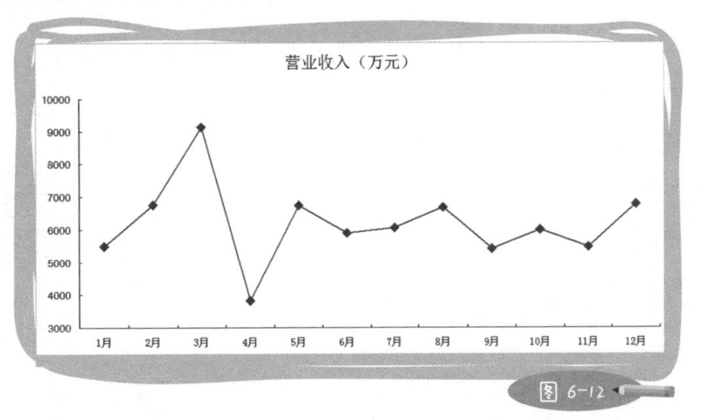

图 6–12

我曾经分析过公司在两年间某产品的销售趋势，结果惊讶地发现，除了基数有所提高，两年的销售趋势几乎完全一致，两条线甚至可以重合。这为未来一年的生产、销售、物流工作计划，提供了重要参考。带数据点的折线图最清晰易懂，3D及无数据点效果的慎用（见图6–13a、图6–13b）。

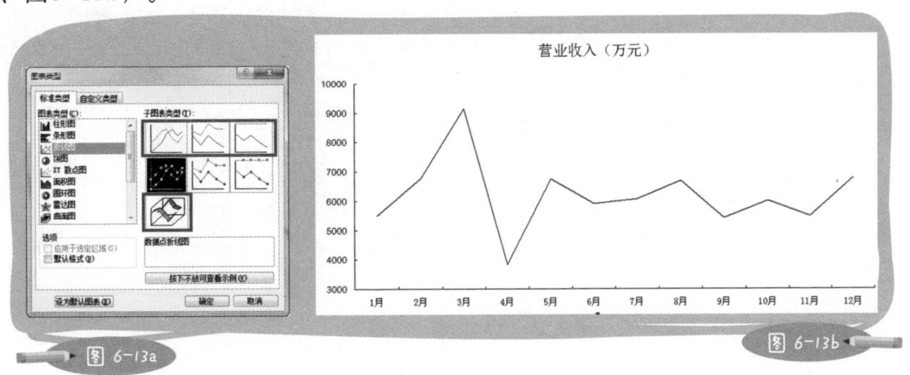

图 6–13a

图 6–13b

第4节 一招美化你的图表

图表的美化涉及多种能力，尤其是控制色彩搭配和图文比例的能力。这些能力都属于设计范畴，也和每个人的审美层次、审美习惯有关。所以，图表美化没有定式，我说我媳妇儿好看，你未必认可。尽管如此，有几个基本标准大家还是可以略做参考。

干净——图表越花哨，越没有重点，只有保持背景和色彩的干净，才能突出焦点；

原配——默认的图表类型几乎都是最好的，不用再尝试其他；

大小——图大、字小，就能突出图形特色，不要让文字影响图表的可读性；

繁简——简洁很重要，你可以在图表上显示更多信息，不过，这代表你想毁了它。

以上标准，在前面的图表示例中都有体现。

其实，要美化你的图表，只需记住一招：在需要美化的地方，双击鼠标（见图6-14）。这时，你会发现各式各样的设置选项（见图6-15）。大胆地尝试吧，秀出属于你自己的最棒的图表。

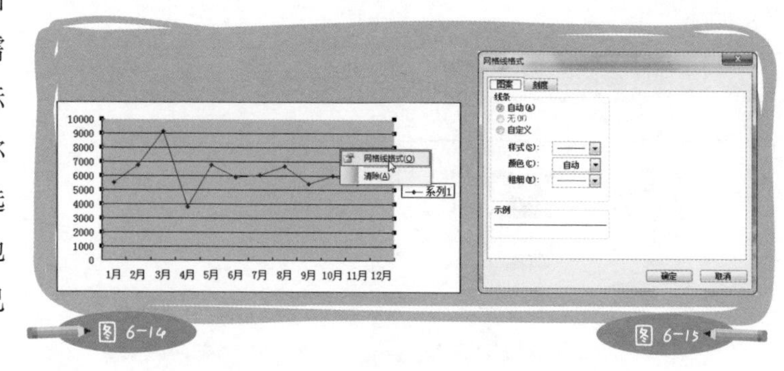

图6-14

图6-15

第5节 概念图——向左走向右走

所谓“概念”，就是不走寻常路的意思，无论是“概念车”还是“概念图”，都一定在某些方面提出了新的思路。概念图中有一种图表类型，很适合对比男女消费者对某一类产品不同属性的关注程度，是我比较喜欢的类型之一（见图6-16）。这种图表具有很强的视觉震撼力，表现形式简洁明了。无论是同性对不同属性的关注度对比，还是异性对同类属性的关注度对比，都非常直观。经过美化之后，更是让人越看越爱。

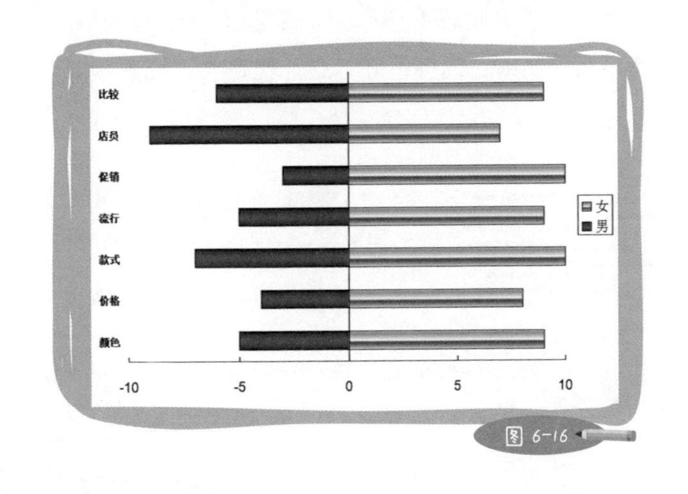

图 6-16

	A	B	C
1		男	女
2	颜色	-5	9
3	价格	-4	8
4	款式	-7	10
5	流行	-5	9
6	促销	-3	10
7	店员	-9	7
8	比较	-6	9

图 6-17

不过，这种类型的图表在Excel里是找不到的。要做出它，必须在生成图表的源数据中刻意制造负数，这是完成该图表的关键步骤。

负数造好了，我们就开始作图。先选中A1:C8，点击“图表向导”按钮，然后在图表类型里选择条形图中的“簇状条形图”（见图6-18）。此时，我比较习惯直接点击“完成”

生成图表（见图6−19）。有两个原因：一是操作速度快；二是看到图表效果再做调整会更准确，免得效果还没见到，就先设置了一大堆，最后还得浪费时间重新修改。

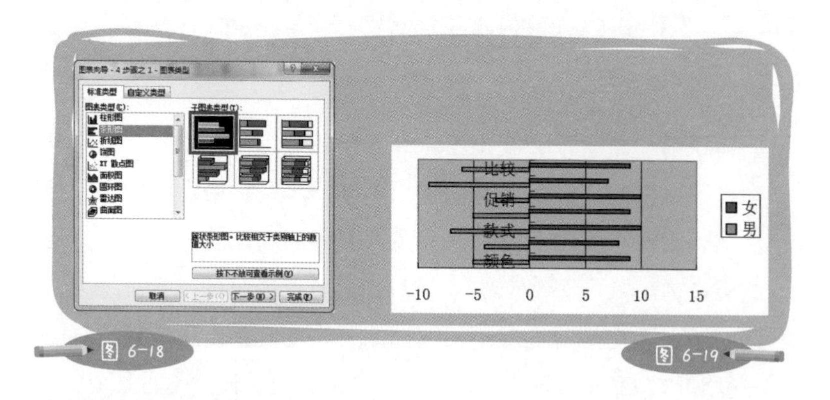

图 6−18　图 6−19

我的这个习惯，说得好听一点，来源于从小对华罗庚统筹安排法根深蒂固的理解和多年坚持不懈的实践；说得不好听点，就是人比较懒，多动一下都嫌累。如果你也是“懒人”，听我的准没错。

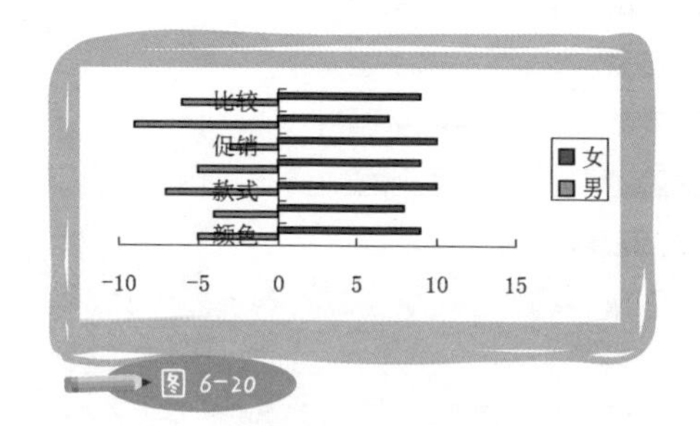

图 6−20

得到默认的图表样式后，根据一招美化图表法“指哪儿打哪儿”的原则，分别选中灰色背景以及数据轴主要网格线，按Delete键将其删除。

接下来的设置是重点：将纵坐标轴两侧的条形对齐。既然是对条形进行设置，就双击条形图，在选项卡最右边的“选项”里，将重叠比例设置为100。

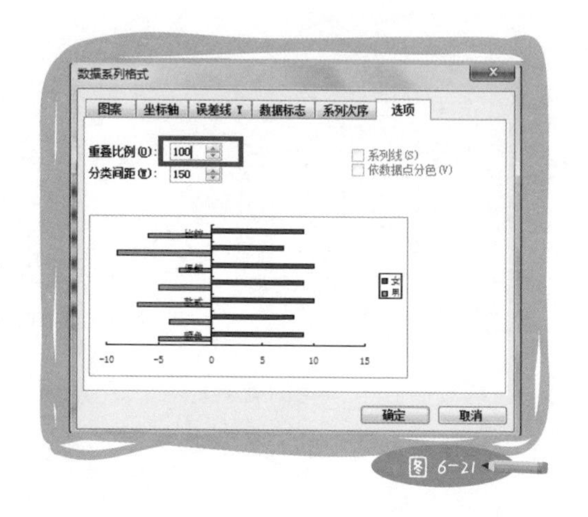

图 6−21

为了让图表更美观，纵坐标轴的刻度线标签，也就是比较、促销、款式、颜色等字样，应该移到图外。于是，双击字样，将刻度线标签设置为“图外”。

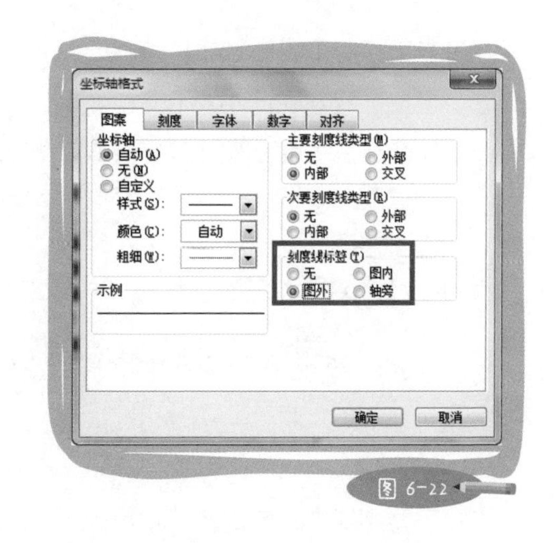

图 6-22

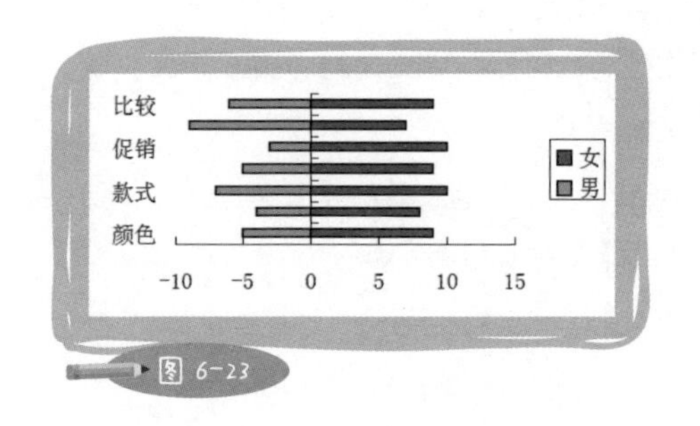

图 6-23

最后，你只需要根据自己的喜好，改变条形的填充效果、横纵坐标标签的字体大小与样式，以及图例的位置，一张美观、简洁且极具创意的图表就做好了。

怎么样？挺简单的吧。有人说：你怎么就能想到这一招？其实，我也是向别人学来的。我并不会每天钻研技术，也不认为值得付出太多精力来获取一张很炫的图表。毕竟，工作上的成就或者事业的成功，不是只用做好一张图表就可以的。于是，就有朋友好奇地问：“那为什么你知道这么多旁门左道的技巧，记得住这么多稀奇古怪的快捷操作？”答案只有两个字：积累。

从接触Excel的第一天开始，我就保持着强烈的学习兴趣。我向部门的高手请教过，向系统文件求助过。我时不时地闲逛于Excel论坛，也经常关心身边朋友的表格问题。

有的技巧，如果刚开始时记不住，我就抄写在笔记本上。后来为了更好地保存和查询以前学到的东西，我又把它们转移到PPT文档中。一次次的整理和实践，加深了我对它们的印象。

每当工作能用到Excel时，我就会思考如何借助它将工作做得更好。正是多年的积累和分享，形成了我现在的小小心得。所以，只要用心观察身边的事，虚心请教身边的人，保持一颗好奇心，并积极面对困难，不仅是Excel，学什么都能学得好。

当图表遭遇Excel的兄弟们

Excel有两个好兄弟：Word和PPT。Excel是图表专家，兄弟们一个是书面报告专家，一个是演示汇报专家，所以Excel常常会有图表输送给它们。可这两位兄弟却说：“你的图表都已经V5了（第5个版本），我们这里的才刚刚到V3，你更新的时候好歹也通知我们一下。”这就是常见的图表同步更新问题。

Excel中的图表粘贴到Word/PPT后，如果不能随Excel源数据的变化而变化，那是因为我们使用的只是简单的粘贴（Ctrl+V）。有人说：“我没有找到Word/PPT里的选择性粘贴。”的确，在Excel里，点鼠标右键就能看见的“选择性粘贴”，在Word/PPT里，却只藏在“编辑”菜单中（见图6-24a、图6-24b）。当你复制了Excel图表，需要点击Word/PPT的“编辑”菜单，才能找到“选择性粘贴”命令。

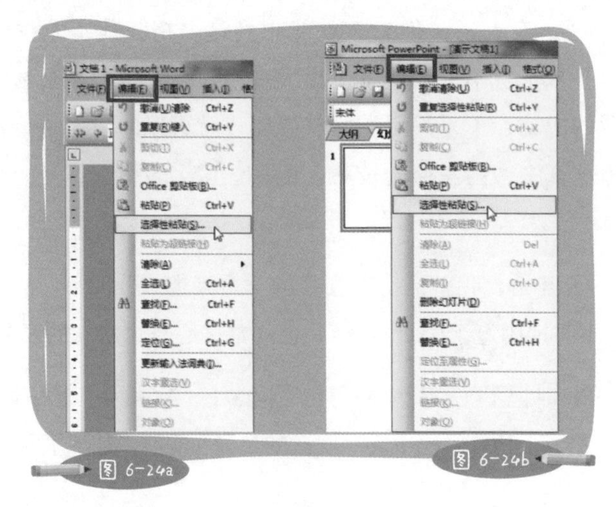

图 6-24a　图 6-24b

如果要这两兄弟中的图表跟着Excel变（见图6-25a、图6-25b、图6-25c），就要用“选择性粘贴”中的“粘贴链接”（见图6-26）。

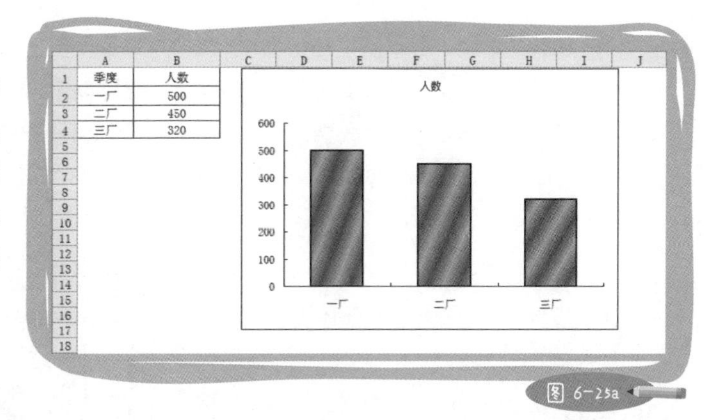

图 6-25a

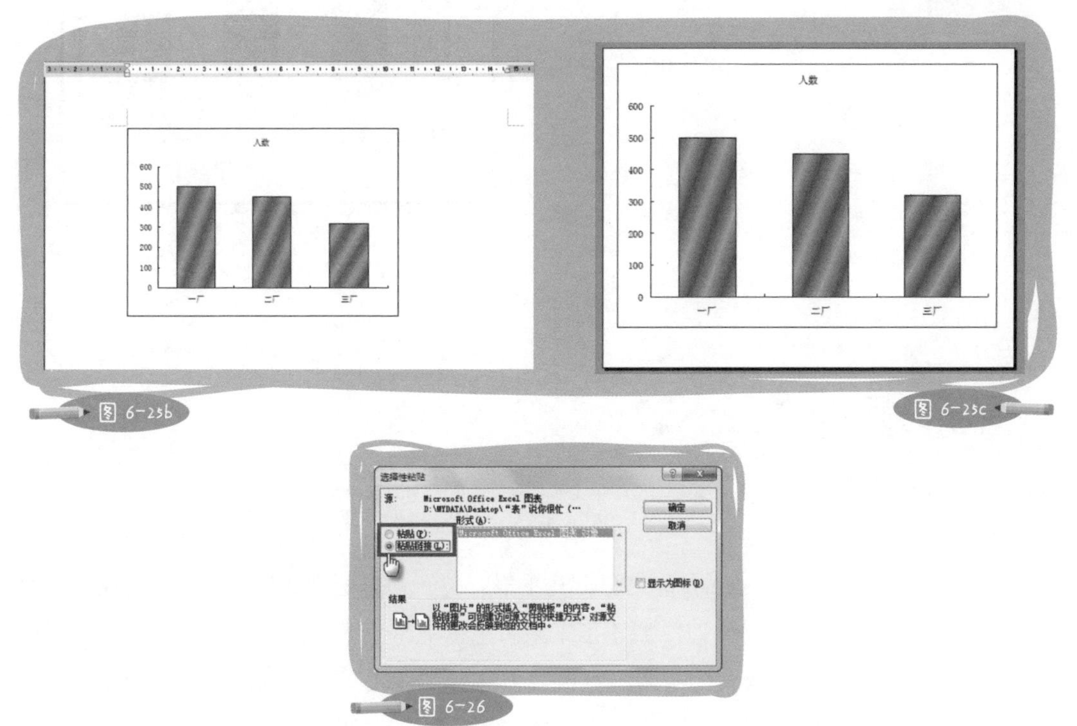

图 6-25b

图 6-25c

图 6-26

问题解决了，这时我要放一个马后炮：朋友们，知道吗，你们曾经泄露过很多商业秘密！

如果把Excel图表直接粘贴到Word中，就仅仅是一张图片，很安全；但粘贴到PPT中，却是一个对象。双击PPT中的图表，是可以看见Excel源数据的。请注意，可不仅仅是图表的源数据，而是该源数据所在的整个工作簿的数据，这是很可怕的信息泄露。所以，千万不要简单地用Ctrl+C/Ctrl+V就把Excel图表复制粘贴到PPT中，还把PPT传得满世界都是。

尤其对于PPT，在粘贴Excel的图表时，应该在“选择性粘贴”中，慎重地找到最适合的粘贴方式。否则，后果很严重！（备注：粘贴为图表对象，就会附带源数据，即便源数据不在本机，也能打开对象文件；而粘贴为链接，如果不在本机，对方就无法链接到源数据。）

看到这里，有没有感觉背后凉凉的？不知者无罪，但是今天不小心知道了，将来可就要注意一点了！

图 6-27

第6节 让图表动一下

各类Excel技能书里，几乎都有关于动态图表的制作方法，可印象中它们总与函数和VBA脱不了干系。想学吧，太难；不学吧，又觉得可惜，因为动态图表真的有用。难道我们这些“懒人”注定与动态图表无缘吗？非也！既然要让大家成为幸福的“懒人”，我就教一个不费劲，效果又不错的招数，让我们的图表也动一下。

动态图表可简单分为两种：让数据来源动和让坐标轴动。

我们常说Excel讲究的是牵一发而动全身。图表是特定区域数据的图形表达形式，生成图表的数据来源又通常都是分类汇总结果，而分类汇总结果是根据源数据得来的。如果分类汇总结果全靠手工获取，这就代表源数据的变化不能引发图表数据来源的变化，也就代表图表不会随源数据的变化而变化。那么，要让图表动，就要想办法让分类汇总结果，也就是图表的数据来源随源数据而动。

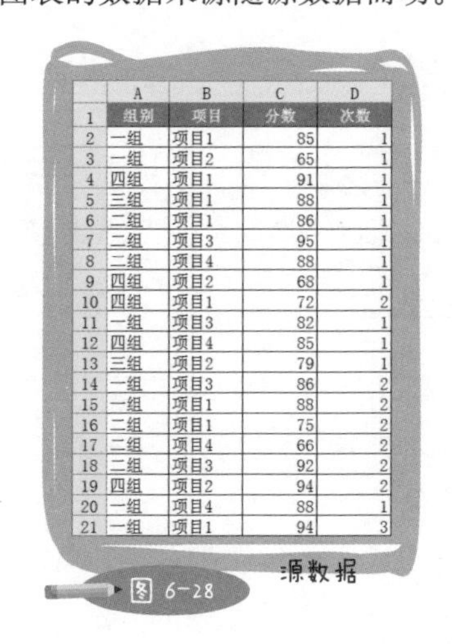

	A	B	C	D
1	组别	项目	分数	次数
2	一组	项目1	85	1
3	一组	项目2	65	1
4	四组	项目1	91	1
5	三组	项目1	88	1
6	二组	项目1	86	1
7	二组	项目3	95	1
8	二组	项目4	88	1
9	四组	项目2	68	1
10	四组	项目1	72	2
11	一组	项目3	82	1
12	四组	项目4	85	1
13	三组	项目2	79	1
14	一组	项目3	86	2
15	一组	项目1	88	2
16	二组	项目1	75	2
17	二组	项目4	66	2
18	二组	项目3	92	2
19	四组	项目2	94	2
20	一组	项目4	88	1
21	一组	项目1	94	3

源数据

图6-28

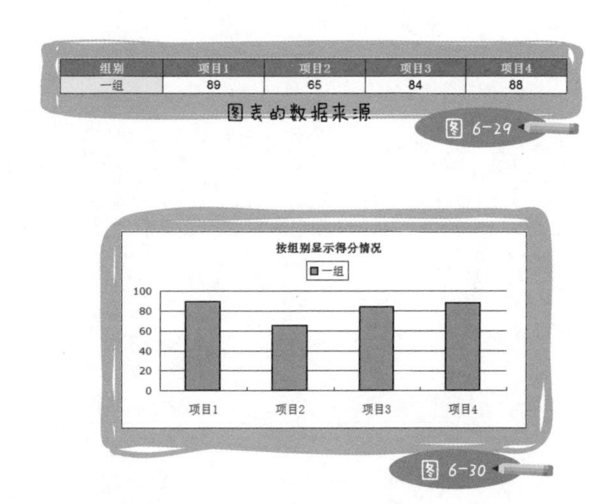

组别	项目1	项目2	项目3	项目4
一组	89	65	84	88

图表的数据来源

图6-29

图6-30

关系理清楚了，自然而然就想到了“同步更新”四个字。只要能实现两者间的同步更新，图表不就能动了吗？那么，什么功能可以提供最便捷的数据同步更新？除了数据透视表还有谁！于是，我们可以期待数据透视表在动态图表上的表现了。

可是，数据的同步更新只能解决一部分问题。对于图表，让数据来源动，如同让老王长胖或者变瘦，可他依然是老王；让坐标轴动就不一样了，我们可以把老王变成老张或老李，也就是让图表本身的形式和内容全都发生变化。什么方式能实现最灵活的字段变化？拖拽！什么功能提供拖拽服务？当然还是数据透视表！

综合以上分析，动态图表的效果和制作方法就清晰可见了。

效果：把瘦老王变成胖老张。

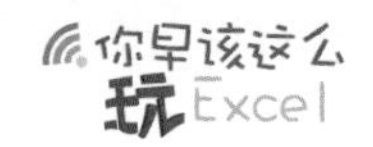

方法：数据透视表和数据透视图功能。

解决方案往往就是这么一步步推导出来的，这多亏了小学学过应用题求解。

现在就为大家揭晓“懒人”的动态图表——数据透视图的“秘密”。

制作方法很简单：选中已经做好的数据透视表任意单元格，点击“图表向导”按钮即可。

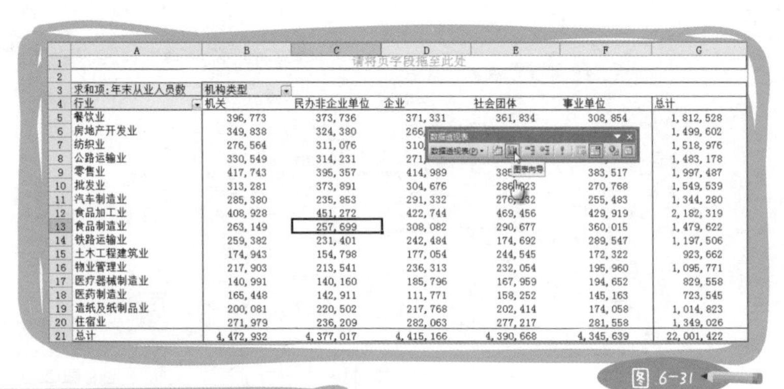

请将页字段拖至此处

求和项:年末从业人员数	机构类型					
行业	机关	民办非企业单位	企业	社会团体	事业单位	总计
餐饮业	396,773	373,736	371,331	361,834	308,854	1,812,528
房地产开发业	349,838	324,380	266,[illegible]	[illegible]	[illegible]	1,499,602
纺织业	276,564	311,076	310,[illegible]	[illegible]	[illegible]	1,518,976
公路运输业	330,549	314,231	271,[illegible]	[illegible]	[illegible]	1,483,178
零售业	417,743	395,357	414,989	385,[illegible]	383,517	1,997,487
批发业	313,281	373,891	304,676	286,[illegible]23	270,768	1,549,539
汽车制造业	285,380	235,853	291,332	276,[illegible]32	255,483	1,344,280
食品加工业	408,928	451,272	422,744	469,456	429,919	2,182,319
食品制造业	263,149	257,699	308,082	290,677	360,015	1,479,622
铁路运输业	259,382	231,401	242,484	174,692	289,547	1,197,506
土木工程建筑业	174,943	154,798	177,054	244,545	172,322	923,662
物业管理业	217,903	213,541	236,313	232,054	195,960	1,095,771
医疗器械制造业	140,991	140,160	185,796	167,959	194,652	829,558
医药制造业	165,448	142,911	111,771	158,252	145,163	723,545
造纸及纸制品业	200,081	220,502	217,768	202,414	174,058	1,014,823
住宿业	271,979	236,209	282,063	277,217	281,558	1,349,026
总计	4,472,932	4,377,017	4,415,166	4,390,668	4,345,639	22,001,422

图 6-31

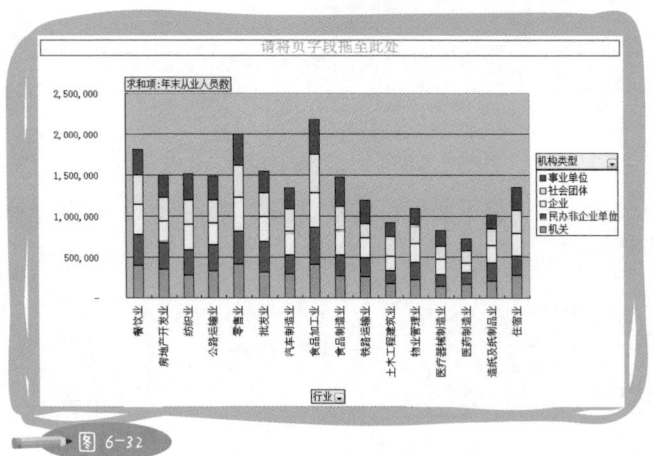

图 6-32

数据透视图很好玩，可以显示部分字段，可以拖拽字段，也可以设置多种汇总方式，一张图表就变化万千（见图6-33）。有了它，你就有了嚣张的资本。无论大小会议，只需准备一张数据透视图即可。

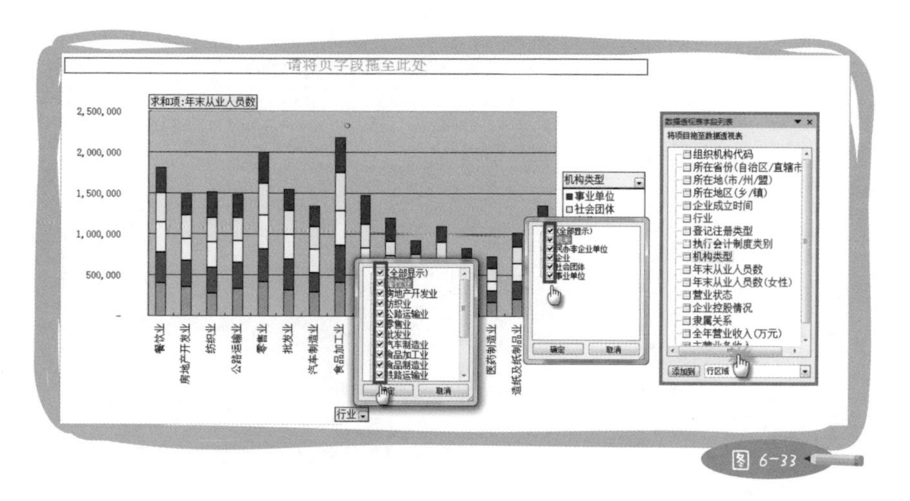

图 6-33

轮到你汇报时，轻点鼠标，时而展示全年营收趋势图（见图6-34），时而谈谈各行业市场份额（见图6-35），时而话锋一转，深入解析各行业中不同机构类型企业的从业人员状况（见图6-36）。如此胸有成竹的表现，仿佛天下大事尽在掌握，怎能不让人刮目相看。

至于数据透视图应该如何刷新数据、拖拽字段，可以参照数据透视表的相关操作，如果想要适当美化图表，双击相应区域即可。这些前面已经讲过，这里就不再赘述。还是那句话：大胆尝试吧，每个人都会有自己的体会。

图/表联动

当数据透视图发生变化时，对应的数据透视表也会发生变化，这就意味着，你也可以通过改变数据透视表的字段组合和汇总方式，来改变数据透视图的呈现效果。

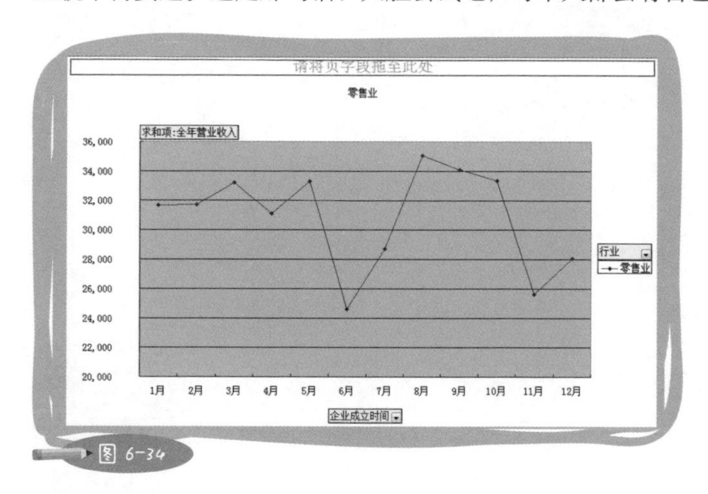

图 6-34

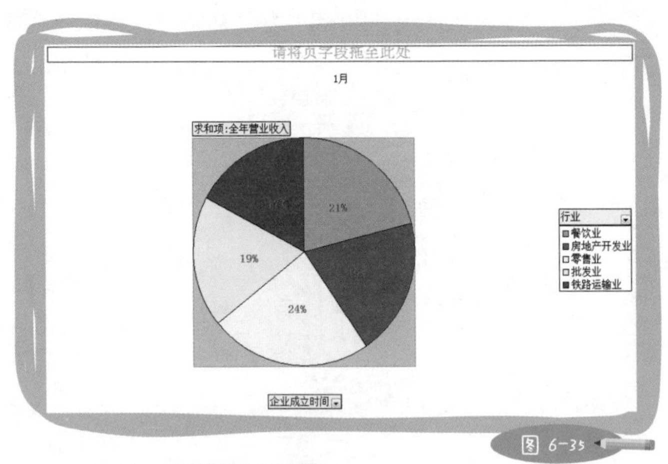

图 6-35

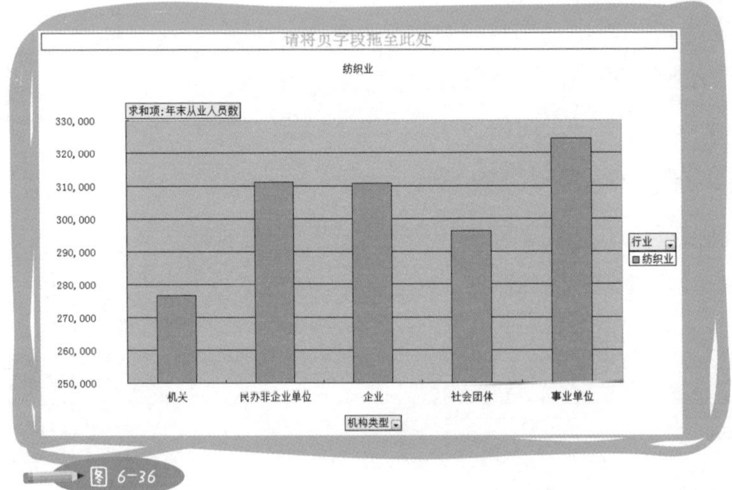

图 6-36

现在，你已经拥有制作最便捷、最强大的动态图表的能力，就等着别人羡慕你吧。瞧，工作其实可以又轻松又愉快！

第7章

埋头做表别忘了抬头看路

埋头苦干做好了表格工作，不等于你就能得到同事和老板的赞赏。有杰出的工作成绩在手，你还需要懂得如何让别人发现你，进而向其展示你努力的成果。

“是金子总会发光的”，这句话体现了中国人的中庸思想。总会发光的意思是，总有一天会发光，总有一次会发光，至于在什么时间、什么地点，没人能说得清楚。随着社会的发展，我认为这句话已经过时了。现代社会被动就要挨打，在激烈的竞争中，等着别人来发现你、夸奖你，其实是自己在偷懒，却对别人提出高要求。

啰嗦僧说：“悟空，你想要的话你就说嘛，你不说我怎么知道你想要呢？虽然你很有诚意地看着我，可是，你还是要跟我说你想要啊，不可能你说想要我不给你，而你说不想要我却偏要给你，大家要讲道理嘛，你真的想要吗？那你就拿去吧！你不是真的想要吧？难道你真的想要吗？哇靠……”

所以，时代变了，金子也要学会如何发光。第一步，就先从与同事沟通开始吧。

第1节 赢得同事的认可

要在职场上站稳脚跟，赢得尊重，同事以及合作伙伴的认可非常重要。因为与他们之间没有汇报关系，只要不给别人添麻烦，并且让人觉得你这人做事可靠，就能及格。如果再能有点小幽默，也善于分享，会加分更多。

建立“高品质”形象

Excel的应用水平不错了，完成工作也得心应手了，表格设计得更合理、美观了，等着别人欣赏你吧。等等，谁知道你有这能力呢？如果只是独善其身，能力再强又如何！

我们在工作中难免要和其他部门、其他公司的人打交道，也许是报表传递，也许是数据分享。可别随手就把一个表格扔出去，要多花一点时间来用心雕琢，珍惜每一次与他人沟通的机会，通过它展现自己良好的职业素养和审美品位。

怎么体现呢？那就是体现为表格的整洁、美观，为使用者考虑的智能化设置，及保护公司数据安全的制作方式。

人与人之间的印象是一点一滴积累起来的，尤其是好的印象，需要长时间的积累才能形成，但得来不易的好印象，却可以在一瞬间崩塌。要想让别人认可你的“高品质”，就必须无时无刻不精益求精。

这样会不会太累？单纯为了做而做，肯定会；可一旦变成一种工作习惯，就不会。你会为自己的每一份杰作而感到骄傲，所以这很值得。想想明星们，任何时候都光彩照人，才给大众留下了美的印象。而光彩的背后，同样是长期的坚持和辛苦的努力。

好的经验书面总结

在工作中，用心的人都有对工作的深刻理解和独到感悟。这些经验，与其口口相传，不如记录在案。在记录、整理的同时，也能更好地认识自己。当有一份文档在手时，如果找到恰当的机会，就能让更多人了解你，了解你的工作。也许，下一个工作标准就从你开始。

我今天能走上培训这条路，源于7年前对所学的Excel技巧和应用心得的总结。正是那一份现在看来很稚嫩的书面总结，让我有信心主动要求与同事甚至合作伙伴分享。直到今天，我曾经的合作伙伴还对当年的分享记忆犹新，依然亲切地称呼我“师傅”。

在卓越亚马逊（亚马逊中国的前身）工作时，我又把卓越配送的日统计表制作过程编成手册，为卓配的同事提供了方便。

图 7-1

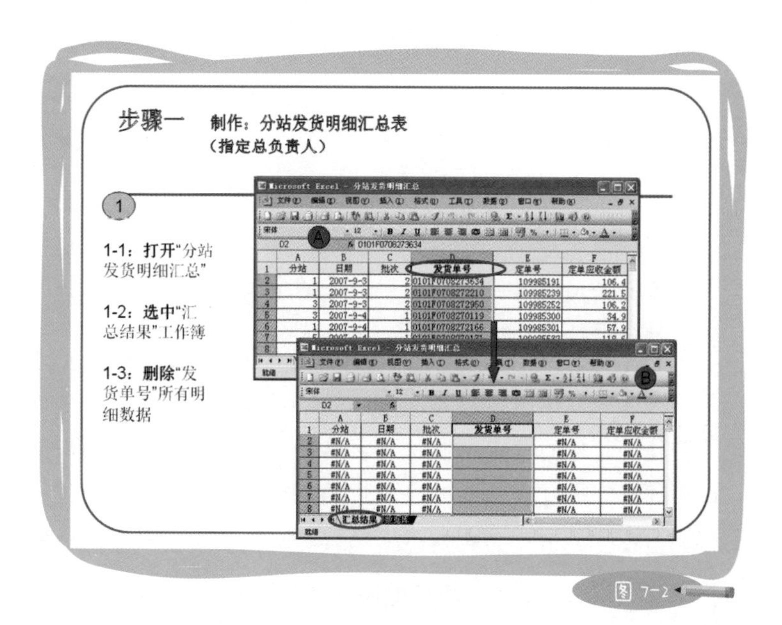
步骤一 制作：分站发货明细汇总表
（指定总负责人）
1
1-1：打开“分站发货明细汇总”
1-2：选中“汇总结果”工作簿
1-3：删除“发货单号”所有明细数据
A
B
Microsoft Excel - 分站发货明细汇总
分站
日期
批次
发货单号
定单号
定单应收金额
汇总结果
图 7-2

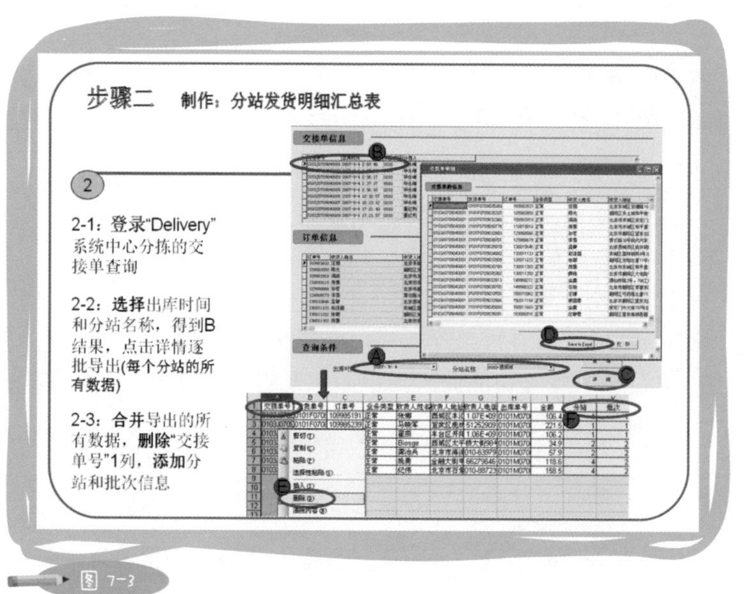
步骤二 制作：分站发货明细汇总表
2
2-1：登录“Delivery”系统中心分拣的交接单查询
2-2：选择出库时间和分站名称，得到B结果，点击详情逐批导出(每个分站的所有数据)
2-3：合并导出的所有数据，删除“交接单号”1列，添加分站和批次信息
交接单信息
订单信息
查询条件
A
B
C
D
E
F
分站
批次
图 7-3

保管好报表

即便学会了天下第一表和三表概念，大大减少了报表数量，但只要经常与数据打交道，电脑中依然会有大量的Excel文件。它们有的是历史记录，有的是当前工作；有的是自己的报表，有的是别人的报表。这就要求我们对这些报表进行妥善的保管。

要保管好报表，首先要确保它们存在于电脑中，其次要对它们进行有效的分类，最后要定期做备份。这样就能做到：上级需要的报表，能够在很短的时间内找到；同事提供过的报表，不再让他们重复提供；实在不小心，报表丢失了，还有备份文档保障数据安全。只有让大家都说“小李子很靠谱”，小李子走向成功的路才会越来越靠谱。

善于分享

分享是一种美德，也是人与人之间最好的沟通方式。如果失去了分享的精神，龙门阵都没得摆，因为聊天的过程本身就是信息分享的过程。

职场人忙忙碌碌，精力有限，每个人的所学也有限，彼此分享知识和经验，才能共同成长。今天我告诉你我新学的Vlookup，明天你教会我你发现的Sumif，学知识的同时，也加深了相互间的感情，培养了信任。

博客也好，“围脖”也罢，都是一种分享。看看粉丝们对博主的崇拜和追捧，就知道分享的魅力有多大。

用武大郎的话说，分享就是，送人烧饼，手指留香。

职场感悟——以诚待人

待人真诚勿算计。真诚的人往往能散发出很强的亲和力，带给他人信任感，并由此获得更多的机会。一个人是否真诚和智力水平无关，也就无所谓你必须足够聪明，才能让别人感觉到你的真诚。喜欢算计的人却不同，唯有智商的绝对值高于对方，才能算计成功。时常看到有人觉得自己揣摩到了领导的意思，占尽了同事的便宜，可事实真是这样吗？一山更有一山高，这种智力比拼，劳精费神，换来的也许只是一场空。

在理发店里，发型师是按顾客的消费金额提成的。一部分发型师剪发时心不在焉，总是想方设法诱导顾客烫个头、染个发，哪怕这位客人头上只有一条柏油路、两排梧桐树。这样的“聪明”举动其实并不聪明。我在北京工作的时候，遇到了一位设计总监，我叫他波波。他话不多，简单的沟通以后就默默地、认真地为我修剪头发。尽管他的老客户们都在排队等候，可他依然对我这位只做基本修剪的新客人极其负责，不紧不慢地细心打理。

他的真诚打动了我，所以，直到离开北京，我都只照顾他的生意，并为他带去了很多回头客。后来他自己开了店，每次回到北京，无论多远，我都一定会光临他的小店。

对销售技巧我不是很在行，但是只要把眼光放长远，就会发现真诚无疑是最好的销售手段之一，尤其是在推销自己的时候。

第2节 赢得老板的认可

在管理规范的企业里，虽然直属上级在下属的升迁问题上没有一票通过权，却有一票否决权。所以，拉到自己老板的这一票，是职业发展的重要砝码。拉票有多种方式，吃喝嫖赌贿我全不会，所以也说不出什么高见，但不用这些招儿，靠高品质的工作也能赢得这一票，而且有一个好处——通吃。就算遇上“昏君”，他也一定需要几个能做事的人，即便你暂时被埋没，也不会像拍错马屁的人一样丢了饭碗。有实力的人，生存周期难道还胜不过一任“昏君”？

比吩咐的多做一点

要知道，老板也是人，也有疏漏、迷茫的时候。前面说过，为老板分忧，就是为自己创造机会。老板说：“把液晶电视去年的销售趋势整理一份给我。”你首先要问清楚，确认他要的是什么，什么时间要，有没有其他特殊要求。可能的话，还要了解他的目的，然后再动手做，这样才能做得漂亮。虽然老板没有交代清楚是他的错，可到头来还是你的错，谁叫你不问呢!

面对这种要求，你别傻傻地只做一个折线图就给他发过去，连源数据都不带。还有甚者，直接发一份源数据给老板，那个意思像是说：“您自己找找吧。”大家别笑，这样的事儿还真不少。

>>>>> >>>>> >>>>>

换作是我，我会这么做：先做一个销售趋势折线图，并附带明细数据，当然，适当的美化一定是要的。然后，对趋势图中异常的波峰或者波谷数据，我会标注出来，对它们进行简单的分析，说明产生原因。时间允许的情况下，我还会考虑再做一份前年或者今年的趋势图与之做对比。如果一不小心被我找到销售趋势之间某种程度的相关性，在汇报的时候，我就可以挺起胸膛大声说话了。

你也许觉得这样做事太麻烦，但仔细想想，我们的汇报有几回能一次过关？老板作为决策者，肩上担的是风险，自然要考虑得更周全。我们当小弟的多做一点又有何妨？更何况，这些工作早晚都要做，超出老板的预期做和被吩咐着做，效果可是大不相同的。

汇报进度并按时完成

外企喜欢讲feedback（反馈），做任何事情都要有反馈，其中，工作进度的反馈尤为重要。反馈是指，被安排工作者向工作安排者主动汇报情况。在职场中，主动是很好的个人素质，主动的人永远占尽先机，而被动的人永远错失良机。

一件事吩咐下来以后，我们应该主动向老板汇报进度。汇报的内容无非两点：一、能否按原计划完成，如果不能，是由什么原因造成的，预计推迟多久；二、遇到了什么困难，需要什么帮助。至于已经解决的问题，或者取得的成就，在汇报进度的时候不用交代。

如果不是主动进行反馈，当被老板问及工作进度时，就会显得很被动，并且由于准备不充分，沟通效果也不会太好。更重要的是，这个时候还不方便向老板求助，否则会被“修理”：“为什么不早告诉我？”

汇报进度是一种好习惯，可以及时发现问题，从而调整工作，让工作不能按时按量完成的行为找不到任何借口。对于安排工作的人，在繁忙之中不用记得追问也能收到反馈，这种运筹帷幄的感觉老板尤其喜欢。给老板方便，就是给自己方便。千万不要等到交差的那一天，才说任务完不成，这是大忌。现在这个习惯已经延伸到我的生活中，约好了两点见面，我在路上就会给对方打电话确认我的位置和预计到达的时间。

>>>>> >>>>> >>>>>

除了及时汇报工作进度，还要注意按时完成工作任务。虽说工作有不可控因素，但还是要尽量按时完成，这能体现出你的工作能力和计划性。在接受任务时，要明确完成时间，如果有异议，最好当场提出来，不然，事后如果有困难，就只能自己克服。汇报进度中提到的“如果不能按原计划完成，要说明理由”，只适用于一种情况，即发生了不可预期的特殊事件。做不好工作还满嘴借口是职场中最令人不屑的行为，借口说多了，连自己都不会相信。

邮件就是你的脸

信息化时代，发电子邮件是企业内最常用的沟通方式。《红楼梦》中的王熙凤是人未到，声先到；而在企业里是人未到，邮件先到，通常一封邮件就能代表你的形象。既然邮件很重要，咱就要写得有点水平，千万别让人笑话。

>>>>> >>>>> >>>>>

杜绝错别字

“错别纸是一课老鼠屎，能坏整整一锅汤。工作完成得再漂亮，野会因为报告中存在错别字而大打折扣。人们总说：细节决定成拜。如此小事都做不好，又怎么能委以重任呢？检查不出错别字不是工作能力不墙，而是工作太肚不认真，再说严重点，是对别人的不尊重。”

以上这段话，不知道你是否已经看得火大，心想：错别字这么多，还敢出书，这钱我算是白花了！看吧，内容好不好先不说，我们首要关注的还是态度。同样，老板也会这么看问题：无论你得出的工作结论多么精彩，小小几个错别字就可以毁了一切。这就是所谓的第一印象。

我很庆幸，第一份工作就教会了我这些。记得当时给主管发邮件，不读上三遍真不敢点“发送”。虽然效率会受一点影响，但感觉很踏实。时间长了就养成了习惯，检查错别字就如同出门前照镜子，没有收拾好，大白天就不出去吓人了。

记得带附件

Hi Jack,

附件是5月份的运费分析表，请查收！

祝好。

Mark

2010年6月1日

Jack读完邮件后一阵迷茫，明明说了有附件，怎么就没找到呢？善良的Jack会先怀疑自己的眼睛，想着别错怪了发件人，于是，还会费一番心力再次确认自己是否收到附件。一阵折腾过后，他心情欠佳地回邮件或者打电话给Mark，令其补发附件。

如果这样的事情多次发生，老板一定会认为Mark是一个粗心大意的人，将来就不会委以重任。Mark别说想发光了，连自己的“金子”身份都难保。

要避免忘记带附件的情况发生，最好养成在写邮件之前先插入附件的习惯。这样做还有一个好处：当附件较大时，可以在上传的同时写邮件，从而合理利用时间。

指出双胞胎邮件的不同

一旦第一封邮件忘带附件，就会造成一个连锁反应，那就是双胞胎邮件。所谓双胞胎邮件，是指前后发的两封邮件除了有无附件的区别之外，邮件的内容一模一样，这会让收件人丈二和尚摸不着头脑。既不知道应该以哪封邮件为准，也搞不清楚为什么自己会收到两封相同的邮件。

我是最受不了双胞胎邮件的。在外企工作，本来邮件就很多，突然收到两封未读邮件，打开一看完全一样，当场傻眼。要知道，在繁忙的工作中做大家来找茬的游戏并不是一件好玩的事，有时还必须浪费时间打电话给发件人求证。总之，三个字：不舒服。

因此，既然发了第二封邮件，就要说明它与第一封的区别。可以修改标题，也可以在正文中添加描述，同时需要注意突出显示有区别的部分，为的就是不给别人带来困扰。

忘带附件型——

原标题：2010年市场推广计划汇报

改为：2010年市场推广计划汇报（带附件）

附件修改型——

原文：附件是2010年市场推广费用预算表

改为：附件是2010年市场推广费用预算表V2（注：以本附件为准）

邮件发出以后，还要做一件至关重要的事，即马上致电收件人：“××，2010年市场推广计划已经发送给您，请以第二封邮件为准。如有任何问题，请随时找我。”

空白邮件不礼貌

发邮件是不是一定要写点什么？这个得看场合。有时候老板只是想要一个附件，你可以发一封带附件的空白邮件，什么都不用写。但我觉得，即使在这种情况下，也还是可以写点东西的。

>>>>>　>>>>>　>>>>>

中国自古以来就是礼仪之邦，可惜礼仪这个东西已经逐渐被现代人所遗忘。看看传统书信的格式，有称呼、问候语、正文、祝颂语、具名和日期，这种格式体现了礼仪，体现了人与人之间的相互尊重。到了现代，虽然不再写书信，取而代之的电子邮件中也应该具备这些属性。即便是一封最简单的邮件，麻雀虽小，也要五脏俱全。

张总：

您好！

附件是2010年市场推广计划表，请查阅。

如有任何问题，请随时联系。

祝好！

小李

2010年2月4日

对附件进行简单描述

电子邮件和PPT其实有相似的地方，都是我们的一张脸。大家都知道PPT是做演示汇报用的，它是工作成果的展现，其品质决定了别人对我们的印象。好的PPT不用猜，作者的观点透过精练的文字和生动的图片就能清晰表达。

一封电子邮件，尤其是汇报工作的邮件，也是我们工作成果的展现。像制作PPT一样，它也需要把观点总结出来，让读邮件的人一目了然。我们做数据分析，汇报的重点通常都在附件里（汇总表、图表），于是只说："附件是销售情况分析表，请查收。"那是远远不够的。为了让收件人在第一时间得到最准确的信息，在正文中还要对附件内容做简单的描述。我们来看下面这个例子。

	A	B	C	D	E
1	求和项:总金额	受理日期			
2	是否郊区	8月	9月	10月	总计
3	二内	796	2486		3282
4	二外	4814	8342	3286	16442
5	郊县	796	3600	1200	5596
6	总计	6406	14428	4486	25320

图 7-4

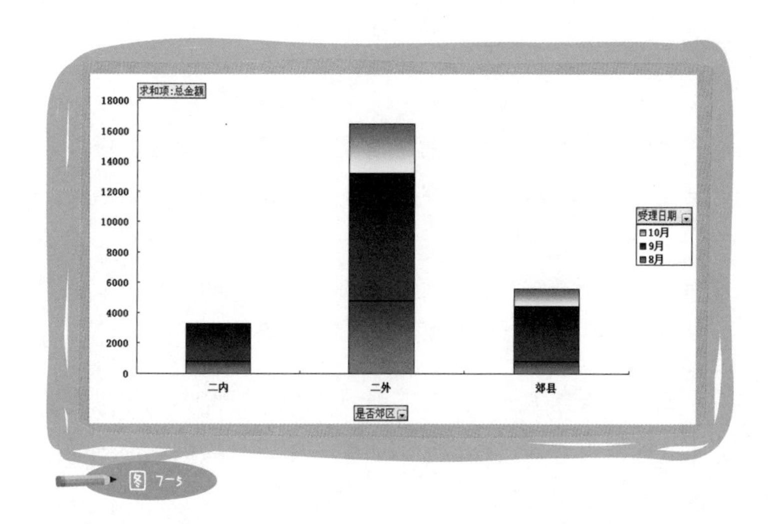

图 7-5

李总：

您好！

附件是"2010年8月至10月销售与配送区域分析表"，请查收。

根据数据分析结果，得到两个基本结论：

第一，配送范围在二环外的销售总额，接近二环内与郊县总额之和的2倍；

第二，9月份的销量远大于8月和10月的销量。

行动建议如下：

第一，抽查物流服务商二环外的配送服务质量，以确保客户满意度；

第二，明年的市场预热需要提前规划，设法拉动8月的销量。

如有任何问题，请随时联系。

祝好！

范小蔡

2010年6月1日

给老板做多选题

老板喜欢发号施令没错，那是他的权力，也是责任，可是，千万别以为老板喜欢解决问题。有的人做汇报，常常只有一句话："张总，东北大雪，送货时间平均延误2天，您看怎么办？"有的老板，可能会亲力亲为了解详情，然后布置工作；如果遇到能力稍逊的老板，他也不知道应该怎么办，这么一问，无疑将了他一军，让他下不了台。

无论老板能力如何，都不能向他做这种简单、粗暴的汇报，而应该掌握正确的汇报方式。任何时候，都要给老板提供多项选择题，这远胜于让他做问答题或单选题。

问答题最费劲，答案要凭空创造，难免死掉很多脑细胞，老板可不愿意干这个；单选题让人不自在，因为没得选，会让老板有一种被逼的感觉，而且一旦否定了唯一的答案，最后又将做回问答题。所以，多项选择题是最好的，既为老板开阔了思路，又增大了选中满意答案的几率，具体工作咱都做完了，他只需要打钩就行。这种轻松决策的活儿，换谁谁愿意！

拿本例来讲，只要提前做好细致的工作，汇报时就可以这样讲："张总，东北大雪，送货时间平均延误2天。据了解，我们的竞争对手延误时间大于3天，所以，目前还没有出现严重投诉。

"但是，我们已经着手制订了解决方案：空运方面，已经联系了3家主要的航空公司，他们可以承担20%的货量，但是运输费用会增加50%。按雪季持续一个半月计算，增加的费用大概在20万元左右，但是可以满足VIP客户的订单要求。

“铁路方面，原本在途时间就比公路多出2天。但铁路受下雪影响相对较小，所以在大雪期间，如果走铁路，在同样延误2天的情况下，运费可以减少30%，节省的费用差不多有60万元左右。我们已经找到了铁路运输服务商，只要能满足每天不少于8个车皮的货量，3天内就可以开始运作。

“公路方面，干线运输的在途时间无法缩短，但是市内零担配送可以适当加快速度，预计缩短8小时，具体流程正在研究中，2天以内向您汇报。另外，客服部已经确认可以将‘由于大雪造成配送延误’的信息告知客户，让客户提前有心理准备，从而降低投诉及退货的比例……所以，现在一共有A、B、C三个方案。我的建议是：A方案最佳，其次是C方案，不得已可以采用B方案。您看怎么办？”

短短一段话，凝聚了大量劳动成果，是金子就在这时发光。老板做选择题时永远比做问答题快乐。而我们的努力，不仅展示了自己很强的工作能力和认真的工作态度，也能帮助老板准确、快速地做决策。将心比心，谁都愿意和能帮到自己、让自己省心的人更亲近一些。唯独要注意一点，即便提供了多个解决方案，我们也需要给出建议的最佳方案，并说明理由。

职场感悟——处事乐观

我听过一位全球顶级快消品牌高管的讲座，讲的是职场中的禅道。其中有一句话对我影响很深，他说：“一切都是最好的安排。”在我看来，这是乐观的最高境界。把一时的成功看作最好的安排，可以让我们欣然接受却不骄傲自满；把一时的困难看作最好的安排，可以让我们积极面对、勇敢挑战。

乐观的人有活力，能吸引周围人的注意，却不招来嫉恨。因为乐观，他们不怕接受任务，不抱怨工作繁忙，不在意别人的眼光，甚至当有人恶意相向时，他们也不会放在心上。痛苦地过一天也是一天，快乐地过一天还是一天。相信一切都是最好的安排，能让自己乐观起来。

如果我是老板，一定喜欢用乐观的下属；如果我是同事，也愿意和乐观的人交朋友。好运也是一样，只偏袒乐观的人。

工作也好，生活也好，活的不是方法，而是态度。就如同照镜子，你对镜子笑，镜子也会对你笑。敷衍着过日子的人，一定被日子所敷衍；认真对待工作的人，才能被工作认真对待。我相信因果，更相信因果需要自己把握。机会和运气不是偶然的，而是由我们的所作所为一点一滴积累而成的。努力了未必一定成功，但是不努力，一定不会成功。

我真的不懂VBA

咱们聊到这里，要暂告一个段落了。都说Excel难学，那是因为没有掌握方法。这么一个人人都必须用到，对个人工作、企业管理影响巨大的工具，在国内的应用情况却令人担忧。太多上班族因为错误使用Excel浪费了大量时间，不少企业因为忽视员工的Excel技能培养付出了沉重代价，遗憾的是，大家却浑然不觉。企业管理知识懂得再多又怎样？没有数据，拿什么决策？！Excel技巧玩得再炫又怎样？没有灵魂，工作哪来的生命？！

有的培训教材刻意把Excel复杂化，动不动就讲到VBA，将有兴趣学习Excel的人全部拒之门外。他们只满足了自己作为专家的虚荣心，却根本不考虑学习者真正的需求。VBA是好东西吗？是！用学吗？不用。如果我们不是搞科研的，只是想做好自己平凡的工作，那我就可以负责任地告诉大家：VBA这东西你不用学。我是真的不懂VBA，又怎样呢？我能解决工作难题，分享给大家的知识相信你也学得会。

一位朋友告诉我，她所在的某500强企业的某部门，全体人民只学VBA。不管你是否有Excel应用基础，是否懂得使用菜单命令或者函数技巧，统统只学VBA。他们把简单的事情极端复杂化，任何数据分析问题都写程序完成，自己不会写的，就发送需求到IT部，由专业人员负责编写。Oh my Lady Gaga！我在想，数据透视表这玩意儿，要想自己编一个出来可不好玩！

不要迷信VBA，它不是Excel的全部，也不是最高境界。Excel虽然强大，但也只是一个工具。它是为我们服务的，应该是我们玩Excel，而不是被Excel玩。技能要学多少，根据自己的工作内容和精力而定；怎么学，本书你能看到这里，就已经有内功基础了，接下来只要在实战中认真揣摩，再补充一些招式就可以了。

先将对工作的理解转化为天下第一表，有了源数据，再启动数据透视表，同时借助三表概念设计完整的表格。于是，你就这么轻松地学会了Excel，并搞定了80%的工作问题。

何谓高手？能用最简单的方法解决最复杂的问题，这样的人就是高手。我觉得你正在成为高手，你觉得呢？

怀着一颗感恩的心，在这里，我想感谢所有给予本书帮助的人。人物不分主次，按时间顺序排列。

父母以及丈母娘

父母赐予我生命，才有我后来的所有故事。父亲为人正直，多才多艺，一直是我的榜样。母亲温柔贤惠，烧得一手好菜，她的饭菜是我文思如泉涌的主要动力（饭都吃脑子里了：））。丈母娘视我为己出，总是默默地支持我所有的决定。他们的支持和奉献，让我在创作本书时可以心无旁骛。

儿子嘟嘟

因为嘟嘟的降生，我才会选择从北京回到成都，于是，才有了现在的培训事业以及这本书。嘟嘟是一个非常聪明的小朋友，他为我带来了太多欢乐。嘟嘟说：“长大了我要坐着校车（幼儿园的）去上班，赚钱给爸爸买拖拉机。”

妻子Shirley

无论何时，Shirley都会给我最大的鼓励与信任，书中提到的超级读者就是她。在我完成第一稿后，她挑灯夜战，一口气看完了全部书稿，然后就细节问题和我探讨到凌晨。Shirley的烘焙手艺非常棒，每当我才思枯竭的时候，她就会用爱心小点心为我打气，那可是相当的好吃。

女儿朵朵

小朵朵没有参与《你早该这么玩Execl》的首发，但却赶上了重要的改版。不过，事实上，她更关心她的米糊和玩具。女儿的到来，让家里充满了欢乐，虽然更加忙碌，但也无比幸福。

《别告诉我你懂PPT》的作者李治

一个外企才女，畅销书作者，被我用“苍蝇”馆的小火锅和“Excel决定企业存亡”的理论所迷惑，进而把我推荐给发掘她的伯乐。李治是一个很有趣的人，在她的书大卖之后，她告诉身边的朋友写书其实很容易。在认识她之前，我真不敢相信自己可以写出一本书，不是因为没的写，而是因为隔行如隔山，在我看来，写书是件特神秘的事。要不是李治的怂恿和推荐，这本书真的诞生不了。

出版单位的合作伙伴们

感谢策划编辑和责任编辑，你们总是有很多新奇的点子，让这本书在不失原味的情况下更具风味，散发光芒。感谢营销编辑，你们面面俱到且独具匠心的推广方案，让这本书为更多的人所知。感谢发行部门的负责人，你对这本书充满热情、事无巨细的照料，让它的生命得到最好的延续。感谢封面设计师、版式设计师以及插画绘制人员，你们让平凡的文字变得鲜活有趣了。同时，还要感谢所有为这本书付出辛劳的其他朋友。

我还要感谢我的朋友们，以及曾经的同事们。有你们的陪伴，我才能不断地进步，从你们身上，我学到了很多宝贵的东西。特别要感谢我在DHL的老板Marcia Zhang，你是我遇到过的最好的老板，你对我的帮助和鼓励，使我在之后的工作中受益匪浅。

最后还要感谢我的读者们。有了你们，这本书才能最终实现它的价值。希望你们在轻松有趣的阅读体验中，已经收获了一些有用的东西。这也是我写这本书的最大心愿。

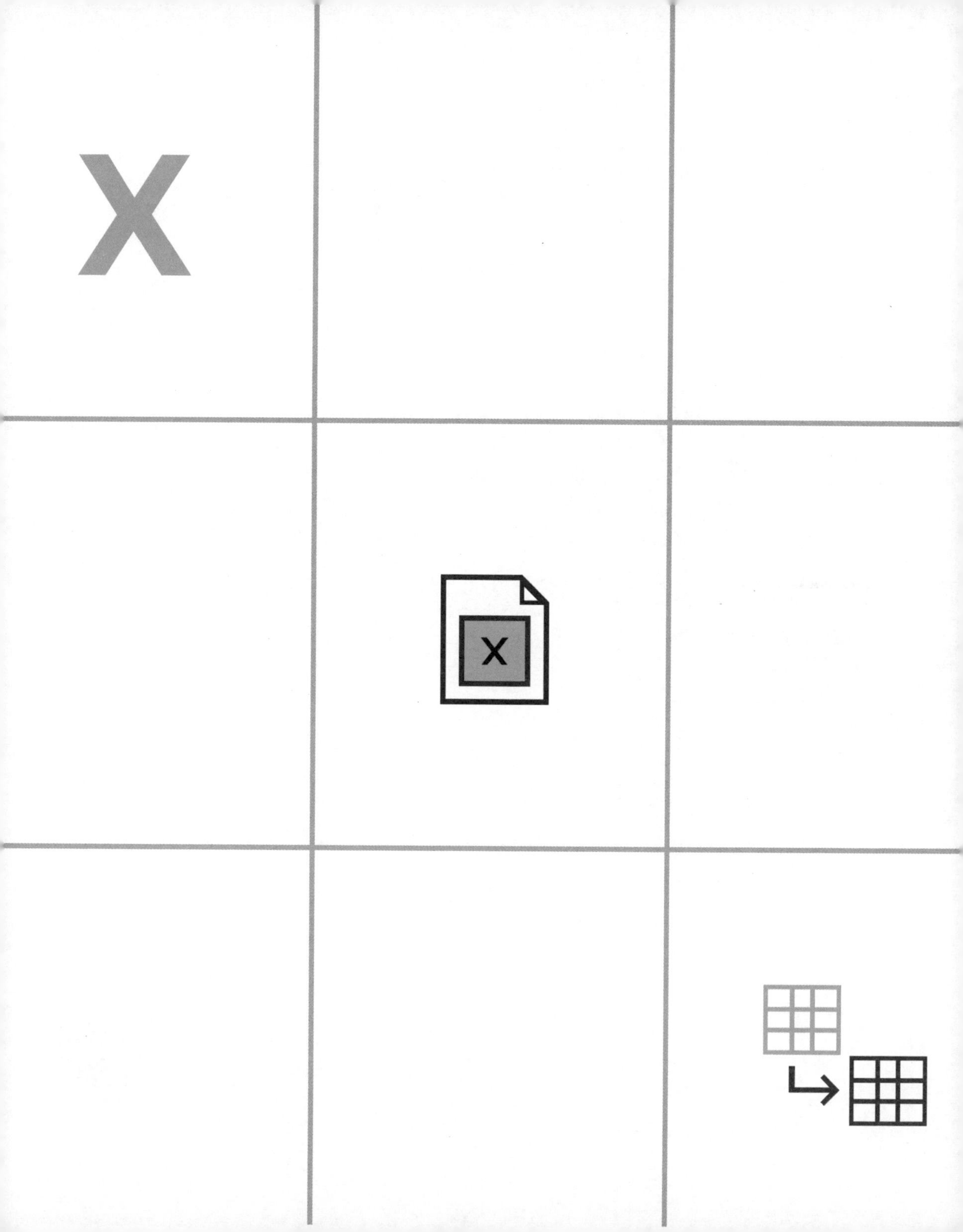

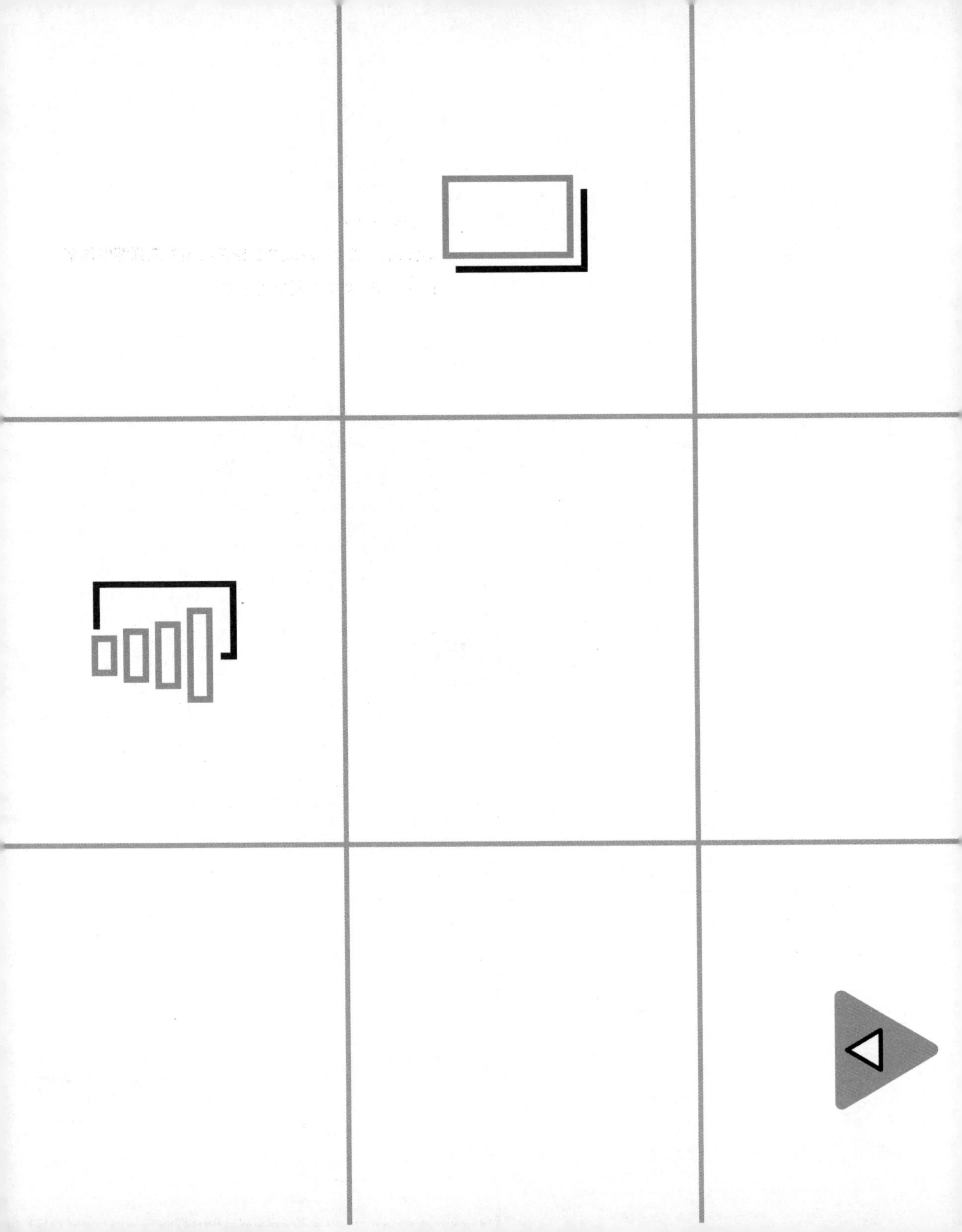